SPRINGER TRACTS IN MODERN PHYSICS

Ergebnisse
der exakten Natur-
wissenschaften

Volume **48**

Editor: G. Höhler

Editorial Board: P. Falk-Vairant S. Flügge J. Hamilton
F. Hund H. Lehmann E. A. Niekisch W. Paul

Springer-Verlag Berlin Heidelberg GmbH 1969

Manuscripts for publication should be addressed to:

G. HÖHLER, Institut für Theoretische Kernphysik der Universität, 75 Karlsruhe,
Kaiserstraße 12

*Proofs and all correspondence concerning papers in the process of publication
should be addressed to:*

E. A. NIEKISCH, Kernforschungsanlage Jülich, Institut für Technische Physik,
517 Jülich, Postfach 365

ISBN 978-3-662-15896-8   ISBN 978-3-540-36170-1 (eBook)
DOI 10.1007/978-3-540-36170-1

Die Festkörpereigenschaften von Tellur

P. Grosse

Inhaltsverzeichnis

Introduction 3

1.   Das Kristallgitter 6
1.1   Die Kristallstruktur 6
1.2   Die kristallchemischen Eigenschaften 7
1.3   Die Gitterparameter im Se-Te-Gitter. 12
1.4   Bindungsenergie und Gleichgewichtsflächen im Se-Te-Gitter 14
1.5   Die Elementarzelle 20
1.5.1 Der Strukturfaktor 20
1.5.2 Temperaturgang der Gitterparameter 22
1.5.3 Verwandtschaft mit dem primitiv-kubischen und primitiv-hexagonalen Gitter 26
1.6   Punktgruppe und physikalische Eigenschaften. 28
1.7   Präparative Besonderheiten 31
1.7.1 Einkristalle 31
1.7.2 Einbau von Fremdsubstanzen, Kontaktierung. 33
1.7.3 Plastizität 34
1.7.4 Punktdefekte 36

2.   Gitterdynamik, dielektrische Eigenschaften 36
2.1   Spezifische Wärme, elastische Konstanten 36
2.2   Dielektrische Eigenschaften 40
2.2.1 Die elektrische Polarisierbarkeit. 40
2.2.2 Die Rotationsdispersion der elektrischen Polarisierbarkeit 43
2.3   Gitterschwingungen und optische Konstanten. 43
2.3.1 Normalschwingungen und Auswahlregeln 43
2.3.2 Die Reststrahlenbanden 49
2.3.3 Mehrphononenprozesse 52
2.4   Neutronenstreuexperimente 56
2.5   Theoretische Berechnungen des Phononenspektrums. 58
2.6   Piezoelektrizität 64

3.   Die elektronische Bandstruktur 66
3.1   Das reziproke Gitter und die Brillouin-Zone 66
3.2   Bandstruktur - Rechnungen 68
3.2.1 Allgemeine Struktur. 68
3.2.2 Ausführliche Rechnungen 69
3.2.3 Der Einfluß des Elektronenspins 71
3.2.4 Die Energielücke 74
3.3   Band-Band-Übergänge und optische Konstanten 77
3.3.1 Elektronische Grundabsorption 77
3.3.2 Die Bandkante 81

3.3.2.1 Absorptionsmessungen 81
3.3.2.2 Emissionsmessungen 89
3.3.2.3 Temperatur- und Druckabhängigkeit der Energielücke 90
3.3.2.4 Ausläuferabsorption der Bandkante 96
3.3.2.5 Die Bandkante in hochdotierten Proben 98
3.3.3   Die p-Bande 102
3.4   Magnetooptische Effekte 111
3.4.1   Übersicht über die magnetooptischen Effekte 111
3.4.2   Cyclotronresonanz 114
3.4.3   Elektronenspinresonanz 116
3.4.4   Magnetoabsorption an der Bandkante 117
3.4.4.1 Übersicht 117
3.4.4.2 Experimentelle Ergebnisse 123
3.4.5   Magnetoabsorption der p-Bande 126
3.5   Shubnikov-de Haas-Effekt 129
3.6   Die magnetische Suszeptibilität 135

4.   Freie Ladungsträger und Transportgrößen 141
4.1   Übersicht 141
4.2   Die phänomenologischen Größen 141
4.3   Die Mischleitung im Zweiträgermodell 144
4.3.1   Der Vergleich mischleitender und eigenleitender Proben 144
4.3.2   Der Vergleich störleitender und eigenleitender Proben 148
4.3.3   Die Eigenleitung 149
4.4   Die Störleitung 150
4.4.1   Die Anisotropie 150
4.4.2   Beweglichkeit und Streumechanismus 155
4.4.2.1 Die Streuung an ionisierten Störstellen 156
4.4.2.2 Die Konzentrationsabhängigkeit der Transportgrößen 158
4.4.2.3 Die Polaronenstreuung 160
4.4.2.4 Die Acceptoren 165
4.4.2.5 Der anomale Hallumkehrpunkt 166
4.5   Die Druckabhängigkeit der Transportgrößen 169
4.6   Die dynamische Leitfähigkeit 170
4.6.1   Überblick 170
4.6.2   Leitungsabsorption 176
4.6.2.1 Störleitungsspektren 176
4.6.2.2 Eigenleitungsspektren 180
4.6.2.3 Leitungsabsorption bei Polaronenstreuung 182
4.6.3   Das Reflexionsvermögen im Bereich der Plasmakante 183
4.6.4   Der Benedict-Shockley-Effekt 186
4.6.5   Der Faraday-Effekt 188
4.7   Nichtisotherme Transportgrößen 189
4.7.1   Die Thermokraft 189
4.7.2   Die Wärmeleitfähigkeit 192

5.   Zusammenfassung der Ergebnisse 194

Verzeichnis der verwendeten Symbole 196

Literatur 199

Stichwortverzeichnis 205

Introduction

Recently the interest in tellurium has increased in the field of solid state physics. Earlier it was examined only as a replacement for the homologous selenium. Indeed selenium has great electro-technic significance. On a large scale, however, it has refused to lend itself to systematic exploration since it is hardly possible to grow large, defectless single crystals from selenium because of its crystal chemical peculiarities. This is not so in the case of tellurium, for here large, almost defectless single crystals are available.

Especially for pure solid state physics tellurium is an interesting substance. Like in all semiconductors the carrier concentration can be varied within a large scale of tenth powers. By this means the contribution of the carrier concentration to the crystal properties can be examined separately. It is also possible to study qualities of solids that are concealed in metals by their high conductivity.

As a semiconductor only tellurium remains among the elements, besides the highly symmetrical substances, silicon and germanium, which are thoroughly explored, since the substances diamond, boron and selenium are difficult to prepare.

As a result of its heterodesmic crystaline structure, tellurium and selenium are much less symmetrical than the other semiconductors. It especially has no center of inversion and is enantiomorphic. Because of this small amount of symmetry all of the tensorial, makroscopic crystaline properties become more abundant. On the other hand, the measurements give more information about the microscopic structure. But in semiconductors of high symmetry many microscopic properties stay concealed because of the degeneration of symmetry in the phenomenological values. Before examining these properties it is thus necessary first to break up the symmetry artificially in the experiment by means of mechanical stress, high electric or magnetic fields. Furthermore, tellurium builds, like many compound semiconductors, a relatively "soft" lattice: plasticity at room temperature, low Debye-temperature, low melting point, small energy gap. Compared to the compound semiconductors, tellurium has the advantage of having pure homopolar lattice binding. Ionogeneous components – as in compound semiconductors – are missing.

The purpose of this report is to compare the many experimental and theoretical results on solid state qualities of tellurium, and then to try to combine all these results in one uniform and consistent model. This investigation seemed necessary especially because many experiments with tellurium have been conducted in laboratories, which were interested less in tellurium itself than in a certain effect in solids or in a highly

1*

developed testing technique. Therefore the comparison with other results in these investigations has been neglected. Besides the results of other authors those of the Cologne institute will be considered in this paper. Some of these will be reported for the first time – not counting those short notes delivered at conferences.

In the first chapter the major crystal-chemical characteristics of tellurium are discussed in order to point out the difference between tellurium and the other element semiconductors, especially selenium, and to explain later the properties and their anisotropic behaviour coming from the heterodesmic structure. According to its crystal-chemical characteristics, tellurium shows an increasing crystallographic anisotropy with increasing temperature – that means a decoupling of the chains of tellurium in favour of a stronger coupling of atoms in the chains. Thus the temperature dependance of the mass anisotropy or of the energy gap is also expounded, possibly.

The similarity between the lattice of tellurium and the hexagonal or cubic lattice is demonstrated by the crystalchemical conditions of this substance. Then the tensorial structure of different physical properties of material originating in the crystallographic symmetry is presented.

In the next part of the first chapter the peculiarities of the preparation technique of single crystals and the possibilities of doping single crystals are described. The difficulties in the metallographic preparation technique lie mainly in the plasticity and the anisotropy of tellurium.

The second chapter is concerned with the lattice dynamics of tellurium in which a great deal of progress has been made in the last two years. A report is given on optical investigations and neutron spectroscopy and also on the calculation of this in certain models. The results are also compared with the elastic constants. Because of the high number of electrons in the tellurium atom the atomic polarizability is great – tellurium is the element semiconductor with the highest atomic number. Hence there follows the high polarizability of the lattice of tellurium, too. Moreover, that produces by the deformation of the lattice, because of the low symmetry of tellurium, a polarization which is demonstrated by the piezoelectricity and optically active lattice modes. Such polar optical phonons were indicated by tellurium for the first time in an element semiconductor. Among the highly symmetrical crystalizing elements of the fourth group these effects are not possible. For this reason tellurium is just the right substance needed to test the contribution to the polarization which arises in a displacement of the core of the atom inside its valence electron shell. In the compound semiconductors this contribution to the polarization always occurs simultaneously with an ionogeneous contribution.

In the third chapter the modern ideas about the electronic band structure of tellurium are presented. A comparison is made between the physical hypothesis and results of the various quantitatively carried out band model calculations. Along with the results of the optic and magneto-optic measurements there follows from considerations of symmetry of the optical selection rules the localization of the energy gap in a corner of the Brillouin-zone. Thus a strong coupling appears again between the chains of tellurium.

Because of the low symmetry in this corner of the Brillouin-zone the spin degeneration of the energy eigenvalues is dissolved for the eigen-functions of the valence band. The upper valence band branches split by 0.1 eV. This splitting which is observed as a p-band in the absorption spectrum causes quite characteristic electronic qualities of tellurium. In order to determine the form of the energy surfaces or the effective masses, magneto-optic experiments and the Shubnikov-de-Haas-Effect were used. Supposedly the effective masses are strongly dependant on temperature and the energy surfaces are not elliptic.

In the last chapter the transport phenomena are discussed. Here too, it has recently been possible to make much progress since reproducible results have been achieved in examining these structures – sensitive values by the application of improved preparation methods. Since in tellurium the doping of donors has not yet succeeded the properties of the free holes have been studied more closely. At low temperatures the scattering of tellurium is anisotropic. Besides this, anomalies appear in the purest tellurium which again do point out non-ellipsoidal energy surfaces.

Of further importance are the results of the measurements of the dynamic conductivity at infra-red frequencies. They are among the few experiments which reveal the effective masses, collision time, and also the properties of the conduction electrons. These electrons exist in sufficient concentration only at high temperatures owing to intrinsic conductivity.

Many experiments show that the electronic scattering processes in tellurium are caused to a great extent by scattering at the strongly polar optical phonons.

Already in 1962 *Blakemore* et al. [1] gave a summarized report on tellurium, as did *Genzow* et al. in 1967 [2]. In these reports the results of many authors are brought together without the attempt to sketch a consistent model. A synopsis of the latest investigations of selenium and tellurium and a comparison of the qualitites of both substances was given by *Stuke* [3] at the Selenium-Tellurium-Symposium (Montreal 1967). Some results of the symposium are also considered in this report.

1. Das Kristallgitter

1.1 Die Kristallstruktur

Die Kristallstruktur des Tellurs – und des isomorphen Selens – ist eine unmittelbare Folge seiner chemischen Struktur. Sein Gitter (Fig. 1) [4] besteht aus trigonalen Ketten, in denen die Atome schraubenförmig aneinandergereiht sind. In diesen Schrauben hat jedes Atom zwei nächste Nachbarn.

Diese Ketten sind dann ziemlich dicht hexagonal gepackt. Die Schrauben sind entweder alle rechts- oder alle linkssinnig gewendelt (Enantiomorphie).

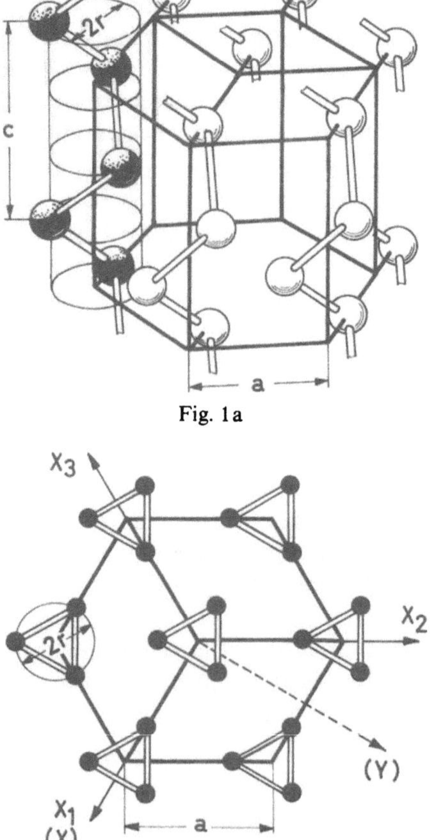

Fig. 1 a

Fig. 1 b

Fig. 1. Struktur des Tellurgitters (Rechtsschrauben). Definition der positiven Richtung der polaren x-Achse, Definition der y-Achse. x_1, x_2, x_3 sind die drei gleichwertigen Richtungen in der Basisfläche

Diese Enantiomorphie der hexagonal gepackten Ketten hat das Verschwinden des Inversionszentrums und das damit gekoppelte Auftreten der polaren Achsen zur Folge [die Flächennormalen zu $(2\bar{1}\bar{1}0)$, $(\bar{1}2\bar{1}0)$, $(\bar{1}\bar{1}20)$].

Das Tellurgitter gehört zum rhomboedrischen Kristallsystem, und zwar zur Punktgruppe 32 (Schönflies: D_3). Seine Raumgruppe ist D_3^4 für Rechtsschrauben und D_3^6 für Linksschrauben.

1.2 Die kristallchemischen Eigenschaften

Tellur als nichtmetallischer Elementkristall ist kovalent gebunden. Wieviel gerichtete kovalente Bindungen ein Atom eingehen kann, hängt von der Zahl n seiner Valenzelektronen ab, und zwar sind es $(8-n)$ mögliche Bindungen, wenn sie durch Austausch zwischen s- und p-Elektronen entstehen. In Fig. 2 sind zu den Elementen der Hauptgruppen die Anzahl und die sterische Konfiguration ihrer einfachen Bindung dargestellt. Hieraus kann man leicht die wesentlichen Strukturmerkmale der realen Gitter herleiten:

Edelgase kristallisieren als Kugelpackungen, in denen die Atome durch Restvalenzen gebunden sind.

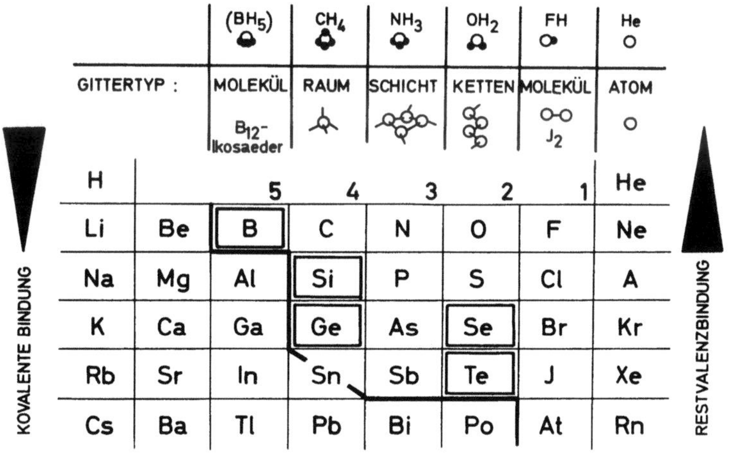

		(BH_5)	CH_4	NH_3	OH_2	FH	He
GITTERTYP:		MOLEKÜL B_{12}-Ikosaeder	RAUM	SCHICHT	KETTEN	MOLEKÜL J_2	ATOM
		5	4	3	2	1	
H							He
Li	Be	B	C	N	O	F	Ne
Na	Mg	Al	Si	P	S	Cl	A
K	Ca	Ga	Ge	As	Se	Br	Kr
Rb	Sr	In	Sn	Sb	Te	J	Xe
Cs	Ba	Tl	Pb	Bi	Po	At	Rn

(links: KOVALENTE BINDUNG — rechts: RESTVALENZBINDUNG)

Fig. 2. Periodisches System der Elemente. Kristallchemische Strukturmerkmale der kovalent gebundenen Elementgitter

Halogene mit je einer freien Bindung bilden A_2-Molekeln, die dann durch Restvalenzbindung zu einem Molekülgitter gepackt werden. Die hier interessierenden Chalkogene der VI. Gruppe mit je zwei freien Bindungen können in dieser Reihenfolge als erste Substanz zu beliebig großen Aggregaten zusammentreten, allerdings bei zwei freien Bindungen nur zu linearen Gebilden, eben den Ketten (trans-Stellung) oder geschlossenen Ringen (cis-Stellung) (Fig. 3).

Die Packung dieser zu Schrauben aufgewickelten Ketten durch Restvalenzbindungen gibt dann das eingangs beschriebene Tellurgitter.

Die Atome der V. Gruppe können mit je drei freien Bindungen bereits zu endlosen Flächen kondensieren. Tatsächlich bilden die Elemente Bi, Sb, As und Phosphor in seiner schwarzen Modifikation Schichtengitter. Doch wegen der ungeraden Zahl ihrer Valenzelektronen und wegen spezieller Symmetrien [5] des Schichtengitters sind Bi, Sb, As Metalle und haben keine Energielücke. Lediglich Legierungen von Bi mit 5–40 % Sb haben Halbleitercharakter mit einer Energielücke von maximal 0,014 eV [6].

Bei den Elementen der IV. Gruppe mit vier freien Bindungen ergibt eine Hybridisation der s- und p-Eigenfunktionen die hochsymmetrische tetraedrische Konfiguration. Damit ist zum ersten – und auch einzigen – Male ein homodesmisch kovalentes Raumgitter möglich, das „Diamantgitter".

Beim Bor schließlich ergibt die $(8 - n)$-Regel formal fünf freie Bindungen, obwohl nur vier Elektronenpaarbindungen sinnvoll sind. Tatsächlich bestätigt aber Bor fünf gleichwertige nicht ganz gesättigte Bindungen.

Diese fünf Bindungen sind sterisch fünfzählig in einem stumpfwinkligen Strahlenbüschel angeordnet. Damit ist nun kein homodesmisches Raumgitter mehr möglich, da in den Kristallen keine fünfzähligen Achsen erlaubt sind. Es bilden sich immer aus 12 Bor-Atomen Ikosaeder, denn das sind die einzigen regelmäßigen Polyeder mit fünfzähligen Achsen. Alle Bor-Modifikationen sind aufgebaut aus solchen Ikosaedern; dabei sind entweder die Ikosaeder einer Kugelpackung ähnlich gestapelt oder die Ikosaeder durchdringen sich gegenseitig, indem ihnen Atome gemeinsam zugehören. Die Verwandtschaft des Bor-Gitters mit einem Molekülgitter läßt aber geringe Dispersion der $E(k)$-Kurven des elektronischen Bändermodells erwarten*. Geringe Dispersion bedeutet aber schmale Bänder und große Energielücke.

Nachdem nun der charakteristische Platz der VIb-Elemente unter den anderen Elementhalbleitern bzw. Halbmetallen angedeutet wurde, sollen nun noch durch kristallchemische Betrachtungen die Eigenschaften der Elemente innerhalb der VI. Gruppe gedeutet werden.

---

* „Molekülbänder", denn die elektronische Kopplung innerhalb der Ikosaederteile wird stärker sein als zwischen den Ikosaederteilen. Für die Ikosaeder spielt aber die Translationssymmetrie nur eine untergeordnete Rolle, so daß keine starke k-Abhängigkeit der Bänder auftreten kann.

Bei den notwendig heterodesmisch aufgebauten Kristallen der VIb-Elemente konkurrieren jeweils die mit wachsender Ordnungszahl abnehmende kovalente Elektronenpaarbindung mit der mit wachsender Ordnungszahl zunehmenden (s. w. u.) Restvalenzbindung.

Diese nimmt etwa linear mit dem Atomvolumen zu und ist weniger gerichtet als die kovalenten Bindungen der s-, p-Elektronen. Bei hohen Ordnungszahlen stellt sich deshalb immer eine dichtere Packung ein als bei niedrigeren. Dichter gepackt ist aber die Kettenstruktur der trans-Stellung im Vergleich zu den Ringstrukturen der cis-Stellungen (Fig. 3).

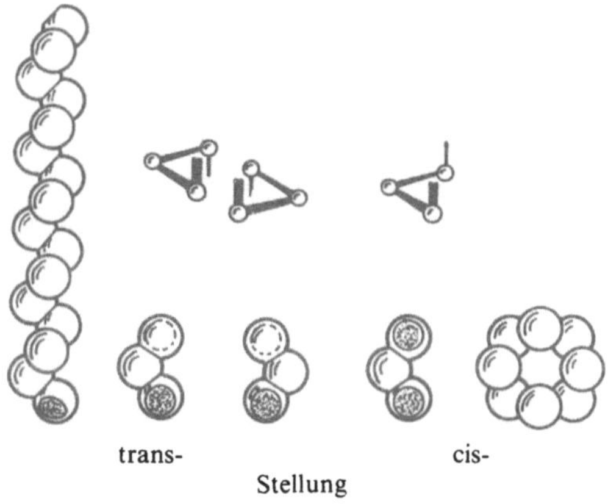

Fig. 3. Genetik der „Ketten"- und „Ring"-Molekeln bei den Elementen der VIb-Gruppe. Die zwei enantiomorphen A_3-Hanteln in Trans-Stellung führen zur Kette A_x, die Hanteln in Cis-Stellung zu Ringen, hier z. B. A_8

Beim Schwefel und Selen ist die Energie der Elektronenpaarbindung sogar vergleichsweise so groß, daß bei tieferen Temperaturen z. B. geschlossene A_8-Ringe stabiler sind als hochpolymere A_x-Ketten. Diese A_8-Ringe werden dann zu rhomboedrischen oder monoklinen Gittern gestapelt. Beim Schmelzen oder Lösen bleiben die Ringe erhalten (z. B. die dünnflüssige gelbe Schwefelschmelze). Bei höheren Temperaturen brechen die Ringe auf und bilden Polysulfidketten. Diese hochpolymere Schwefelschmelze ist erwartungsgemäß hochviscos und ihre Farbe ist nicht mehr gelb, sondern rotbraun: Die Kopplung zwischen den Bauelementen (jetzt Ketten gegenüber vorher Ringen) nimmt zu, gegenüber dem „Molekülgitter" werden die elektronischen Bänder breiter und die Energielücke kleiner, d. h. die langwellige Kante der elektronischen Grundabsorption rückt vom kurzwelligen Blau in den langwelligeren Teil des Spektrums.

Genauso sind die Verhältnisse bei der Selenschmelze kurz oberhalb des Schmelzpunkts des trigonalen Selens* und im amorphen Zustand. Die Ketten können dabei an ihren Enden durch cis-Stellungen wie in den Ringen vernetzt sein [7].

Beim Tellur dagegen ist die Restvalenzbindung zwischen den Ketten schon viel stärker. Es sind keine Te_8-Molekülgitter oder amorphes Tellur bekannt. Lediglich als dünne Schicht scheint sich ein weitgehend amorphes Tellur durch Aufdampfen auf kalte Träger für begrenzte Zeit darstellen zu lassen. Die Rekristallisationsfreudigkeit solcher Schichten spricht aber dafür, daß in diesem amorphen Tellur keine Kettenstruktur vorliegt (s. z. B. [8]).

Das geschmolzene Tellur dagegen ist mehr oder weniger atomdispers, zumindest besteht es nur aus sehr kleinen Molekülen.

Dieses Bild für den Unterschied zwischen der Selen- und Tellurschmelze läßt sich durch folgende Erscheinungen begründen:

Obwohl für Selen wegen seiner geringeren Ordnungszahl eine höhere kovalente Bindungsenergie zu erwarten ist als für Tellur (Energiebandlücke Se: $E_g = 1{,}7$ eV, Te: $E_g = 0{,}33$ eV oder kovalente Bindungsenergie Se: $E_1 = 0{,}94$ eV, Te: $E_1 = 0{,}68$ eV, schmilzt Selen schon bei $494°$ K, Tellur aber erst bei $725°$ K, außerdem beträgt die Schmelzwärme von Selen nur 0,056 eV, von Te dagegen 0,182 eV. Im Selen wird also der Ordnungszustand des Gitters beim Schmelzen nur teilweise abgebaut. Die Schmelze des trigonalen Selens ist hochviscos, die des Tellurs dünnflüssig. In der Selenschmelze liegen also wesentlich größere Moleküle vor als in der Tellurschmelze.

Die Fourieranalyse von Streukurven, die mit Röntgenstrahlen bzw. Elektronenstrahlen an amorphem Selen gewonnen wurden [9], ergaben bis zu hohen Ordnungen scharfe Atomabstände, die ebenen Zick-Zack-Ketten entsprechen, die im Mittel nur 10% weiter voneinander entfernt sind (3,85 Å) als im Kristall ($d_2 = 3{,}46$ Å).

Die Ketten lagern sich parallel und bilden ein Flächengitter. Im Tellur dagegen ist in der Schmelze zwar die Koordinationszahl noch immer fast 2, aber eine Fernordnung ist nicht mehr vorhanden.

Dieser Unterschied zwischen den Selen- und Tellurschmelzen zeigt sich auch ganz deutlich bei Messungen der inelastischen Neutronenstreuung von *Gissler* u. Mitarb. [65]: Selenschmelzen zeigen noch ein strukturiertes Streuspektrum, das von Molekülschwingungen herrührt und dem von Selenkristallen sehr ähnlich ist. Tellurschmelzen dagegen geben keinerlei spektrale Struktur mehr.

Beim Erstarren aus der Schmelze wachsen beim Tellur die Kristalle immer in Richtung der c-Achse, d. h. die Kettenlänge wächst. Beim Selen

---

* Oft auch ungenau „hexagonales Selen" genannt.

dagegen wachsen die Kristalle senkrecht zur *c*-Achse, d. h. fertige Ketten kondensieren am Keim (z. B. [10]).

Ein weiterer Hinweis ist der Verlauf der magnetischen Suszeptibilität in der Nähe des Schmelzpunktes, der von *Risi* und *Yuan* [11] gemessen wurde: Das diamagnetische trigonale Selen macht beim Schmelzen nur einen kleinen Sprung zu stärkerem Diamagnetismus hin. Bei Temperaturerhöhung über den Schmelzpunkt hinaus wird dieser Diamagnetismus durch einen ständig wachsenden paramagnetischen Beitrag allmählich kompensiert.

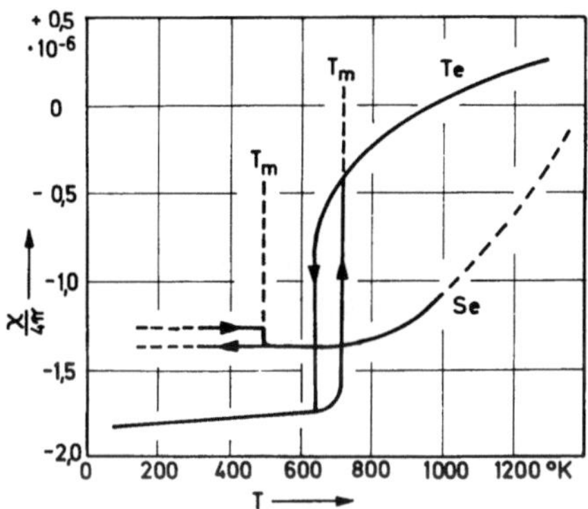

Fig. 4. Zunahme des Paramagnetismus in der Selenschmelze und sprungartige Zunahme in der Tellurschmelze infolge des paramagnetischen Beitrags der freien Kettenenden (nach [11])

Beim Abkühlen läuft die Suszeptibilität auf der gleichen Kurve zurück und geht stetig über den Schmelzpunkt hinweg, wenn man die Probe zur Erhaltung der amorphen Phase schnell vom Schmelzpunkt aus abschreckt (Fig. 4).

Tellur dagegen macht beim Schmelzen einen starken Sprung vom Diamagnetismus bis fast zum Paramagnetismus, und die Suszeptibilität zeigt bei weiterer Temperaturerhöhung nur noch ein schwächeres Anwachsen. Beim Abkühlen erhält man den gleichen Verlauf, bis auf eine schwache Hysterese, die der Unterkühlung bis zum Erstarren entspricht.

Deutet man den Abbau des Diamagnetismus in der Schmelze dadurch, daß jede aufgebrochene kovalente Elektronenpaarbindung mit ihrem jetzt unabgesättigten Elektronenspin einen paramagnetischen Beitrag liefert [12], so kann man nach dem Curieschen Gesetz abschätzen, welche Anzahl N freiwerdender Spins einen Suszeptibilitätsbeitrag $\Delta\chi$ verursacht, denn es gilt $\Delta\chi \approx N\mu_B^2/kT$ (μ_B: Bohr-Magneton). Beim Schmelzen des Tellurs entspricht z. B. ein Sprung $\Delta\chi/4\pi = 10^{-6}$ einer Spinzahl von ca. 10^{21} cm^{-3}, d. h. einige Prozent aller vorhandenen Atome brechen plötzlich ihre Bindungen auf. Beim Selen dagegen geht dieser

Vorgang erst allmählich vonstatten. *Busch* und *Vogt* geben für den Abbau des Diamagnetismus in der Selenschmelze eine Aktivierungsenergie von 0,4 eV an, da sie den zusätzlichen Paramagnetismus durch eine Arrheniusgerade darstellen können [12]. Das wäre die halbe kovalente Bindungsenergie, für die wir später 0,94 eV abschätzen (s. Tab. 2). Der plötzliche Suszeptibilitätssprung des schmelzenden Tellurs wird von Selen nur allmählich, und zwar erst bei ca. 1500° K erreicht.

Übereinstimmend mit diesen magnetischen Beobachtungen erhöht sich die Leitfähigkeit des Tellurs beim Schmelzen sprungartig [13]. Der Halleffekt der Tellurschmelze ist negativ und nur schwach temperaturabhängig. Deutet man seinen Wert von ca. 10^{-4} cm^3/As allein durch freie Elektronen, so ergibt sich eine Konzentration von 2–3 Elektronen pro Telluratom. Das bedeutet, daß beim Tellur durch den geringen Unterschied zwischen kovalenter Bindung und Restvalenzbindung schon bald eine höhere Koordination als 2 auftritt, die durch ihre höhere Symmetrie insgesamt eine stärkere elektronische Kopplung verursacht, die analog zu einer Bandüberlappung im Kristall den metallischen Zustand in der Schmelze verursacht.

Das schmelzende Selen dagegen verschlechtert die Kopplung zwischen den Ketten. Entsprechend ist das amorphe Selen auch schon deutlich im Roten durchsichtig.

Schließlich gibt die Abnahme der Verglasungstemperatur des Selens durch Beimischen von Tellur [14] einen Hinweis auf die unterschiedlichen Bindungsverhältnisse. Die Verglasungstemperatur ist ein Maß für die Beweglichkeit der polymeren Bausteine einer amorphen Phase. Je beweglicher die Bausteine, desto kälter die Verglasungstemperatur: Da die Te-Bindung schwächer ist als die Se-Bindung, werden die Selenketten an den Se-Te-Stellen aufgebrochen.

Daß sich beim Tellur die Bindungskräfte für ein Atom aus der gleichen Kette weniger von den Kräften zwischen den Ketten unterscheiden als beim Selen hat zur Folge, daß die Anisotropie der Gitterkoordination beim Tellur geringer ist als beim Selen (daher auch die ungenaue Ausdrucksweise „Te ist kubischer als Se").

1.3 Die Gitterparameter im Se-Te-Gitter

Wie oben gezeigt, ist der wesentlichste Baustein des Selen-Tellur-Gitters die zur dreizähligen Schraube gefaltete Atomkette. Die kristallchemisch zunächst wichtigsten Parameter sind deshalb der Gleichgewichtsabstand d_1 zwischen den nächsten Nachbarn und ihr Valenzwinkel φ. Sie lassen sich nicht unabhängig voneinander verändern. Durch d_1 und φ ist der „Säulenradius" r und die „Säulenlänge" c, also die eine hexagonale Gitterkonstante, vollauf festgelegt, denn das gewinkelte A_3-Ketten-Bauelement (Fig. 5) muß in der Kette genau so gekippt werden, daß die Projektion auf die Basis ein gleichseitiges Dreieck ergibt:

Es gilt damit

$$\cos \frac{\varphi}{2} = \frac{3r}{2d_1},\tag{1}$$

$$d_1^2 = 3r^2 + \left(\frac{c}{3}\right)^2.\tag{2}$$

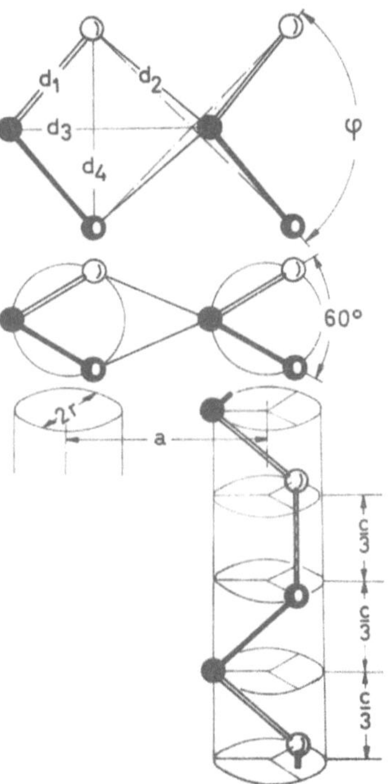

Fig. 5. Die kristallchemischen Atomparameter $d_1, d_2, d_3, d_4, \varphi$ des Se-Te-Gitters und ihr Zusammenhang mit den Gitterkonstanten a, c bzw. mit dem Säulenradius r

Der Abstand a zwischen den Säulen – die andere hexagonale Gitterkonstante – ist geometrisch unbestimmt und wird nur durch die kristallchemischen Bindungsverhältnisse festgelegt. In Tab. 1 ist der Zusammenhang zwischen den phänomenologischen Kristallparametern $a, q = c/a$ und $u = r/a$ und den Abständen zwischen Nachbarn verschieden hoher Ordnung (Fig. 5) angegeben bzw. die Werte für Te und Se angegeben.

Tabelle 1. *Gitterkonstanten und Atomkoordinaten für Se und Te (295° K)*

		Koordinations-zahl v	Selen relativ	Å	Tellur relativ	Å	therm. Ausdehnungskoeffizient α $10^{-6}/°\text{K}$
d_1	$a\sqrt{3u^2 + \dfrac{q^2}{9}}$	2	1	2,32	1	2,86	$-26{,}0$
d_2	$a\sqrt{\left(3u^2 + \dfrac{q^2}{9}\right) + (1 - 3u)}$	4	1,49	3,46	1,21	3,48	$+42{,}5$
d_3	a	6	1,87	4,34	1,55	4,45	$+29{,}1$
d_4	$a\sqrt{3u^2 + \dfrac{4q^2}{9}}$	2	1,59	3,68	1,56	4,46	$-30{,}0$
φ	$\operatorname{tg}\dfrac{\varphi}{2} = \sqrt{\dfrac{1}{3} + \left(\dfrac{2q}{9u}\right)^2}$	—	—	105,5°	—	102,6°	$+19{,}6$
c	$a \cdot q$	—	2,14	4,95	2,07	5,95	$-2{,}9$
$u = r/a$ —		—		0,217		0,268	—
$q = c/a$ —		—		1,14		1,33	—

Wegen der Unabhängigkeit von c und a im Se-Te-Gitter kann man die Atomkoordinaten – z. B. d_1 und φ – nicht allein durch Messungen der Streurichtungen bei Braggreflexion bestimmen, sondern es muß quantitativ der Strukturfaktor (s. Abschn. 151) – also die relative Streuintensität – ausgemessen werden. Aus dem Strukturfaktor erhält man die Größe $u = r/a$, durch die dann alle anderen Parameter festgelegt sind.

1.4 Bindungsenergie und Gleichgewichtsflächen im Se-Te-Gitter

Um angeben zu können, welche kristallographischen Flächen die makroskopische Gleichgewichtsform des Kristalls ergeben, müßte man neben der Kristallstruktur die Reichweite der Bindungskräfte kennen. Wegen der hohen Koordinationszahlen und geringen Abstände in Kristallen kann man aber nur in besonders günstigen Fällen hierfür direkt auf die molekularen Bindungsenthalpien zurückgreifen, die an verwandten Verbindungen gemessen wurden.

Um die Verhältnisse dennoch abschätzen zu können, geht man nach *Stranski* (z. B. [15]) für homöopolare Kristalle folgendermaßen vor:

Man nimmt an, daß sich jedes Atom im Zentrum eines kugelsymmetrischen Potentials befindet, das $\sim 1/r^6$ abfällt. Die in den Bindungen zu den verschiedenen Nachbarn gespeicherte potentielle Energie soll sich dann gerade dadurch eingestellt haben, daß die Nachbarn verschieden weit vom Aufatom entfernt sind. Diese Entfernungen kennt man aber, eben die Gitterparameter. Damit sind die relativen Anteile bekannt. Um nun noch die Größenordnung der Bindungsanteile abzuschätzen, nimmt man die Sublimationsenthalpie oder – wenn diese nicht bekannt ist – die Summe aus Schmelz- und Verdampfungsenthalpie an. Da aber Selen und Tellur wahrscheinlich vorwiegend als A_2-Molekel verdampfen, muß man noch die – recht ungenau bekannte – halbe atomare Dissoziationsenthalpie D hinzufügen*.

Tabelle 2. *Bindungsverhältnisse im Selen-Tellur-Gitter. Aufteilung auf die Nachbaratome verschiedener Ordnung*

Typ des Nachbarn		d_1	d_2	d_3	d_4	Gesamtbindung
Koordinationszahl		2	4	6	2	
Selen						
Anteil an der Gesamtbindung	%	76	14	6	4	
Energie der Einzelbindung	%	38	3	1	2	
	eV	0,94	0,08	0,02	0,06	$L + D = 2{,}48$ eV
Tellur						
Anteil an der Gesamtbindung	%	51	33	12	4	
Energie der Einzelbindung	%	26	9	2	2	
	eV	0,68	0,22	0,06	0,05	$L + D = 2{,}62$ eV

Dabei werden die 12 nächsten Nachbarn berücksichtigt, d. h. also alle Nachbarn, die man durch Störung der 12 gleichen Nachbarn einer dichtesten Kugelpackung erzeugen könnte. Denn von diesen ist ein Einfluß gleicher Größenordnung zu erwarten. Für Tellur müßte man dann gerade bis zu Nachbarn dritter Ordnung gehen. Wegen des Vergleichs mit Selen wurden aber auch noch die 4. Nachbarn berücksichtigt, da im Selen die Nachbarn im Abstand d_3 von 4. Ordnung bzw. d_4 von 3. Ordnung sind, also gerade umgekehrt wie in Tellur.

---

* Für Tellur wurde die Sublimationsenthalpie bestimmt zu $L = 1{,}47$ eV. Hierzu wurde von *P. Gspan* die Temperaturabhängigkeit der Verdampfungsgeschwindigkeit über verschiedenen Einkristallflächen mit Hilfe einer elektronischen Mikrowaage [16] gemessen. – Ich danke Herrn *Gspan* vielmals für die Überlassung der Meßergebnisse. – Für Selen wurde die Sublimationsenthalpie abgeschätzt durch die Summe aus der Schmelzenthalpie (0,056 eV) und der Verdampfungsenthalpie 0,99 eV) zu $L = 1{,}13$ eV [17]. Für die Dissoziationsenthalpien wurde angenommen $D_{Se} = 2{,}7$ eV, $D_{Te} = 2{,}3$ eV [18]. – Der Temperaturgang der einzelnen Enthalpien kann vernachlässigt werden, da der Beitrag der spezifischen Wärmen bei diesem groben Verfahren von viel zu kleiner Größenordnung ist.

Man erhält dann die in der Tab. 2 angegebenen Werte nach

$$L + D = \text{const} \cdot \sum_i \frac{v_i}{d_i^6} \; ; \quad l_i = \frac{\text{const}}{d_i^6} , \tag{3}$$

$$\left.\begin{array}{l} v_i = \text{Koordinationszahl} \\ d_i = \text{Abstand} \end{array}\right\} \text{ der Nachbarn } i\text{-ter Ordnung},$$

$l_i = $ anteilige Bindungsenergie eines Nachbarn i-ter Ordnung.

Wären alle 12 Atome gleichweit entfernt, so würde auf jedes Atom 8 % der Bindungsenergie entfallen. Nachbarn mit größerer Bindungsenergie sind also enger gebunden als in der Kugelpackung, mit kleinerer Energie lockerer. Beim Selen sind nur die Nachbarn 1. Ordnung fester gebunden, es bestätigt sich das Bild vom „Molekülgitter", das die Selenketten bilden. Beim Tellur dagegen sind die Ketten bereits vernetzt: Auch die Nachbarn 2. Ordnung sind noch fester gebunden als in der Kugelpackung.

Beim Tellur ist weiter der Anteil der zwei nächsten Nachbarn an der gesamten Bindungsenergie nur 1,5 mal so groß wie der Anteil der vier übernächsten, beim Selen dagegen 5,5 mal! Auch das bestätigt das Bild vom „kubischeren" Tellur.

Auf Grund der so abgeschätzten Bindungsanteile kann man nun die Oberflächenenergien der niedrig-indizierten Kristallflächen bestimmen. Hierzu berechnet man die im Mittel freiwerdende Bindungsenergie, wenn man jeweils ein einzelnes Atom der verschiedenen Typen einer neuen Netzebene auf der Kristalloberfläche kondensiert: Das ist dann die pro Atom aufzubringende Energie, um die Netzebene abzulösen, ohne die abgelöste Netzebene selbst weiter zu zerlegen.

In Tab. 3 sind die Ergebnisse zusammengestellt. Die Indizierung entspricht einem Kristall mit Rechtsschrauben (Fig. 1). Für die verschiedenen Flächen ist auch noch angegeben, welche Bindungen das Atom betätigt, je nachdem, auf welchem der drei möglichen Plätze es kondensiert.

Die Flächen vom Typ $\{10\bar{1}0\}$ haben die geringste spezifische Oberflächenenergie, übereinstimmend mit ihrem Auftreten als Spaltflächen und als Begrenzungsflächen von Einkristallen, die aus der Schmelze oder aus der Dampfphase gewachsen sind. Als Abschlußflächen der hexagonalen Säulen treten an jedem Ende 3 mal die $\{1\bar{1}01\}$-Flächen auf und 3 mal die ungünstigeren $\{10\bar{1}1\}$-Flächen.

Diese Pyramidenflächen zeigen von den in Tab. 3 gewählten Flächen als einzige deutlich die trigonale Struktur, sie täuschen keine hexagonale Symmetrie vor. Ihr Aufbau ist ganz verschieden. Zur Veranschaulichung sind deshalb in Fig. 6 die Flächen der Tab. 3 in einem Kalottenmodell dargestellt*.

Im Rechtsschraubenkristall sind die $\{1\bar{1}01\}$-Flächen die von den geknickten Tellurhanteln – Te_3 – aufgespannten Flächen. Es sind die dichtest besetzten Netzebenen des Kristalls. Die $\{10\bar{1}1\}$-Flächen sind viel lockerer gepackt und haben eine höhere spezifische Oberflächenenergie. Der zu erwartende Habitus eines in der Dampfphase gewachsenen Kristalls ist in Fig. 7 dargestellt. Der Kristall mit Linksschrauben wäre dazu genau spiegelbildlich. Da das Spiegelbild aber durch eine 60°- oder 180°-Drehung um die c-Achse in das Original übergeführt werden kann, ist der Habitus nicht enantiomorph: Beim Rechtsschraubenkristall liegt die dichtere Pyramidenfläche oben rechts und unten links, wenn man der x-Achse entgegensieht, die lockeren Flächen entsprechend oben links und unten rechts. Eine Bestimmung des Schraubensinns wäre mit diesen unterschiedlichen Flächen möglich, wenn die Richtung der drei zweizähligen polaren Achsen x_1, x_2, x_3 bekannt wäre.

Tabelle 3. *Spezifische Oberflächenenergie beim Se-Te-Gitter*

		0001	$10\bar{1}0$	$1\bar{1}01$	$10\bar{1}1$	$1\bar{2}10$	$\bar{1}2\bar{1}0$	$10\bar{1}2$
hexagonaler Index		0001	$10\bar{1}0$	$1\bar{1}01$	$10\bar{1}1$	$1\bar{2}10$	$\bar{1}2\bar{1}0$	$10\bar{1}2$
einfacher Index		001	100	$1\bar{1}1$	101	$1\bar{2}0 \triangleq 110$	$\bar{1}20 \triangleq \bar{1}\bar{1}0$	102
Fläche		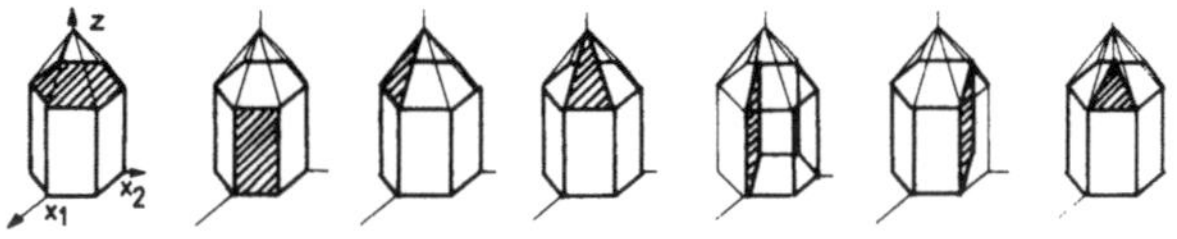						
Zahl der Bindungen	d_1	1	0 0 0	1 0 0	1 0 0	0 0 0	0 0 0	1 0 1
pro Atom	d_2	2	0 3 1	0 1 1	1 3 0	3 3 0	4 1 1	1 2 1
	d_3	0	2 2 2	2 2 2	2 2 2	3 3 3	3 3 3	2 2 2
	d_4	1	0 0 0	1 1 0	1 1 0	0 0 0	0 0 0	1 1 1
Spezifische Oberflächenenergie								
Selen	%	47	6	18	20	10	10	34
	eV	1,17	0,16	0,45	0,50	0,24	0,24	0,85
Tellur	%	44	16	20	26	24	24	35
	eV	1,15	0,41	0,52	0,67	0,62	0,62	0,91
s. Abb. 6		g	e	a	b	d	f	c

* In dem Modell entspricht der Abstand der Kugelmittelpunkte dem Abstand d_1 nächster Nachbarn und der Kugeldurchmesser dem Abstand d_2 zu den übernächsten Nachbarn, d. h. also, daß jede Kugel von vier anderen berührt wird. Dieses Kalottenmodell stellt also eine van-der-Waals-Bindung zwischen den Ketten dar. Das entspricht nicht der Wirklichkeit, da der van-der-Waals-Durchmesser des Tellurs mit 4,40 Å [19] viel größer ist als d_2; im Kalottenmodell müßten sich also die Kugeln auch noch etwas mit den vier übernächsten Nachbarn durchdringen.

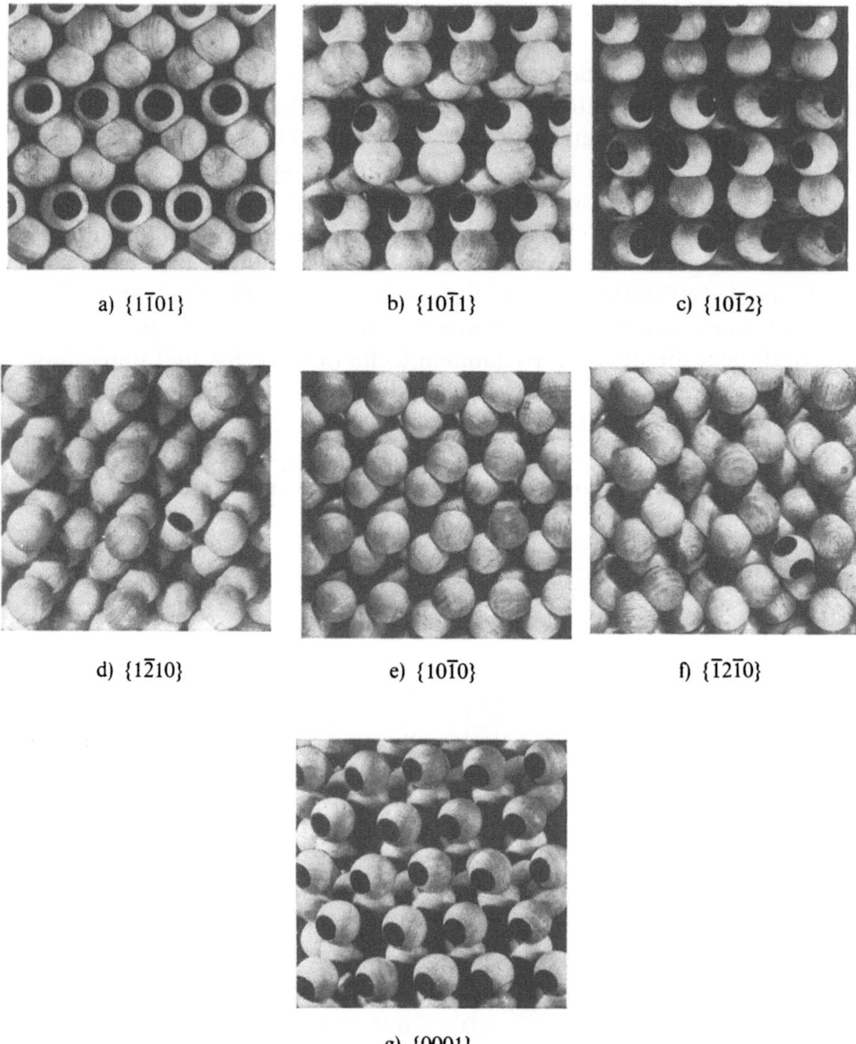

Fig. 6. Kalottenmodell des Tellurkristalls. Niedrig indizierte Netzebenen als Oberflächen (Indizierung s. Tab. 3). Die schwarzen Kalottenflächen markieren aufgebrochene kovalente Bindungen. Auf die Flächen $(1\bar{2}10)$ (d) bzw. $(\bar{1}2\bar{1}0)$ (f) ist zusätzlich jeweils ein Atom auf dem energetisch günstigsten Platz kondensiert

Zunächst weiß man aber nicht bei einem Kristallindividuum, wenn man es normal zu seinen Prismenkanten betrachtet, ob die zugehörige Normalenfläche vom Typ Fig. 6d oder 6f ist [beim Rechtsschraubenkristall also d) $(\bar{2}110)$, $(1\bar{2}10)$, $(11\bar{2}0)$ und f) $(2\bar{1}\bar{1}0)$, $(\bar{1}2\bar{1}0)$,

($\overline{1}\overline{1}20$)]. Diese Netzebenen können röntgenographisch nicht unterschieden werden.

Diese Netzebenen unterscheiden sich aber durch die Bindungsverhältnisse, wie aus der Oberflächenstruktur bekannt ist (Tab. 3): Die Oberflächenenergie ist nur im Mittel für beide Netzebenen gleich, sie gehen ja durch „Spalten" auseinander hervor. Das energetisch festeste Atom einer neuen Netzebene ist aber auf den $\{\overline{1}2\overline{1}0\}$-Netzebenen durch

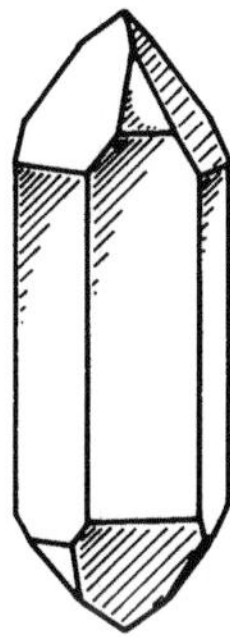

Fig. 7. Zu erwartender Habitus eines aus der Dampfphase wachsenden Kristalls (Gleichgewichtsflächen gemäß Tab. 3)

einen übernächsten Nachbarn fester gebunden (entsprechend $E_2 = 0{,}22\,\text{eV}$) als die beiden festesten auf den $\{1\overline{2}10\}$-Netzebenen, d. h. also z. B. bei 500° K ist am idealen Kristall die Keimbildung für eine neue Netzebene um den Faktor $(1/2)\exp(E_2/kT) \approx 80$ wahrscheinlicher. Die $\{\overline{1}2\overline{1}0\}$-Flächen werden also die größere Wachstumsgeschwindigkeit bzw. die geringere Lösungsgeschwindigkeit haben als die $\{1\overline{2}10\}$-Flächen. Tatsächlich findet man im Experiment ein völlig verschiedenes Löslichkeitsverhalten der beiden Oberflächentypen (Fig. 8).

Und zwar wurde der Kristall durch Sublimation im Hochvakuum aufgelöst [20], um eine Verfälschung der Bindungsverhältnisse zu vermeiden, wenn freie Bindungen durch Chemisorption abgesättigt würden. Im Elektrolyten wäre das ja zu erwarten.

Die glatt verdampfende Fläche ist vom leicht löslichen $\{1\overline{2}10\}$-Typ. Die rauhe Seite wird durch $\pm 30°$ gegen die Oberfläche geneigte Flächen gebildet: Die stabile $(\overline{1}2\overline{1}0)$-Fläche verdampft auf dem Umweg über die leichter löslichen Prismenflächen $(01\overline{1}0)$ und $(\overline{1}100)$.

Beim Ätzen in H_2SO_4 bei 150° C verhalten sich die Flächen ähnlich (s. Fig. 8). Auf den Spaltflächen entstehen dabei gleichzeitig die enantiomorphen Ätzfiguren, über die bereits in [1] und [21] berichtet wurde. Mit der eben erläuterten Eichung kann man nun allein aus der Struktur dieser Ätzfiguren entscheiden, welches die Richtung der polaren Achse

2*

ist! Ein kristallchemisches Modell für die Prozesse, die zu den enantiomorphen Ätzfiguren in Schwefelsäure führen, konnte noch nicht entworfen werden*.

Fig. 8. Durch Verdampfen bzw. mit heißer Schwefelsäure angeätzte Flächen, deren Normale die polare x-Achse ist (s. a. Fig. 1). Zuordnung der enantiomorphen H$_2$SO$_4$-Ätzfiguren auf den Spaltflächen {10$\bar{1}$0} zur positiven x-Achse (s. a. Fig. 28). Optisch linksaktiver Kristall, Rechtsschrauben; Maßstabstrich entspricht 100 µm

1.5 Die Elementarzelle

1.5.1 Der Strukturfaktor

Aus dem Amplitudenstreuvermögen

$$A = \sum_v \exp i(\boldsymbol{r}_v \, \boldsymbol{h}) \tag{4}$$

einer Basiszelle eines Gitters mit v gleichen Atomen auf den Plätzen $\boldsymbol{r}_v$ für eine Welle, die um den reziproken Gitter-Vektor $\boldsymbol{h}$ gestreut wird, erhält man für drei gleiche Atome den Intensitätsstrukturfaktor

$$F_{\boldsymbol{h}} = |A|^2 = 3 + 2(\cos(\boldsymbol{r}_1 - \boldsymbol{r}_2)\,\boldsymbol{h} + \cos(\boldsymbol{r}_1 - \boldsymbol{r}_3)\,\boldsymbol{h} + \cos(\boldsymbol{r}_2 - \boldsymbol{r}_3)\,\boldsymbol{h}).$$

Im Falle des Tellurs bedeutet dies mit den Koordinaten der Fig. 1

$$F_{hkl} = 3 + 2\begin{pmatrix}\cos 2\pi(2uh + uk \pm 2l/3) + \\ \cos 2\pi(uh - uk \pm l/3) + \\ \cos 2\pi(uh + 2uk \pm l/3)\end{pmatrix}. \tag{5}$$

---

* Insbesondere konnten die in [1] angegebenen Netzebenen-Indizierungen für die Wände der Grübchen hier nicht bestätigt werden. Die Wände sind nur bis 3° gegen die Oberfläche gekippt, sie sind also Flächen hoher Indizierung.

Dabei gilt das obere Vorzeichen für Kristalle aus Rechtsschrauben, das untere für solche aus Linksschrauben. Im Gegensatz zu hochsymmetrischen Gittern oder solchen mit einfacher Basis, bei denen ein fester geometrischer Zusammenhang zwischen Gitterkonstanten und Atomkoordinaten besteht, enthält der Strukturfaktor hier noch den Gitterparameter u. Eine Gitterdeformation bei voller Erhaltung der Symmetrie – z. B. durch hydrostatischen Druck oder Temperaturänderung – erlaubt eine Änderung von u! Der unterschiedliche Einfluß von u auf den Strukturfaktor ist für Reflexe vom Typ $(hk0)$ in Fig. 9 dargestellt. Im nächsten

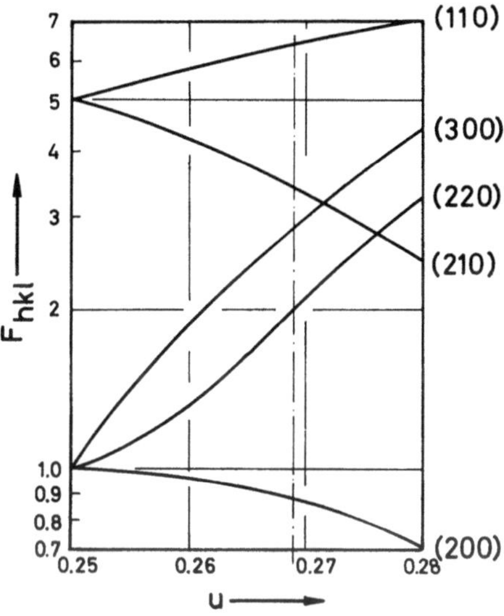

Fig. 9. Einfluß des relativen Säulenradius $u = r/a$ auf den Strukturfaktor verschiedener Bragg-Reflexe

Abschnitt wird über die Bestimmung des Temperaturgangs von u durch Strukturfaktormessungen berichtet.

Weiter sind im folgenden einige spezielle Eigenschaften des Strukturfaktors zusammengestellt:

$F_{00l} = 9$, wenn l durch 3 teilbar,
$F_{00l} = 0$, wenn l nicht durch 3 teilbar.
(Die Periode der Netzebenen ist eben in c-Richtung schon $c/3$!)
$F(h, k, l) = F(\bar{h}, \bar{k}, l) = F(h, k, \bar{l})$, wenn l durch 3 teilbar ist.

Für diese Reflexe täuscht das Gitter hexagonale Symmetrie vor. Insbesondere heißt das für $l = 0$: Für die Ebenen und Richtungen mit c als Zonen-Achse ist eine Unterscheidung zwischen „vorn" und „hinten" bzw. „oben" und „unten" nicht möglich.

Die Enantiomorphie hat auf den Strukturfaktor den gleichen Einfluß, wie die Richtung der polaren Achse:

$$F(hkl)_{\text{Rechtsschrauben}} = F(\overline{hk}l)_{\text{Linksschrauben}}$$
$$\text{bzw.} \quad F(hkl)_{\text{Rechtsschrauben}} = F(hk\overline{l})_{\text{Linksschrauben}} \cdot$$

Eine Unterscheidung des Schraubensinns der Ketten ist also nur möglich, wenn die Richtung der polaren Achsen bekannt ist und umgekehrt. Zur Veranschaulichung ist in Fig. 10 der Strukturfaktor für einige Reflexe

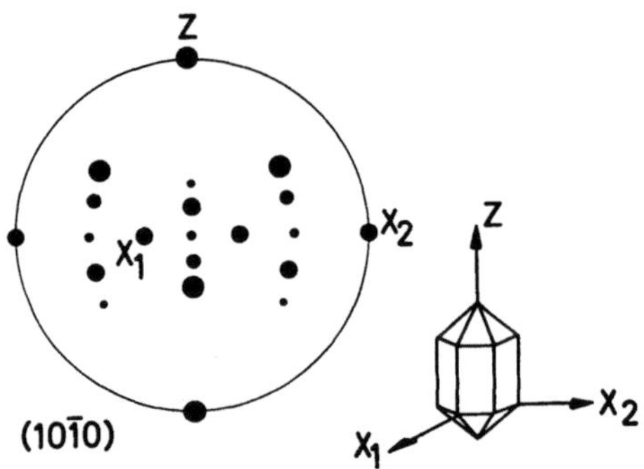

Fig. 10. Polfigur des Strukturfaktors für Tellurkristalle aus Rechtsschrauben. Die Kreisflächen um die Netzebenenpunkte sind jeweils dem Intensitätsstrukturfaktor proportional

eines Rechtsschraubenkristalls in einer Polfigur dargestellt. Für einen Kristall mit Linksschrauben müßte man die Figuren lediglich um 180° drehen.

Bestimmt man z. B. die Richtung der polaren Achsen durch ein Verdampfungs- oder noch einfacher ein Ätzexperiment, so wie es im vorigen Abschnitt beschrieben war, so kann man sofort den Schraubensinn durch eine einfache röntgenographische Aufnahme oder Intensitätsmessung festlegen [20, 22]. Es zeigte sich, daß die in Fig. 8 dargestellten Ätzfiguren die eines Kristalls mit Rechtsschrauben sind. Da die Ätzfiguren enantiomorph sind, kann man nun aus ihnen sofort Schraubensinn und Richtung der polaren Achsen eines Kristallindividuums ablesen.

In Tab. 4 sind für einige wichtige Reflexe Strukturfaktoren angegeben.

1.5.2 Temperaturgang der Gitterparameter

Besondere Bedeutung für das Verständnis der Festkörpereigenschaften des Tellurs hat die Frage nach dem Temperaturgang der Atomkoordinaten in der Basiszelle. Wie bereits angedeutet, liefern einfache Messungen der Lage der Bragg-Reflexe oder Messungen der Ausdehnungskoeffizienten nur Informationen über die Gitterkonstanten a, c,

Tabelle 4. *Strukturfaktor für Tellur (Rechtsschrauben, $u = 0{,}268$)*

hkl	$h0l$	$\bar{h}0l$	hkl	$(hhl), (\bar{h}\bar{h}l)$	hkl	$(hkl), (\bar{k}\bar{h}l)$	$(\bar{h}\bar{k}l), (khl)$
100	0,60		110	6,33	120		3,50
101	0,37	8,03	111	1,34	121	3,76	1,73
102	8,03	0,37	112		122	1,73	3,76
200	0,90		220	1,89	130		1,40
201	5,59	2,52	221	3,56	131	6,10	1,51
202	2,52	5,59	222		132	1,51	6,10
300	2,77		330	1,60	140		0,41
301	5,29	0,94	331	3,70	141	0,67	7,93
302	0,94	5,29	332		142	7,93	0,67
400	7,83		440	5,85	230		5,43
401	0,43	0,73	441	1,58	231	0,92	2,64
402	0,73	0,43	442		232	2,64	0,92
					240		1,44
000	9,0				241	6,32	1,24
001	0				242	1,24	6,32
002	0				340		3,82
					341	3,30	1,88
					342	1,88	3,30

jedoch nicht über den noch freien Parameter u. Verschiedene Autoren haben deshalb spekulative Annahmen über das Verhalten der kristallchemischen Größen d_1, φ bei thermischen Gitteränderungen gemacht. Sie fordern z. B. Konstanz von d_1 oder von φ. Dieses Verfahren ist nicht gerechtfertigt, da sich erstens d_1 und φ bei einer kovalenten Bindung nie unabhängig ändern. Zweitens liegt zwischen den Ketten offensichtlich eine viel innigere Bindung als nur van-der-Waals-Bindung vor (s. Anm. S.17). Deshalb ist von vornherein auch eine starke Änderung innerhalb der Ketten zu erwarten, wenn man den Abstand der Ketten untereinander ändert.

Es wurde deshalb der Temperaturgang der Atomkoordinaten röntgenographisch bestimmt [22, 23].

Hierzu mußten Präzisionsmessungen der Temperaturabhängigkeit der Reflexintensitäten durchgeführt werden. Dabei rührt die Änderung der Intensitäten nicht nur vom Strukturfaktor her, sondern vor allem auch vom Debye-Waller-Faktor (S. 61). Durch geeignete Kombinationen von Reflexen mit verschiedener Monotonie bei einer u-Änderung (s. Fig. 9) gelingt es, den Strukturfaktor vom Phononenbeitrag zu trennen. Die so bestimmte relative Änderung der Gitterparameter ist in Fig. 11 dargestellt. Da der Gitterparameter $u = r/a$ ist, erhält man den relativen Ausdehnungskoeffizienten des Säulenradius als

$$\alpha_r = \alpha_u + \alpha_a . \tag{6}$$

Glücklicherweise ist der Beitrag des Radius zur Änderung von u genügend groß neben dem der Gitterkonstanten a, so daß er deutlich gemessen werden konnte!

Die relativen Ausdehnungskoeffizienten der kristallchemischen Größen setzen sich wie folgt aus denen der kristallographischen Größen zusammen

$$d_1: \quad \alpha = 0{,}52\alpha_r + 0.47\alpha_c\,, \tag{7}$$

$$d_2: \quad \alpha = -0{,}31\alpha_r + 0.99\alpha_a + 0.32\alpha_c\,, \tag{8}$$

$$d_3: \quad \alpha = \alpha_a\,, \tag{9}$$

$$d_4: \quad \alpha = 0{,}52\alpha_r + 1{,}88\alpha_c\,, \tag{10}$$

$$\varphi: \quad \alpha = -0{,}43\alpha_r + 0{,}42\alpha_c\,. \tag{11}$$

Die numerischen Werte sind ebenfalls in Tab. 1 eingetragen.

Es ergibt sich eine scheinbar anomale, starke Annäherung der nächsten Nachbarn bei Temperaturerhöhung (Fig. 12). Doch aus dem ein-

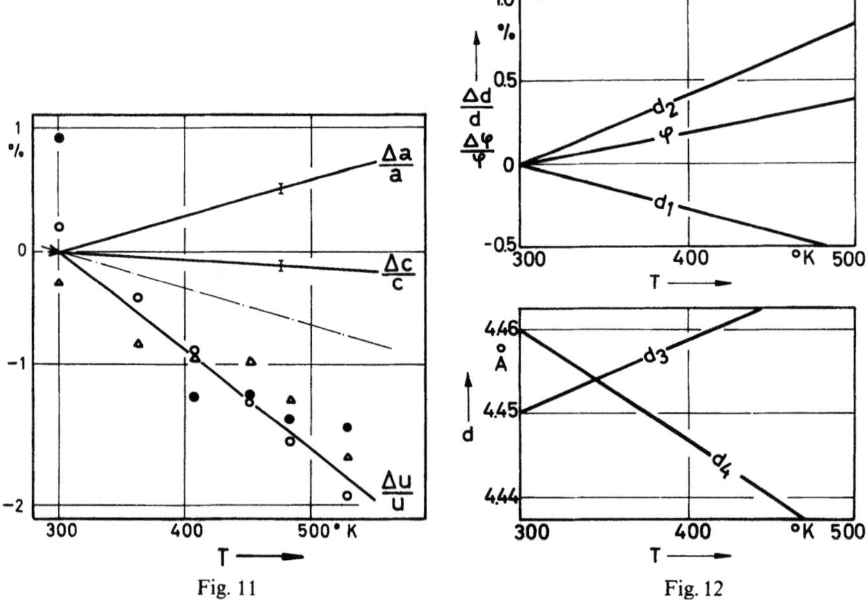

Fig. 11   Fig. 12

Fig. 11. Relative Temperaturabhängigkeit der Gitterkonstanten a und c sowie des Parameters $u = r/a$. $\Delta u/u$ wurde bestimmt aus Messungen folgender Reflex-Triplets: ●, △ (110), (300), (210), ○ (220), (300), (210) (aus [23])

Fig. 12. Relative Temperaturabhängigkeit der kristallchemischen Parameter d_1, d_2, φ und absolute Abhängigkeit der Parameter d_3 und d_4 (Bezeichnung s. Fig. 5, aus [23])

gangs entworfenen kristallchemischen Bild ist dieses Verhalten sofort plausibel:

Im Tellurkristall ist die reine kovalente Bindung aus der Überlappung der sp^2-Hybride nächster Nachbarn einer Kette wegen des geringen Abstands der übernächsten Nachbarn sterisch stark gestört zugunsten einer oktaedrischen Umgebung aus ersten und zweiten Nachbarn, da jetzt auch die mesomeren Beiträge der Atome aus den Nachbarketten die Bindung beeinflussen (Fig. 13).

Durch die Anregung der Gitterschwingungen bei Temperaturerhöhung entfernen sich nun infolge der Anharmonizität die Tellursäulen. (Ein Maß hierfür ist die Zunahme der Gitterkonstanten.) Dadurch wird der störende Einfluß der zweiten und dritten Nachbarn auf die Ausbildung der reinen sp^2-Hybrid-Bindung vermindert. Die nächsten Nachbarn rücken enger zusammen. Dabei muß sich der Valenzwinkel gleichzeitig vergrößern, da jetzt die abstoßenden Terme der beiden Liganden zunehmen*.

Der gegensinnige Einfluß des abnehmenden d_1 und zunehmenden φ auf die Kettenlänge c ist der Grund für die geringe Längenänderung dieser Gitterkonstanten. Sie hat viele Autoren dazu verleitet anzunehmen, daß innerhalb der Säulen kaum Veränderungen stattfinden!

Da noch keine Strukturfaktormessungen unter hydrostatischem Druck vorliegen, aber andererseits thermische Ausdehnungskoeffizienten und lineare Kompressibilität beim Tellur recht gut miteinander korrespondieren, wenn man eine Temperaturabnahme ΔT durch eine entsprechende Druckzunahme Δp ersetzt gemäß

$$\overline{\left(\frac{\kappa}{\alpha}\right)} = \frac{\Delta T}{\Delta p} = -0{,}12°/\text{atm} = -1{,}2 \cdot 10^{-7} \, °\text{cm}^2/\text{dyn} \qquad (12)$$

(das entspricht einer linearen Kompressibilität

$$\kappa_{11} = -27{,}5 \cdot 10^{-7}/\text{atm} \quad \text{bzw.} \quad \kappa_{33} = +4{,}1 \cdot 10^{-7}/\text{atm} \quad [25]),$$

erhält man ungefähre Werte für die relative Kompressibilität der drei wichtigsten kristallchemischen Größen

$$d_1: \kappa = 31 \cdot 10^{-7}/\text{atm} = 3{,}2 \cdot 10^{-12} \, \text{cm}^2/\text{dyn} \, ,$$

$$d_2: \kappa = -51 \cdot 10^{-7}/\text{atm} = -5{,}2 \cdot 10^{-12} \, \text{cm}^2/\text{dyn} \, ,$$

$$\varphi: \kappa = -24 \cdot 10^{-7}/\text{atm} = -2{,}4 \cdot 10^{-12} \, \text{cm}^2/\text{dyn} \, .$$

---

* Da uns keine stereochemischen Daten für Polytelluride bekannt sind, können die Tellur-Halogenide einen Hinweis auf die Daten der ungestörten Bindung geben [24]:

$$\text{TeCl}_2 \quad d_1 = 2{,}36 \, \text{Å}, \quad \text{TeBr}_2 \quad d_1 = 2{,}49 \, \text{Å} \, .$$
$$\varphi > 150° \qquad\qquad\qquad \varphi > 150°$$

Die große Elektronegativität der Halogene wird aber sicher einen etwas größeren Valenzwinkel verursachen als in der Te_n-Kette.

Die Ausdehnungskoeffizienten, über die hier berichtet wurde, wurden röntgenographisch an sehr sorgfältig präparierten Einkristallen* gewonnen, vorwiegend bei Temperaturen weit oberhalb der höchsten Debye-Temperatur (s. w. u.). Die Ausdehnung unterhalb der Debye-Temperatur der optischen Zweige kann sich völlig anders verhalten. Ihre genauere Untersuchung gibt dann nicht nur Informationen über die Anharmonizität, sondern auch über den speziellen Beitrag der einzelnen Phononenzweige zur Gitteraufweitung!

Das eben erläuterte gegensinnige Verhalten des Abstandes nächster Nachbarn bei Temperaturänderungen im Vergleich zu einfacheren Gittern macht – wie später gezeigt wird – manche festkörperphysikalische Besonderheiten des Tellurs plausibel. Denn sowohl gitterdynamische Prozesse als auch die elektronische Bandstruktur wird sehr stark durch die Kopplung nächster Nachbarn bestimmt.

1.5.3 Verwandtschaft mit dem primitiv-kubischen und primitiv-hexagonalen Gitter

Das Tellurgitter hat eine große Verwandtschaft zum kubisch primitiven Gitter.

Im kubisch primitiven Gitter ist jedes Atom oktaedrisch von sechs gleichwertigen Nachbarn umgeben. Das Tellur-Gitter entsteht nun dadurch, daß man das Zentralatom des Oktaeders etwas in [110]-Richtung aus der Mitte verschiebt (Fig. 13). Die sechs gleichwertigen Nachbarn werden jetzt zwei nächste Nachbarn in der gleichen Kette und vier übernächste Nachbarn in Nachbarketten.

Diese Verwandtschaft ist beim Tellur besonders gut ausgeprägt, da die den Oktaederkanten entsprechenden Abstände d_3 und d_4 praktisch gleich groß sind, während beim Selen d_3 ca. 20 % größer ist als d_4.

Führt man die entsprechende kubische Gitterkonstante $b = \sqrt{d_3^2 + d_4^2}/2$ ein, so erhält man die Verhältnisse der Tab. 5. Die Abweichungen von der kubischen Gitterkonstanten sollen von jetzt an als Maß für die „geometrische Anisotropie" gelten, also bei Tellur ca. 10 % und bei Selen ca. 20 %. (Die Abweichung des Achsenverhältnisses c/b von $\sqrt{3}$ ist ein Maß für die Scherung des Oktaeders. Beim Selen ist die gute Übereinstimmung rein zufällig, das Oktaeder hat ja schon von vornherein keinen quadratischen Querschnitt!)

Für alle Anisotropie-Effekte, die aus der Aufhebung kubischer Symmetrie-Entartung hervorgehen, ist also beim Tellur eine geringere Aufspaltung zu erwarten als beim Selen.

---

* Neuere Ausdehnungsmessungen anderer Autoren (z. B. [26]) geben abweichende Ergebnisse, da an polykristallinem oder gar pulverisiertem Tellur gemessen wurde. Das ist aber bei der großen Plastizität des Tellurs nicht sinnvoll.

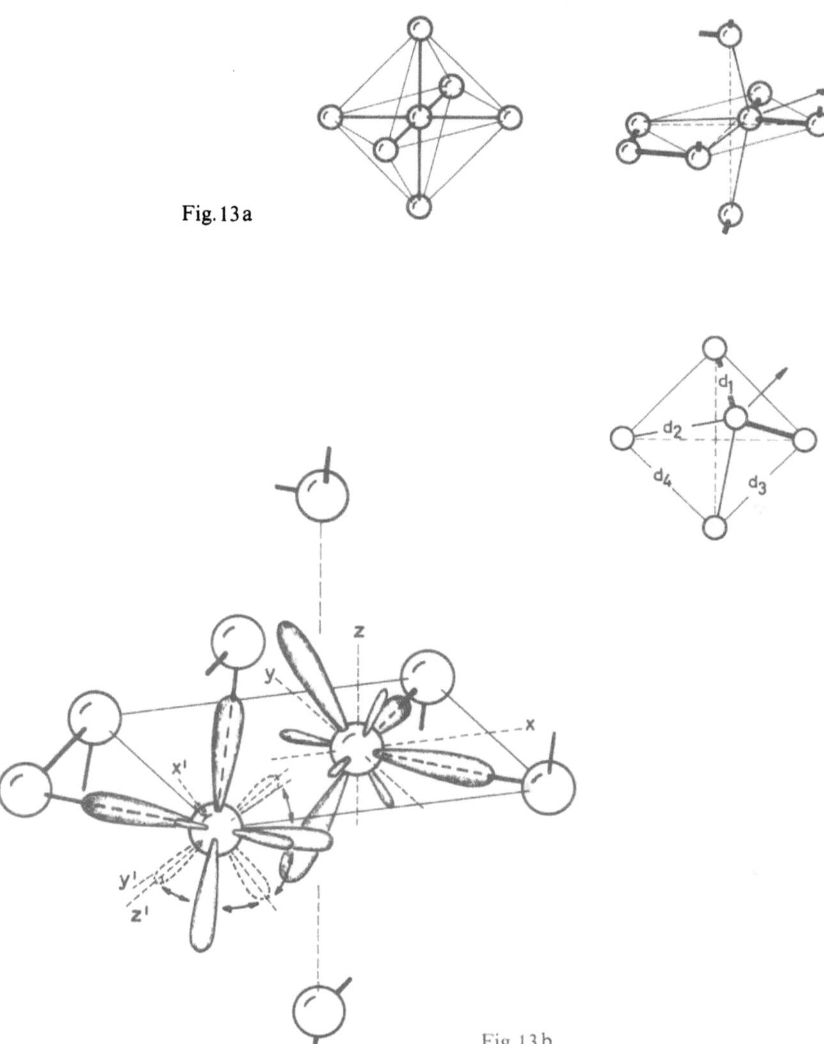

Fig. 13. a Verwandtschaft der atomaren Umgebung eines Atoms im Tellurgitter mit dem Oktaeder des kubisch-primitiven Gitters. b Sterische Anordnung der sp^2-Hybride im Tellurgitter (aus [31]). – Bindung in Richtung der nächsten Nachbarn (d_1) hier durch zu überlappenden Hybrid aus (sp_xp_y)-Eigenfunktionen dargestellt. Den beiden symmetrischen, vollbesetzten Hybridfunktionen aus (sp_xp_z)-Anteilen gleichwertig sind eine (sp_x)-Funktion und eine reine p_z-Funktion (für das Eckatom gestrichelt angedeutet im System $x^|y^|z^|$). Aus der Überlappung dieser p_z-Funktion und den rückwärtigen Anteilen der (sp_xp_y)-Funktionen ist ein mesomerer Bindungsanteil zwischen den übernächsten Nachbarn (d_1) zu erwarten. Diese mesomere Bindung kann eine metallähnliche Leitfähigkeit zur Folge haben (s. a. [7])

Ein anderer Grenzfall des Tellur-Selen-Gitters wäre das primitiv-hexagonale Gitter. Es entsteht, wenn der Valenzwinkel 180° wird. Die eine Gitterkonstante des neuen Gitters hätte dann ebenfalls die Größe a, die andere in Richtung der Kristallachse betrüge dagegen nur noch $c/3$. Oft ist es nützlich, Eigenschaften des Tellurs oder Selens voraus ab-

Tabelle 5. *Abweichung vom kubischen Gitter und Raumerfüllung beim Se-Te-Gitter*

| | Gitterkonstante | | | | Raumerfüllung (Kugelradius: $d_1/2$) |
| | | Abweichung $(d-b)/b$ | | | |
	b	d_1	d_2	$\dfrac{c}{b}$	
Se	2,84 Å	−18%	+22%	1,74	24%
Te	3,16 Å	− 9,5%	+10%	1,88	37%
kubisch primitiv	b	0	0	$\sqrt{3}$	52%
dichteste Kugelpackung	—	—	—	—	74%

zuschätzen, durch Interpolation zwischen diesen beiden extremen symmetrischen Gittern, da sich die Aufhebung der Symmetrie-Entartung meist leicht übersehen läßt.

Die Symmetrieelemente der zum kubischen und hexagonalen Gitter gehörigen Punktgruppen sind im Vergleich zum Tellurgitter in Tab. 6 zusammengestellt. Vom Auftreten eines Inversionszentrums wurde dabei abgesehen!

Tabelle 6. *Symmetrieelemente der verschiedenen Punktgruppen*

Gittertyp	Punktgruppe		Symmetrieelemente						
hexagonal	622	$6/D_6$	E	$2C_6$	$2C_3$	C_2	$3C_2'$		$3C_2''$
Se, Te	32	D_3	E		$2C_3$		$3C_2$		
kubisch	432	0	E		$8C_3$		$6C_2$	$6C_4$	$3C_2$

1.6 Punktgruppe und physikalische Eigenschaften

Im folgenden soll kurz zusammengestellt werden, welche Schlüsse über die Struktur nicht skalarer Materialeigenschaften schon allein aus der Kristallstruktur gezogen werden können.

Wegen der trigonalen Symmetrie werden alle einfachen tensoriellen Eigenschaften einem Rotationsellipsoid entsprechen, d. h. also durch einen Koeffizienten parallel und einen senkrecht zur c-Achse voll bestimmt werden.

Wegen der Enantiomorphie ist optische Aktivität möglich.

Trotz des fehlenden Inversionszentrums sind keine permanenten elektrischen Dipolmomente (oder andere vektorielle Eigenschaften) möglich, da die drei polaren Achsen (die C_2) in einer Ebene liegen, d. h. Pyroelektrizität oder Piezoelektrizität unter hydrostatischem Druck treten nicht auf. Erst wenn durch Verspannung oder Scherung mindestens zwei polare Achsen ausgelöscht werden, kann ein Dipolmoment auftreten, d. h. Piezoelektrizität unter "stress" bzw. "strain" und optisch aktive Gitterschwingungen sind erlaubt.

Tabelle 7. *Zahl der möglichen unabhängigen Tensorkoeffizienten*

Eigenschaft	Punktgruppe		
	622 ($6/mmm$)	32 ($\bar{3}m$)	432 ($m3m$)
Alle Vektor-Vektor-Verknüpfungen, Hallkonstante, Leduc-Righi-Effekt, lineare Ausdehnung und Kompressibilität, optische Aktivität	2	2	1
Elastizität	5	6	3
Piezoelektrizität, elektrooptischer Kerr-Effekt	1 (0)	2 (0)	0
Nernst-Effekt, Ettinghausen-Effekt	3	4	1
elektr. und therm.-magnetische Widerstandsänderung, Piezowiderstand, Photoelastizität	6	8	3
Magneto-Thermokraft, Piezo-Halleffekt	7	10	3
2. Ordnung magnetischer Widerstandsänderung	11	18	6
Piezo-Magneto-Widerstandsänderung	24	40	12

Die Zahl der maximal möglichen unabhängigen Koeffizienten ist für die verschiedenen Tensoren in Tab. 7 zusammengestellt und ebenfalls mit dem kubischen und hexagonalen Fall verglichen. Die Struktur der fünf wichtigsten Tensortypen geben wir explizit an (z. B. [27]).

Anmerkung: Dabei bedeuten die Indices die Koordinatenrichtungen eines orthogonalen Rechtssystems. Sie laufen von 1–3. Die Richtung 1 ist dabei die Richtung x_1 der Fig. 29. Der Quotient entsprechender mit 1 und 3 indizierter Koeffizienten – insbesondere der Diagonalglieder – ist jeweils ein Maß für die Anisotropie der Eigenschaft. Klammern bedeuten Verschwinden im rein hexagonalen und kubischen Fall (Punktgruppe 622, 432). Gleich unterstrichene Koeffizienten sind im kubischen Fall gleich. Für die elastischen Größen ist wegen der Symmetrie von "stress" und "strain" die übliche Sechserindizierung gewählt:

$$1 \triangleq (11), \quad 2 \triangleq (22), \quad 3 \triangleq (33), \quad 4 \triangleq (23) = (32),$$
$$5 \triangleq (13) = (31), \quad 6 \triangleq (12) = (21).$$

Alle Angaben in Tab. 7 und die folgenden Tensorstrukturen gelten auch beim Vorhandensein eines Inversionszentrums ($6/mm, \overline{3}m, m3m$) bis auf die Piezoelektrizität, die dann verschwindet.

a) Materialeigenschaften, die zwei Vektoren verknüpfen (z. B. Leitfähigkeit, Dielektrizitätskonstante) sowie lineare thermische Ausdehnung, lineare Kompressibilität, optische Aktivität (Gyrations-Tensor).

$$\left\Vert \begin{array}{ccc} e_{11} & 0 & 0 \\ 0 & e_{11} & 0 \\ 0 & 0 & e_{33} \end{array} \right\Vert . \tag{13}$$

b) Elastizitätsmodul $\tau_i = c_{ij} \cdot \varepsilon_j$, τ: "stress", ε: "strain"

$$\left\Vert \begin{array}{cccccc} c_{11} & c_{12} & c_{13} & (c_{14}) & 0 & 0 \\ c_{12} & c_{11} & c_{13} & (-c_{14}) & 0 & 0 \\ c_{13} & c_{13} & c_{33} & 0 & 0 & 0 \\ (c_{14}) & (-c_{14}) & 0 & c_{44} & 0 & 0 \\ 0 & 0 & 0 & 0 & c_{44} & (c_{14}) \\ 0 & 0 & 0 & 0 & (c_{14}) & \{c_{11}-c_{12}\}/2 \end{array} \right\Vert . \tag{14}$$

c) Piezoelektrische Konstante $p_i = d_{ij} \cdot \tau_j$ (p: elektrische Polarisation)

$$\left\Vert \begin{array}{cccccc} (d_{11}) & (-d_{11}) & 0 & d_{14} & 0 & 0 \\ 0 & 0 & 0 & 0 & -d_{14} & (-2d_{11}) \\ 0 & 0 & 0 & 0 & 0 & 0 \end{array} \right\Vert \tag{15}$$

$$\left(\text{im kubischen Fall gilt hier} \left\Vert \begin{array}{cccccc} 0 & 0 & 0 & d_{14} & 0 & 0 \\ 0 & 0 & 0 & 0 & d_{14} & 0 \\ 0 & 0 & 0 & 0 & 0 & d_{14} \end{array} \right\Vert \right) .$$

d) Hall-Konstante $E_i = \varrho_{ijl} \cdot j_j \cdot B_l$ (E: elektrische Feldstärke, B: magnetische Induktion, j: Stromdichte)

$$\begin{array}{c} \\ 1 \\ 2 \\ 3 \end{array} \left\Vert \begin{array}{ccc|ccc|ccc} \multicolumn{3}{c}{ij1} & \multicolumn{3}{c}{ij2} & \multicolumn{3}{c}{ij3} \\ 0 & 0 & 0 & 0 & 0 & \varrho_{132} & 0 & \varrho_{123} & 0 \\ 0 & 0 & -\varrho_{132} & 0 & 0 & 0 & -\varrho_{123} & 0 & 0 \\ 0 & \varrho_{132} & 0 & -\varrho_{132} & 0 & 0 & 0 & 0 & 0 \end{array} \right\Vert . \tag{16}$$

Meist wird die Abkürzung

$$R_1 \equiv \varrho_{132} = -\varrho_{231} = \varrho_{321} = -\varrho_{312} \qquad -R_3 \equiv \varrho_{123} = -\varrho_{213}$$

verwendet. Dabei bedeutet R_1 die Hallkonstante, wenn B senkrecht zur c-Achse, und R_3, wenn es parallel ist.

e) Magnetische Widerstandsänderung $E_i = \varrho_{ijmn} \cdot j_j \cdot B_m \cdot B_n$

$$\begin{Vmatrix} \varrho_{1111} & \varrho_{1122} & \varrho_{1133} & (\varrho_{1123}) & 0 & 0 \\ \varrho_{1122} & \varrho_{1111} & \varrho_{1133} & (-\varrho_{1123}) & 0 & 0 \\ \varrho_{3311} & \varrho_{3311} & \varrho_{3333} & 0 & 0 & 0 \\ (\varrho_{2311}) & (-\varrho_{2311}) & 0 & \varrho_{2323} & 0 & 0 \\ 0 & 0 & 0 & 0 & \varrho_{2323} & (2\varrho_{2311}) \\ 0 & 0 & 0 & 0 & (\varrho_{1123}) & \{\varrho_{1111} - \varrho_{1122}\} \end{Vmatrix} . \quad (17)$$

Zum Schluß sollen noch die Charaktertafeln (Tab. 8) für die Punktgruppe 32 und ihre Untergruppen 3 und 2 angegeben werden und die Koordinatentransformationseigenschaften ihrer Darstellungen. x bedeutet wieder die Richtung x_1 der Fig. 29 usw.

Tabelle 8. *Charaktere und Transformationseigenschaften der Darstellungen der Punktgruppe 32 und ihrer Untergruppen 3 und 2*

32	E	$2C_3$	$3C_2$	
Γ_1	1	1	1	$x^2 + y^2, z^2$
Γ_2	1	1	-1	z
Γ_3	2	-1	0	$x, y, x^2 - y^2, xy, xz, yz$

3	E	C_3	C_3^2	
Δ_1	1	1	1	$z, x^2 + y^2, z^2$
Δ_2	1	ω	ω^2	$\begin{cases} x, y \\ x^2 - y^2, xy, xz, yz \end{cases}$
Δ_3	1	ω^2	ω	

$\omega = \exp(2\pi i/3)$

2	E	$C_{2,x}$	
Σ_1	1	1	x, x^2, y^2, z^2
Σ_2	1	-1	y, z, xz, xy

1.7 Präparative Besonderheiten *

1.7.1 Einkristalle

Fast alle Festkörperuntersuchungen an Tellur wurden an Einkristallen durchgeführt, die aus der Schmelze gezüchtet wurden, und zwar vorwiegend nach dem Czochralski-Verfahren. Die Züchtung bereitet

---

* Zur Ergänzung dieses Abschnitts sei auf [2] verwiesen. Hier werden vor allem die Erfahrungen aus dem Kölner Institut mitgeteilt.

keine prinzipiellen Schwierigkeiten. Lediglich die große Dichte bei relativ geringer Oberflächenspannung hat zur Folge, daß man beim Czochralski-Verfahren die Schmelze nicht weit über das Tiegel-Niveau anheben kann [28]. Wenn aber die Phasengrenze unmittelbar über dem Niveau der Schmelze liegt, reagiert der wachsende Kristall auf Temperaturschwankungen leicht durch Abreißen von der Schmelze bzw. horizontales Wachstum.

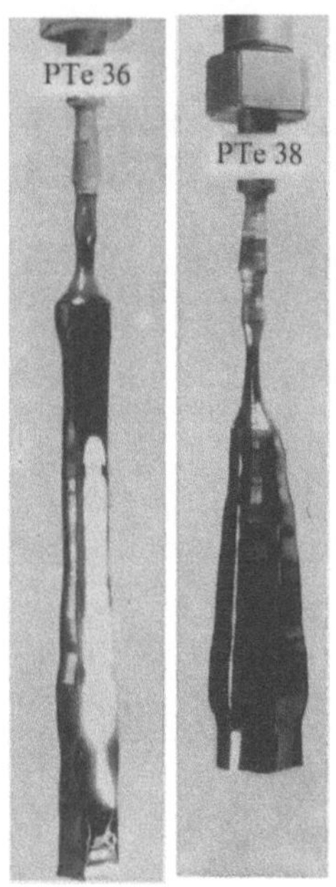

Fig. 14. Nach dem Czochralski-Verfahren gezüchtete Tellureinkristalle. Durchmesser ca. 13 bzw. 24 mm

Bei horizontalem Wachstum besteht aber infolge unvollkommener Benetzung immer die Gefahr, daß an der Oberfläche Versetzungen, Kleinwinkelkorngrenzen oder gar grobe Fehlorientierungen erzeugt werden. Mißglückte Kristalle bestehen meist aus Kristalliten, die um die c-Achse – die Wachstumsrichtung – leicht verdreht sind. Alle Kristallite haben den gleichen Schraubensinn. Es wurden Kristalle bis zu 25 mm $\varnothing$ gezüchtet (Fig. 14). Wegen der speziellen Materialeigenschaften des Tellurs sind bei dicken Kristallen Ziehgeschwindigkeiten unter 1 cm/h erforderlich.

Wegen des hohen Dampfdruckes muß man die Kristalle unter Schutzgas züchten. Meist wählt man reinsten Wasserstoff. Auf die Oberfläche der Schmelze herabfallende sublimierte Kriställchen oder anderer

darauf schwimmender Staub verursachen beim Züchten von Tellur-
kristallen besonders leicht Störungen oder Fehlkristallisation, da sie
bei der geringsten Höhe der Phasengrenze leicht an den Keim gespült
werden können, wo sie dann die Benetzung stören.

Alle Autoren beobachten beim Aufschmelzen von Tellur, dessen
Oberfläche durch Ätzen vorher gereinigt wurde, eine rauhe Haut un-
bekannter Herkunft und Zusammensetzung, die auf der Schmelze
schwimmt. Um sie zu vermeiden, wurden verschiedene Methoden vorgeschlagen, die Schmelze umzugießen (Fig. 15).

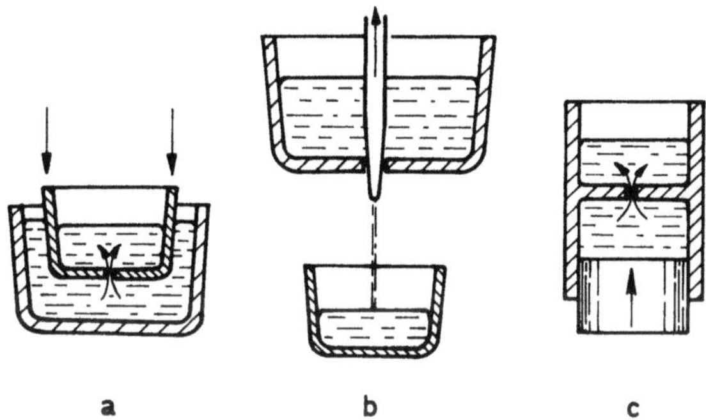

Fig. 15a–c. Umgießverfahren zur Erzielung blanker Tellurschmelzen. a Einsetzen eines
zweiten Tiegels. b Füllen aus einem Vorratstiegel. c Umspülen in eine zweite Kammer. Tiegel-
material: Quarz oder Graphit. Das Verfahren c gestattet bei kontinuierlichem Umspülen
gleichzeitig die Herstellung dotierter Kristalle konstanter Fremdkonzentration

1.7.2 Einbau von Fremdsubstanzen, Kontaktierung

Das Dotieren zur Herstellung fremdleitender Proben hat bisher nur
p-Leitung ergeben. Besonders geeignet sind die Elemente der V. Gruppe.
Für Antimon finden wir einen dynamischen Entmischungskoeffizienten
von $k_{eff} = 2\text{–}4 \cdot 10^{-2}$ bei einem mit 60 U/min rotierenden Keim. Oberhalb Acceptorkonzentrationen von $2\text{–}5 \cdot 10^{18}$ cm^{-3} treten Ausscheidun-
gen auf, die durch Anätzen nachgewiesen werden können.

Genauere Untersuchungen über Entmischung und maximale Löslich-
keit wurden vor allem von *v. Kujawa* durchgeführt [29, 30]. Die Entstehung von Acceptoren durch den Einbau der meisten anderen Fremd-
stoffe wird in [2] erklärt durch eine Erhöhung der geometrischen Gitter-
fehlordnung, da Gitterdefekte in Tellur (s. Abschn. 4.4.2.4) Acceptor-
charakter haben.

Daß alle Versuche, Donatoren ins Tellur einzubauen, bisher fehl-
geschlagen sind, läßt sich wahrscheinlich wieder aus der kristallchemischen
Struktur erklären. Zur Donatorbildung müßte ein Fremdatom in die

Ketten eingebaut werden und dabei gleichzeitig ein Elektron abgeben. Entsprechende Verbindungen sind nicht bekannt. Insbesondere sättigen die Halogene höchstens freie Kettenenden ab durch eine einwertige Bindung, zweiwertiger Einbau in die Ketten ist unwahrscheinlich.

Wir haben systematisch den Einbau von Hg, O, Mn, Ga untersucht und ebenfalls keine Donatorwirkung finden können [31]. Durch Quecksilber konnte die Restacceptorkonzentration von einigen $10^{14}\,cm^{-3}$, die bisher alle Autoren finden, auf etwa die Hälfte gedrückt werden. Mit der Annahme, daß diese $10^{14}\,cm^{-3}$ nicht durch Verunreinigungen, sondern durch eine Gittereigenfehlordnung verursacht wird [2], kann man die Wirkung des Quecksilbers vielleicht als eine chemische Absättigung der Fehlstellen verstehen.

Da im Tellur keine Donatoren auftreten und es auch kaum Oberflächenzustände bildet (das folgt z. B. aus Feldemissionsmessungen [32]), ist das Kontaktieren des Tellurs für Transportmessungen unproblematisch.

Wir kontaktieren durch Einlegieren von Golddrähten. Hierzu wird ein Draht von 0,2 mm $\varnothing$ in unmittelbarer Nähe der Probe durch eine Nernstflamme auf Rotglut geheizt und in die Probe gesteckt. Die Wärmekapazität des Drahtes liefert die Schmelzwärme. Der Draht wird ausgezeichnet benetzt. Die Kontakte sind linear und niederohmig. Wenn sich ein Kontakt löst, so reißt er immer etwas vom Tellur mit.

1.7.3 Plastizität

Da das Tellur heterodesmisch aufgebaut ist, ist es sehr viel plastischer und reagiert empfindlicher durch den Einbau von Defekten als die homodesmischen Halbleiter der IV. Gruppe oder der $A_{III}B_V$-Verbindungen. Diese Substanzen verlangen eine hohe Energie für die Erzeugung von Punktdefekten oder Versetzungen, die mindestens eine starke sterische Störung, meist aber das Aufbrechen einer kovalenten Bindung bedeuten. Nur deshalb kann man heute aus ihnen fast versetzungsfreie Kristalle herstellen, während die Versetzungsdichten z. B. in den besten Metallkristallen viele Zehnerpotenzen höher sind. Im Tellur findet eine Gleitung bzw. die Bildung einer Versetzung meist zwischen den Ketten, nicht innerhalb der Ketten statt. Zwischen den Ketten ist aber die Bindung viel schwächer, so daß die Bildungsenergie für Defekte auch viel niedriger ist als in den homodesmischen, kovalenten Kristallen.

Hinweise auf die Vorstellungen über die Versetzungsstrukturen und den Gleitmechanismus in Tellur sind in der Arbeit von *Klein* und *Kleinhenz* [33] enthalten, in der zum erstenmal über direkte Beobachtungen von Versetzungen in Tellur durch elektronenmikroskopische Durchlichtaufnahmen berichtet wird.

Bei der Herstellung von Proben aus Einkristallen muß man deshalb sehr schonend vorgehen. Probenpräparation durch Spalten darf auf jeden Fall nur bei Stickstofftemperaturen stattfinden. Am besten trennt man die Proben mit einer Säuresäge. Hierzu läßt man einen Polyesterzwirn, der in einem Trog mit der Säure getränkt wird, unter leichter Spannung einen Spalt in den Kristall ätzen.

Die entstehenden Trennflächen werden plan, wenn die Proben gut orientiert waren. Als Ätze verwendet man das „Honeywell-Rezept" [1, 34]:

$$1 \text{ Teil Masse } CrO_3,$$
$$1 \text{ Teil Masse } HCl \text{ konz.,}$$
$$3 \text{ Teile Masse } H_2O.$$

Bei genaueren Anforderungen an die Geometrie der Probe trennt man sie mit einer Drahtsäge. Ein Wolframdraht von 0,1 mm $\varnothing$ transportiert eine Paste aus 23 µm Elektrokorund und Glycerin. Durch den Schneiddruck stellt man Schnittgeschwindigkeiten zwischen 0,25–1,0 cm/h ein. Nach dem Trennen werden dann noch mindestens 50 µm nach dem Honeywell-Rezept abgeätzt.

Glatte Oberflächen erhält man durch ein kombiniertes mechanisch-chemisches Ätzpolieren, indem man die Probe unter ganz geringem Druck über ein Polyestertuch bewegt, das auf eine Glasplatte gespannt und mit der Honeywell-Ätze benetzt ist.

Bei hohen Anforderungen an die Planheit oder Planparallelität bei dünnen Proben werden die Proben mechanisch poliert und beschliffen: zunächst Schleifen mit 23 µm Elektrokorund auf Glas, dann Polieren mit einem Diamantplastikum von 7–0,25 µm Korngröße. Nach dem Polieren werden wieder mindestens 50 µm von jeder Seite durch Ätzen abgetragen. Dabei empfiehlt es sich, nach dem Ätzbad die Proben zunächst in HCl zu spülen, dann erst in Wasser. Diese Ätzprozedur gibt nur gute Oberflächen, wenn beim Polieren mit dem feineren Korn mindestens eine Schicht abgetragen wurde, die doppelt so dick war wie die Größe des vorherigen gröberen Korns. Um das zu erreichen, muß der Vorschub des Probenträgers eine sehr gute Parallelführung haben.

Dünnere Proben als 150 µm durch mechanisches Polieren herzustellen, hat sich nicht bewährt. Man stellt sie nach *Winzer* [35, 36] durch Ätzen her. Hierzu wird die Probe sorgfältig poliert, dann der Rand mit einem Lack abgedeckt und die Probe unter horizontaler Bewegung dünner geätzt. Es wurden so Proben mit sehr guten Oberflächen bis zu 10 µm Dicke hergestellt. Der stehenbleibende Rand dient als fester Rahmen für die dünne Probe, um sie überhaupt manipulieren zu können. Die Probendicke wird durch Interferenzmessungen im Durchlicht bei ca. 6 µm Wellenlänge bestimmt.

3*

Eine Kontrolle der Probenoberfläche geschieht durch Messung der Reflexionsverluste im Bereich geringer Absorption; denn der Brechungsindex gestörter Oberflächen ist sehr viel größer [37].

Ein anderes Kriterium ist die Schärfe von Laue-Punkten bei Rückstrahlaufnahmen, denn die Röntgenstrahlen dringen nur sehr wenig ein (Eindringtiefe für Cu-K_α-Strahlung nur ca. 6 µm).

Sollen dünne Proben für Messungen bei hohen oder tiefen Temperaturen zur thermischen Kontaktierung auf einen Probenhalter montiert werden, so wird dieser wegen der anisotropen Ausdehnung des Tellurs aus einem Einkristall gleicher Orientierung hergestellt, da ein Halter aus einem isotropen Metall die Proben verspannen, verformen oder meistens sogar zerstören würde.

1.7.4 Punktdefekte

Die Beweglichkeiten von Proben lassen sich nach der Präparation oft auf das zwei- bis dreifache durch Tempern verbessern [38]. Hierzu haben wir die Proben in Quarzampullen unter einer Schutzgasatmosphäre von 0,5 atm spektralreinem Argon eingeschmolzen und 100 h bei 350° C getempert. Anschließend wird die Temperatur während 24 h heruntergeregelt. Da sich Versetzungen im allgemeinen nicht austempern lassen, nehmen wir an, daß die zusätzlichen Streuzentren Punktdefekte sind. Proben, die nur mit der Säuresäge getrennt wurden, zeigen meist keine Verbesserung ihrer Beweglichkeiten durch Tempern.

Die große Strukturempfindlichkeit des weichen Tellurgitters verlangt also einige präparative Erfahrung. Aus diesem Grunde geben manche ältere Messungen Ergebnisse, die mit neueren unverträglich sind.

2. Gitterdynamik, dielektrische Eigenschaften

2.1 Spezifische Wärme, elastische Konstanten

Nachdem im vorherigen Abschnitt das weiche Verhalten des Tellurs bei plastischer Verformung durch den heterodesmischen Gitteraufbau gedeutet wurde, soll jetzt das elastische Verhalten und in weiterem Sinne die Gitterdynamik erläutert werden. Auch hier zeigt sich der Einfluß des heterodesmischen Aufbaus in der Anisotropie der Effekte. Sie ist hier wieder geringer als beim Selen [3]. Außerdem reagiert das Tellur auch bei elastischer Beanspruchung recht weich.

Die ersten Hinweise gibt der Tieftemperaturverlauf der spezifischen Wärme (Fig. 16) [39]. Sie zeigt zwischen 10 und 40° K einen linearen Verlauf und nicht wie meist nur einen Wendepunkt. Dieses Verhalten wird von *Kothari* u. Mitarb. [40] durch das Überwiegen von Beiträgen nach Art einer linearen Kette gedeutet, die nur ein Anwachsen der spezifischen Wärme $\sim T$ und nicht $\sim T^3$ wie im dreidimensionalen Gitter verursachen. Die Autoren nehmen an, daß dieses Verhalten von steifen Schwingungen der Tellurketten in sich herrührt. Sie passen die Messungen an, indem sie für die Zustandsdichte bis zu einer ersten Grenzfrequenz ein „dreidimensionales" Debye-Spektrum annehmen und oberhalb bis zu je einer zweiten Grenzfrequenz für longitudinale und transversale

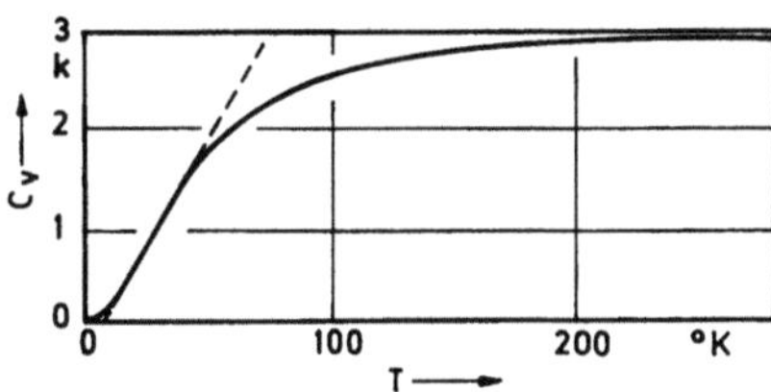

Fig. 16. Spezifische Wärme von Tellur (nach [39]). - - - - - - deutet den linearen Bereich an (Erläuterungen s. Text)

Beiträge ein „eindimensionales" Debye-Spektrum. Diese, durch optimale Anpassung bestimmten Grenzen sind für Selen und Tellur in Tab. 9 zusammengestellt.

Tabelle 9. *Debye-Temperatur von Selen und Tellur (angepaßt an spezifische Wärmemessungen, nach [39, 40])*

Art der Moden		Se		Te		$\dfrac{\Theta_{Se}}{\Theta_{Te}}$	$\sqrt{\dfrac{m_{Te}}{m_{Se}}}$
		Θ	$\hbar\Omega$	Θ	$\hbar\Omega$		
		°K	meV	°K	meV		
weich		27	2,33	46	3,96	0,6	
hart	transversal	200	17,2	140	12,1	1,4	1,27
hart	longitudinal	500	43,1	290	25,0	1,7	

Die cut-off-Frequenz für die weichen Moden liegt sehr niedrig. Im Vergleich zu Selen jedoch ist sie sehr hoch. Denn da die Selen-Atome leichter sind, wären beim Selen alle Frequenzen um den Faktor $\sqrt{m_{Te}/m_{Se}} = 1{,}27$ höher zu erwarten. Umgekehrt sind die cut-off-Frequenzen für die steifen Moden – vor allem für die longitudinalen – vergleichsweise niedrig. Das bestätigt wieder das anfangs entworfene kristallchemische Bild, daß beim Tellur im Gegensatz zum Selen die Ketten kaum entkoppelt sind.

Weitere Hinweise geben die elastischen Konstanten (Tab. 10). Sie sind alle durch Schallgeschwindigkeitsmessungen von *Malgrange* u. Mitarb. [41] bestimmt worden.

Die elastischen Konstanten c_{11}, c_{33}, $c_{66} = (c_{11} - c_{12})/2$, $c_{55} = c_{44}$ wurden direkt aus den Geschwindigkeiten der nach Fig. 17 angeregten Wellen gewonnen; die Konstanten c_{13} und c_{14} können nur kombiniert mit den anderen bestimmt werden.

Weiter sind in Tab. 10 die aus den Moduln folgenden Elastizitätskoeffizienten (compliances) angegeben*, die berechneten linearen Kom-

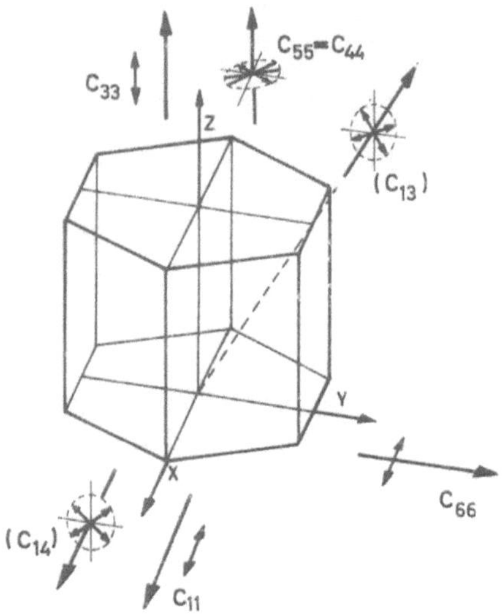

Fig. 17. Ausbreitungsrichtung und Polarisation der Schallwellen, aus denen die elastischen Konstanten c_{ij} bestimmt wurden

---

* Man erhält diese Koeffizienten des "compliances"-Tensors $\|s_{ij}\| = \|c_{ji}\|^{-1}$ aus den Moduln nach

$$s_{11} + s_{12} = \frac{c_{33}}{C_3}, \qquad s_{11} - s_{12} = \frac{c_{44}}{C_4},$$

$$s_{13} = -\frac{c_{13}}{C_3}, \qquad s_{14} = -\frac{c_{14}}{C_4}, \qquad (18)$$

$$s_{33} = \frac{c_{11} + c_{12}}{C_3}, \qquad s_{44} = \frac{c_{11} - c_{12}}{C_4}$$

mit den Abkürzungen

$$C_3 = c_{33}(c_{11} + c_{12}) - 2c_{13}^2$$
$$C_4 = c_{44}(c_{11} - c_{12}) - 2c_{14}^2.$$

Der Tensor hat die gleiche Struktur wie der Moduln-Tensor (17), bis auf $s_{56} = s_{65} = 2s_{14}$ und $s_{66} = 2(s_{11} - s_{12})$.

Das relative Vorzeichen von s_{14} wurde durch elastische Messungen an einem Kristall bestimmt, dessen Orientierung relativ durch H_2SO_4-Ätzfiguren festgelegt war [42]. Zusammen mit der früher besprochenen Eichung der Ätzfiguren (s. S. 22) folgt daraus das absolute Vorzeichen von s_{14} und c_{14} (x-Richtung gemäß Fig. 29).

pressibilitäten und für alle Größen das Anisotropieverhältnis $c_\parallel/c_\perp$ bzw. $s_\perp/s_\parallel$.

Die größte Steifigkeit besitzt das Tellur in Richtung der Ketten. Der zugehörige Modul c_{33} ist auch der einzige, der die Größenordnung der Moduln der homodesmisch aufgebauten Halbleiter mit Diamant- bzw.

Tabelle 10. *Elastische Konstanten und Kompressibilität von Tellur (295° K)*

| ij | c_{ij} | | | | s_{ij} | |
| | gemessen [41, 3] | $c_\parallel/c_\perp$ | | berechnet [62] | | |
	10^{11} dyn/cm^2	Te	Se	10^{11} dyn/cm^2	10^{-11} cm^2/dyn	$s_\perp/s_\parallel$
1 1 2 2	3,27			3,83	0,738	
		2,2	4,0			3,4
3 3	7,22			(7,22)	0,220	
1 2	1,37			1,58	−0,397	
		1,8	3,5			3,4
1 3	2,50			(2,50)	−0,118	
(6 6)	0,85			1,12	2,27	
		3,7	2,6			3,3
4 4 5 5	3,13			(3,13)	0,690	
1 4	−1,24	—	—	−1,63	+0,450	—

	lineare Kompressibilität				
	gemessen	berechnet			
	[25]	nach	[41, 3]		[62]
	10^{-11} cm^2/dyn		10^{-11} cm^2/dyn	$\kappa_\perp/\kappa_\parallel$	10^{-11} cm^2/dyn
κ_{11}	−0,280	$-(s_{11}+s_{12}+s_{13})$	−0,224		−0,178
				−14,0	
κ_{33}	+0,042	$-(s_{33}+2s_{13})$	+0,016		−0,015
α_{11}	$29,1 \cdot 10^{-6}/°$ K				
				−10,0	
α_{33}	$-2,9 \cdot 10^{-6}/°$ K				
$s_{12}+s_{13}$			−0,515		
				2,2	
$2s_{13}$			−0,236		

Zinkblendestruktur hat (z. B. Ge: $c_{11} = 12,9 \cdot 10^{11}$ dyn/cm^2; InSb: $c_{11} = 6,72 \cdot 10^{11}$ dyn/cm^2). Alle anderen sind zwei- bis dreimal kleiner. Die geringe Steifigkeit des Tellurs liegt also an den Bindungen zwischen den Ketten. Die Anisotropien liegen zwischen 1,8 und 3,7. Die Anisotropie der Kompressibilitäten und der damit korrespondierenden Ausdehnungskoeffizienten ist völlig anders. Das liegt aber daran, daß sie die Differenzen zwischen den einfachen Dilatationen und den Querkontraktionen sind, deren Anisotropien verschieden sind*. Die Querkontraktionen selbst ($s_{12} + s_{13}, 2s_{13}$) geben aber wieder normale Anisotropien!

Für die Moduln sind auch noch die Anisotropien des Selens angegeben [3]. Bei Beanspruchung der Ketten in sich sind die Anisotropien des Selens größer als die des Tellurs, bei Beanspruchung der Kräfte zwischen den Ketten (c_{55}, c_{66}) gibt das Tellur die größere Anisotropie.

Aus diesen elastischen Konstanten wurde nun zuerst von *Hulin* [43, 44] versucht, Phononendispersionskurven zu berechnen. Aber gerade in Halbleitern mit ihren spezifisch hohen Polarisierbarkeiten muß man den Einfluß der Coulomb-Wechselwirkungen zwischen induzierten Dipolen beachten, die vor allem auf die optischen Zweige starken Einfluß haben können, ohne sich auf den elastischen Anfangsbereich der akustischen Zweige auszuwirken. Wir werden deshalb erst am Ende des Kapitels hierauf eingehen.

2.2 Dielektrische Eigenschaften

2.2.1 Die elektrische Polarisierbarkeit

Die Dipolwechselwirkung eines kovalenten Kristalls mit einem äußeren elektrischen Feld erfolgt – abgesehen von den freien Ladungsträgern – über die Verschiebungspolarisation der Valenzelektronenhülle. Ein Maß für die Deformierbarkeit ist die atomare Polarisierbarkeit α, die für den Grenzfall niedriger Frequenzen unter günstigen Umständen durch Brechungsindexmessungen an Gasen direkt bestimmt werden kann. α ist von der Größenordnung des Atomvolumens. Für Tellur, mit der höchsten Ordnungszahl unter den halbleitenden Elementen, ist es also besonders groß zu erwarten.

Kondensiert man die Atome zum festen Körper, so polarisieren sich die Atome bereits gegenseitig und man erhält die makroskopische Dielektrizitätskonstante ε_r nach der Clausius-Mossotti-Gleichung.

$$\frac{N\alpha}{3} = \frac{\varepsilon_r - 1}{\varepsilon_r + 2}, \tag{19}$$

N: Teilchendichte. Die Halbleiter sind nun gerade die Stoffe, bei denen nur noch eine geringe Aktivierungsenergie (elektronische Energielücke) nötig ist, um das „verschobene" Valenzelektron ganz frei zu setzen. Das ergibt Werte von $N\alpha/3$ nur wenig kleiner als 1. Damit liegen die Halbleiter kurz vor den Metallen, die nach dem Bild von *Herzfeld* [45] so dicht gepackt sind, daß $N\alpha/3$ den Wert 1 schon erreicht hat (bei 1 geht $\varepsilon \to \infty$) und die Valenzelektronen durch diese Überpolarisation nicht mehr an ihr Atom gebunden sind.

---

* Aus dieser Differenzbildung erklärt sich wahrscheinlich auch die Diskrepanz zwischen den berechneten und den gemessenen Kompressibilitäten (s. S. 39).

Diese starke Eigenpolarisation in den Halbleitern ist der Grund für ihre ungewöhnlich großen Dielektrizitätskonstanten, die insbesondere um so größer sein müssen, desto geringer die Aktivierungsenergien – also die Valenzband-Leitungsband-Lücken – sind.

Für Tellur und Selen, deren atomare Polarisierbarkeit α bekannt ist [46], sind die nach (19) berechneten mittleren ε-Werte in Tab. 11 angegeben.

Die „statische" Dielektrizitätskonstante wurde von *Wagner* [47] mit Mikrowellen bei 8 mm und 3,2 cm Wellenlänge mit einer Stehwellenmethode gemessen. Die Werte stimmen erstaunlich gut mit den nach (19) abgeschätzten Werten überein (Tab. 11). Das gleiche gilt für die ver-

Tabelle 11. *Atomare Polarisierbarkeit und Dielektrizitätskonstante von Selen und Tellur*

		N	α^a	$N\alpha/3$	Dielektrizitätskonstante ε_r						
					be-rechnet nach(19)	gemessen					
						„statisch"			„ε_∞" (Ultrarot)		
		10^{22} cm^{-3}	Å^3		$\bar\varepsilon$	$\bar\varepsilon$	$\varepsilon_\perp$	$\varepsilon_{||}$	$\bar\varepsilon$	$\varepsilon_\perp$	$\varepsilon_{||}$	
Se	amorph	3,22	58,8	0,63	6,1	6,4	—	—	—	—	—	[49]
	kristallin	3,66		0,72	8,7	8,7	7,4	11,4	7,9	6,6	10,6	[48]
Te	kristallin	2,94	93,6	0,93	40	40	33	54	28	23	36	[47, 51]

[a] Aus Brechungsindexmessungen an gasförmigem Te_2 bzw. Se_2 berechnet [46].

gleichsweise angegebenen Selenwerte, die aus optischen Messungen extrapoliert wurden [48]. Auch das geringere ε beim amorphen Selen läßt sich zwanglos durch dessen lockerere Packung der Ketten erklären.

Überraschenderweise ergaben die Messungen von *Wagner* wesentlich größere Werte als die im ultraroten Spektralbereich bestimmten. Neben älteren Messungen (z. B. [50]) wurden sie an Einkristall-Dünnschliffen von *Selders* [51] bestimmt durch Interferenzmessungen. Es ergibt sich für den Brechungsindex zwischen 7 und 20 µm Wellenlänge

$$n_\perp = 4,8 \pm 0,05 \qquad n_{||} = 6,0 \pm 0,05 \, .$$

In Tab. 11 wurden für den ultraroten Spektralbereich die Werte $\varepsilon = n^2$ eingesetzt.

Dieser ε-Sprung mußte durch starke Dispersionsoscillatoren erklärt werden, die wegen ihrer niedrigen Frequenz an Gitterschwingungen gekoppelt sein sollen. Die gesamte hohe Polarisierbarkeit der Valenzelektronen des Tellurs läßt sich also in zwei Teile zerlegen: den hochfrequenten Teil, bei dem aus der Verformung der Valenzelektronenhüllen um die ruhenden Atomrümpfe ein Dipolmoment resultiert und dem niederfrequenten Teil, bei dem das Dipolmoment noch weiter verändert wird, dadurch, daß sich die Atomrümpfe gegeneinander verschieben.

Der erste Anteil (die virtuellen Band-Band-Übergänge) gibt die Polarisierbarkeit für den Spektralbereich langwelliger als die elektronische Bandkante. Im Bereich der elektronischen Grundabsorption werden diese Oscillatoren zu noch höheren Frequenzen hin ausgeschaltet. Der zweite Anteil gibt nur Beiträge für den Spektralbereich langwelliger als die Gitterschwingungen.

Da aber in Elementkristallen, bei denen die Atome alle gleichwertig sind, auch die aus Valenzelektronenhülle und Rumpf gebildeten Dipolmomente gleichwertig sind, so kann in einer Elementarzelle nur dann aus allen Beiträgen ein Dipolmoment resultieren, wenn die Basis so beschaffen ist, daß mindestens eine Richtung unter allen ihren Symmetrieoperationen erhalten bleibt: Das ist dann die Richtung des Dipols. In Tellur geht dieses im ungestörten Gitter nicht (s. S. 29). Der Dispersionsoscillator kann beim Tellur also nur an solche Phononen gekoppelt sein, die mindestens zwei der polaren Achsen aufheben. Diese Phononen sind aus gruppentheoretischen Betrachtungen bekannt.

Anmerkung. Die früher untersuchten Elementkristalle der vierten Gruppe (C, Ge, Si) haben eine Basis mit Inversionszentrum. Diese hohe Symmetrie kann nicht durch einzelne Phononen aufgehoben werden, so daß sich also immer alle Dipolmomente kompensieren. In ihnen gibt es deshalb keine Phononen, die mit einem Dipolmoment gekoppelt sind (ultrarotaktive Phononen). Das hat viele Autoren zu der ungenauen Aussage geführt, nur in Kristallen mit heteropolaren Anteilen könnten ultrarotaktive Gitterschwingungen auftreten.

Erst wenn mehrere Phononen zusammenwirken (Mehrphononenprozesse) kann die Symmetrie genügend verringert werden. Diese Prozesse geben aber nur sehr schwache Beiträge zur Polarisierbarkeit.

Bei den Beiträgen der virtuellen Band-Band-Übergänge handelt es sich immer um solche Mischungen zweier hochsymmetrischer Zustände (allerdings hier der Elektroneneigenfunktionen) zu einem niedersymmetrischen Zustand. Es gelten für sie deshalb auch die gleichen Dipolauswahlregeln wie für die Zwei-Phononenprozesse.

Das Auftreten ultrarotaktiver Gitterschwingungen in Tellur – und analog auch in Selen – gibt nun neben den elastischen Konstanten wesentliche Informationen über das Phononenspektrum, wie im nächsten Abschnitt gezeigt wird.

Außerdem ist das Tellur eine ideale Modellsubstanz für die Untersuchung der Polarisation der Valenzelektronenhüllen bei der Verschiebung der Atomrümpfe, da im Tellur heteropolare Anteile völlig fehlen (z. B. im Gegensatz zu den Verbindungshalbleitern).

2.2.2 Die Rotationsdispersion der elektrischen Polarisierbarkeit

Im Abschn. 1.6 wurde erwähnt, daß im Tellur optische Aktivität auftreten kann. Sie wurde von *Nomura* [52] im Bereich zwischen Bandkante und Gitterschwingungsoscillator nachgewiesen (Fig. 18). Messungen im fast statischen Bereich wurden noch nicht durchgeführt. Ebenso ist noch nicht der Versuch gemacht worden, zu untersuchen, welche elektronischen Band-Band-Übergänge oder Phononenprozesse auf Grund ihrer Symmetrie wohl die Aktivität verursachen. Nur der Versuch einer phänomenologischen Beschreibung liegt vor [53].

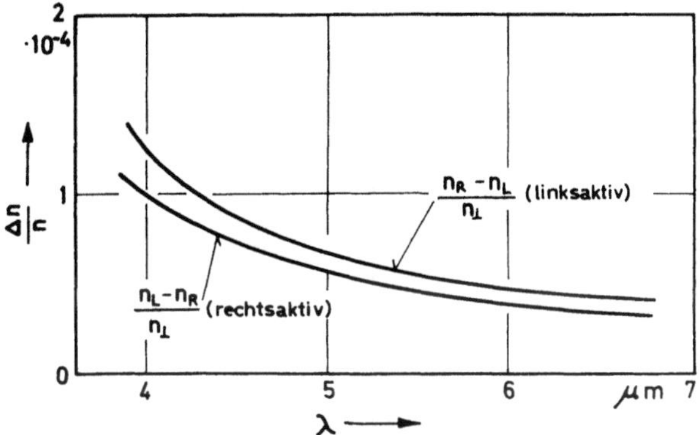

Fig. 18. Rotationsdispersion von Tellur (nach Messungen aus [52])

Aus der Bestimmung des Schraubensinns (s. S. 22) ergibt sich: Optisch linksaktive Kristalle bestehen aus Rechtsschrauben und umgekehrt. Das paßt zum einfachsten Bild der Rotationsdispersion von Schrauben: Für die zirkular polarisierte Welle mit gleichem Schraubensinn wie die Anordnung der Atome ist eine stärkere Wechselwirkung mit dem Gitter zu erwarten als für die gegensinnige. Stärkere Wechselwirkung ergibt aber außerhalb der Resonanzstelle einen größeren Brechungsindex. Linksaktivität bedeutet, daß der Drehwinkel Θ der Polarisationsebene, gegen die Ausbreitungsrichtung betrachtet, positiv ist, also wegen

$$\Theta = \frac{\pi d}{\lambda} (n_R - n_L) \tag{20}$$

(d: Probendicke) der Brechungsindex n_R für die rechtszirkulare Welle größer ist als n_L, der für die linkszirkulare Welle.

2.3 Gitterschwingungen und optische Konstanten

2.3.1 Normalschwingungen und Auswahlregeln

Der große ε-Sprung zwischen Mikrowellenfrequenzen und dem nahen Ultrarot soll durch 1-Phononenprozesse erklärt werden, da Mehrphononenprozesse mit ihren geringen Oscillatorstärken meistens keinen starken Einfluß auf den Realteil der Dielektrizitätskonstanten ausüben.

Bei 1-Phononenprozessen absorbiert entweder das Gitter ein Photon $(\omega, \mathbf{k})$ und erzeugt dabei ein Phonon $(\Omega, \mathbf{q})$ oder es emittiert ein Photon und vernichtet dabei ein Phonon. Das zugehörige Matrixelement ist nur dann von 0 verschieden, wenn Photon und Phonon sowohl die gleiche

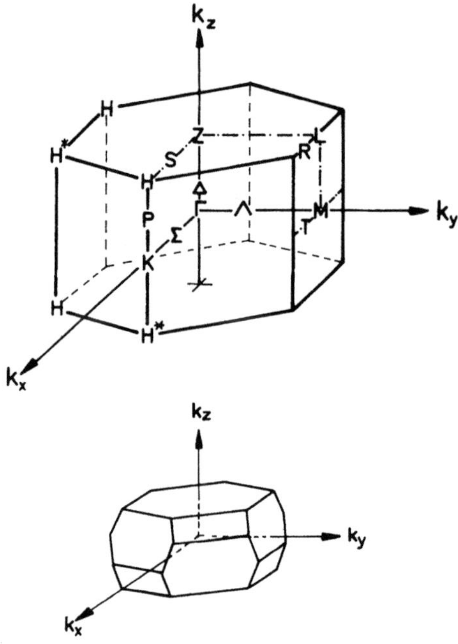

Fig. 19. Brillouin-Zone von Tellur mit den Punkten hoher Symmetrie (s. Tab. 8, 19). Zum Vergleich ist außerdem die Brillouin-Zone eines trigonalen Bravais-Gitters ähnlichen Achsenverhältnissen dargestellt

zeitliche („Energieerhaltung") als auch die gleiche räumliche Periodizität („Impulserhaltung") haben, d. h. es muß gelten

$$\hbar\omega = \hbar\Omega, \tag{21}$$

$$\hbar\mathbf{k} = \hbar\mathbf{q} . \tag{22}$$

Da die Gitterfrequenzen bei ca. 10^{12} Hz liegen, ist die entsprechende Photonen-Wellenzahl $\mathbf{k}$ auch bei großen Brechungsindices mindestens 3–4 Zehnerpotenzen kleiner als $\mathbf{q}$ am Rand der Brillouin-Zone. Für (22) gilt hier also $\hbar\mathbf{q} \approx 0$. Aus den optischen 1-Phononenprozessen erhält man somit die Frequenzen der Phononen-Zweige im Zentrum (Γ) der Brillouin-Zone (Fig. 19).

Das Tellurgitter mit 3 Atomen in der Basiszelle erlaubt 9 Phononenzweige, die für Gitterwellen hoher Symmetrie zum Teil entartet sind. Davon sind drei die akustischen, die anderen sechs die optischen.

Da bei $q = 0$ alle Elementarzellen mit gleicher Phase schwingen, genügt es für die 1-Phononenprozesse die Eigenschwingungen des Basis zu untersuchen, die genau die Symmetrieeigenschaften der Punktgruppe besitzt.

Zur Bestimmung dieser Eigenschwingungen sucht man die Normalkoordinaten. Ein bestimmter Verzerrungszustand der Basis, der z. B. durch die neun Verrückungskoordinaten x_i, y_i, z_i $i = 1, 2, 3$ bestimmt ist, wird dann durch Linear-Kombinationen der Normalkoordinaten Q_j beschrieben, die man so auswählt, daß die potentielle Energie in der Form

$$\sum_j \Omega_j^2 Q_j^2 \tag{23}$$

invariant ist gegenüber den Symmetrieoperationen der Basis. Die Eigenfrequenzen sind durch den zugehörigen Hamiltonoperator

$$\mathcal{H} = \tfrac{1}{2} \sum_j (\dot{Q}_j^2 + \Omega_j^2 Q_j^2)$$

bestimmt, mit den Energieeigenwerten der harmonischen Oscillatoren $E_j = (n + 1/2)\,\hbar\Omega_j$.

Für Normalkoordinaten Q_j – oder jetzt auch „Normalschwingungen" –, die nicht mit den anderen energieentartet sind, folgt für diesen speziellen Verzerrungszustand der Basis aus der Invarianzforderung für (23) sofort, daß nach einer Symmetrieoperation $Q \to Q'$, $Q_j^2 = Q_j'^2$ gilt und deshalb

$$Q_j' = \pm Q_j . \tag{24}$$

Für zweifach entartete Normalschwingungen $\omega_i = \omega_j$ folgt dagegen aus (23) nur

$$Q_i'^2 + Q_j'^2 = Q_i^2 + Q_j^2 . \tag{25}$$

Die Normalkoordinaten erfüllen (24) oder (25) für alle Symmetrietransformationen. Nach diesem Verfahren erhält man die in Tab. 12 angegebenen relativen Beiträge der Verrückungskoordinaten zu den Normalkoordinaten. Es sind die gleichen wie die eines ebenen Moleküls A_3 mit der Gestalt eines gleichseitigen Dreiecks*.

Ist die Summe der Verrückungskoordinaten $\sum_i (x_i + y_i + z_i) = 0$, so bleibt der Schwerpunkt der Basiszelle liegen, es ist eine optische Eigen-

---

* Ausführlich ist dieser Weg zur Gewinnung der Normalkoordinaten in [54] beschrieben, wo gerade die Eigenschwingungen der A_3-Molekel als Beispiel gewählt wurden. Ein anderer Weg ist in [43] erläutert.

Tabelle 12. *Normalschwingungen des Se-Te-Gitters für* $q = 0$

Normal-koordinate	Atom „1"			Atom „2"			Atom „3"			Symme-trietyp	Gesamt-ver-rückung
	x_1	y_1	z_1	x_2	y_2	z_2	x_3	y_3	z_3		
Q_1	1	$-\sqrt{3}$	0	$+1$	$\sqrt{3}$	0	-2	0	0	Γ_1	0
Q_2	0	0	1	0	0	1	0	0	1	Γ_2	$3z$
Q_3	$-\sqrt{3}$	-1	0	$\sqrt{3}$	-1	0	0	2	0	Γ_2	0
Q_4	0	1	0	0	1	0	0	1	0	$\left.\vphantom{\begin{matrix}a\\b\end{matrix}}\right\}\Gamma_3$	$3y$
Q_5	-1	0	0	-1	0	0	-1	0	0		$-3x$
Q_6	0	0	$\sqrt{3}$	0	0	$-\sqrt{3}$	0	0	0	$\left.\vphantom{\begin{matrix}a\\b\end{matrix}}\right\}\Gamma_3$	0
Q_7	0	0	-1	0	0	-1	0	0	2		0
Q_8	1	$\sqrt{3}$	0	1	$-\sqrt{3}$	0	-2	0	0	$\left.\vphantom{\begin{matrix}a\\b\end{matrix}}\right\}\Gamma_3$	0
Q_9	$\sqrt{3}$	-1	0	$-\sqrt{3}$	-1	0	0	2	0		0

schwingung, ist sie $\neq 0$, so ist es eine Translation, d. h. diese „Normalschwingung" bei $q = 0$ ist der Ursprung eines akustischen Zweiges.

Da sich nun die Normalschwingungen unter Symmetrieoperationen genauso transformieren wie die irreduziblen Darstellungen Γ_i der Punktgruppe (Tab. 8), kann man hieraus die optischen Auswahlregeln bestimmen: Ultrarotaktiv sind die Gitterschwingungen, bei denen sich die Polarisation des Kristalls ändert, wenn sich der Verzerrungszustand der Elementarzelle ändert. Man entwickelt deshalb die Polarisation P der verzerrten Zelle um P_0 der unverzerrten Zelle nach den Normalkoordinaten

$$P_x = P_{0x} + Q_i \left(\frac{\partial P_x}{\partial Q_i}\right)_0 + Q_i Q_j \left(\frac{\partial^2 P_x}{\partial Q_i \, \partial Q_j}\right)_0 + \cdots \qquad (26)$$

$$P_y = \qquad\qquad \vdots$$

$$P_z = \qquad\qquad \vdots$$

Beim Tellur ist $P_0 = 0$ (s. S. 29). Der zweite Term gibt ein Dipolmoment für die 1-Phononenprozesse, wenn der Gleichgewichtswert

$$\left(\frac{\partial P_x}{\partial Q_i}\right)_0 \neq 0, \ldots,$$

der invariant ist unter allen Symmetrieoperationen des unverzerrten Gitters. Der Beitrag

$$Q_i \left(\frac{\partial P_x}{\partial Q_i}\right)_0, \cdots$$

des verzerrten Gitters zur Polarisation, der ein Vektor ist, muß sich also wie die weniger symmetrische Normalkoordinate Q_i transformieren. Ein Vektor wird aber transformiert wie die Koordinaten x, y, z. Aus Tab. 8 folgt somit: Normalschwingungen, die sich wie Γ_2 transformieren, dürfen ein Dipolmoment $\parallel c$ ergeben, die wie Γ_3 eins $\perp c$. Schwingungen wie Γ_1 dagegen können kein Dipolmoment ergeben, sind also inaktiv.

Durch entsprechende Betrachtungen erhält man auch die Auswahlregeln für die Raman-Aktivität, bei der eine Änderung der Polarisierbarkeit ε infolge einer Verzerrung auftritt. Man erhält Raman-Aktivität für Normalschwingungen, die sich wie ε, also wie ein symmetrischer Tensor zweiter Stufe transformieren, d. h. also wie

$$
\begin{array}{lll}
x^2 & xy & xz \\
 & y^2 & yz \\
 & & z^2 .
\end{array}
$$

Aus Tab. 8 folgt also, Raman-aktiv dürfen die zu Γ_1 und Γ_3 gehörigen Schwingungen sein.

In Tab. 13 sind die Formen der Normalschwingungen, ihre Entartung, ihre optischen und Transformationseigenschaften noch einmal zusammengestellt.

Tabelle 13. *Normalschwingungen des Se-Te-Gitters bei* $q = 0$. *Zugehörige Darstellung, verbleibende Symmetrie, optische Eigenschaften*

Γ_1	Γ_2	Γ_2	Γ_3	Γ_3	Γ_3
C_3, C_2	C_3	C_3	C_2	C_2	C_2
Raman	akust.	$E \parallel c$	akust.	Raman, $E \perp c$	Raman, $E \perp c$

Der dritte Term in (26) gibt die Auswahlregeln für 2-Phononenprozesse, also die Dipoländerungen, wenn sich der Verzerrungszustand aus zwei Normalkoordinaten überlagern läßt. Hier muß sich das Produkt zweier Normalkoordinaten Q_i, Q_j wie ein Vektor transformieren. Es muß hierfür untersucht werden, wieweit in der Darstellung der Gruppe 32 durch die Transformationsmatrizen für die Produkte $Q_i \cdot Q_j$ die irreduziblen Darstellungen $\Gamma_{1,2,3}$ enthalten sind. Die Charaktere dieser Matrizen sind aber in diesem Falle einfach die Produkte $\chi_l \cdot \chi_m$ der Charaktere der irreduziblen Darstellungen $\Gamma_{l,m}$, zu denen die kombinierenden Normalkoordinaten gehören. Aus der Gruppentheorie folgt für die Anzahl n_k, mit der die irreduzible Darstellung Γ_k in der Darstellung der Produkte (Γ_l, Γ_m) enthalten ist, für die Gruppe 32

$$(\Gamma_l, \Gamma_m) \quad \text{enthält } \Gamma_k: \quad n_k = \tfrac{1}{6} \sum_\varrho (\chi_{l,\varrho} \cdot \chi_{m,\varrho}) \cdot \chi_{k,\varrho}, \tag{27}$$

wobei $\varrho = 1 \cdots 6$ die Charaktere den sechs Symmetrieelementen der Gruppe zuordnet. Es ergibt sich also

$$(\Gamma_1, \Gamma_1) \to \Gamma_1 \quad (\Gamma_1, \Gamma_2) \to \Gamma_2 \quad (\Gamma_1, \Gamma_3) \to \Gamma_3$$
$$(\Gamma_2, \Gamma_2) \to \Gamma_1 \quad (\Gamma_2, \Gamma_3) \to \Gamma_3$$
$$(\Gamma_3, \Gamma_3) \to \Gamma_1 + \Gamma_2 + \Gamma_3 \,.$$

Die daraus folgenden optischen Auswahlregeln für 2-Phononenprozesse sind in Tab. 14 zusammengestellt. Sie gelten übrigens auch noch für

Tabelle 14. *Auswahlregeln für Dipolübergänge zwischen Eigenfunktionen verschiedener Symmetrietypen (Index 4, 5, 6 s. Abschn. 3.2.3).* ∥, ⊥: *Dipolmoment parallel bzw. senkrecht zur c-Achse*, R: *Raman-aktiv*

32	$\Gamma_{1,4}$	$\Gamma_{2,5}$	$\Gamma_{3,6}$	1-Phonon-prozesse	
$\Gamma_{1,4}$	0	∥	⊥	R	sowie für
$\Gamma_{2,5}$	∥	0	⊥	∥	K, Z, H
$\Gamma_{3,6}$	⊥	⊥	∥, ⊥	R, ⊥	
3	$\Delta_{1,4}$	$\Delta_{2,5}$	$\Delta_{3,6}$		
$\Delta_{1,4}$	∥	⊥	⊥		sowie für
$\Delta_{2,5}$	⊥	∥	⊥		P
$\Delta_{3,6}$	⊥	⊥	∥		
2	$\Sigma_{1,4}$	$\Sigma_{2,5}$			
$\Sigma_{1,4}$	⊥	⊥, ∥			sowie für
$\Sigma_{2,5}$	⊥, ∥	⊥			S, M, L

Phononen mit den Wellenzahlen der Punkte Z, H, K in der Brillouin-Zone (Fig. 19). Für 2-Phononenprozesse in den weniger symmetrischen Punkten Δ, P, die nur die Symmetrie der Punktgruppe 3 haben, bzw. Σ, S, M, L mit der Symmetrie der Punktgruppe 2, findet man die Auswahlregeln entsprechend. Auch sie sind in Tab. 14 angegeben.

2.3.2 Die Reststrahlenbanden

Aus dem vorherigen Abschnitt geht hervor, daß aus optischen Messungen am Tellur – und auch Selen – aus 1-Phononenprozessen vier charakteristische Frequenzen für die optischen Phononenzweige bei $q = 0$ gewonnen werden können:

a) ω_1, die Lage der einfachen Mode Γ_1, die allein Raman-aktiv ist („Atem"-Schwingung);

b) ω_2, die Lage der einfachen Mode Γ_2, die ultrarotaktiv ist für Polarisation $E \| c$ („Torsions"-Schwingung);

c) ω_3', ω_3'', die Lagen der beiden zweifach entarteten Moden Γ_3, die sowohl Raman-aktiv sind als auch ultrarotaktiv für die Polarisation $E \perp c$ [sie sind Kombinationen aus Scherschwingungen (Q_6, Q_7) und Dehnungsschwingungen (Q_8, Q_9)]. Hier soll die hochfrequentere mit Γ_3', ω_3' die niederfrequentere mit Γ_3'', ω_3'' bezeichnet werden.

Der erste Nachweis dieser ultrarotaktiven Schwingungen als Reststrahlenbanden im langwelligen Reflexionsspektrum bei Temperaturen von 4, 90 und 300° K erfolgte durch *Grosse* u. Mitarb. [55, 56] an Tellur und *Geick* [57, 48] an Selen. Außerdem wurde von *Lucovsky* u. Mitarb. [58] über Messungen bei Zimmertemperatur berichtet. Die älteren Messungen von *Caldwell* und *Fan* erlaubten noch keine Zuordnung zu 1-Phononenprozessen. Von *Lucovsky* u. Mitarb. [59] wurde über Raman-Messungen an Selen berichtet. An Tellur waren Raman-Messungen bisher leider noch nicht möglich.

Die im Reflexionsspektrum stark ausgeprägten Reststrahlenbanden sind in Fig. 20 dargestellt. Sie lassen sich gut beschreiben durch die optischen Konstanten eines klassischen Oscillators

$$\varepsilon = \varepsilon_\infty + \frac{\varDelta\varepsilon \cdot \tilde{v}_0^2}{\tilde{v}_0^2 - \tilde{v}^2 + i\gamma\tilde{v}} \, . \tag{28}$$

Durch optimale Anpassung wurden die Eigenfrequenzen $\tilde{v}_0$, die Oscillatorstärken $\varDelta\varepsilon$ und die Dämpfungskonstante γ bestimmt, die in Tab. 15 zusammengestellt sind.

Die Temperaturunabhängigkeit der Oscillatorstärken zwischen 4 und 300° K ist der Beweis dafür, daß die Reststrahlenbanden durch 1-Phononenprozesse verursacht werden. Denn alle Mehrphononenprozesse sind temperaturabhängig, nur 1-Phononenprozesse nicht (z. B. [60]).

Dieser Beitrag $\varDelta\varepsilon$ der Gitterschwingungen zur Dielektrizitätskonstanten erklärt quantitativ den von *Wagner* gefundenen Sprung vom Mikrowellenwert ε_s zum Wert ε_∞ im nahen Ultrarot. Es sind also für reines Tellur keine weiteren Dispersionsmechanismen im fernen Ultrarot zu erwarten.

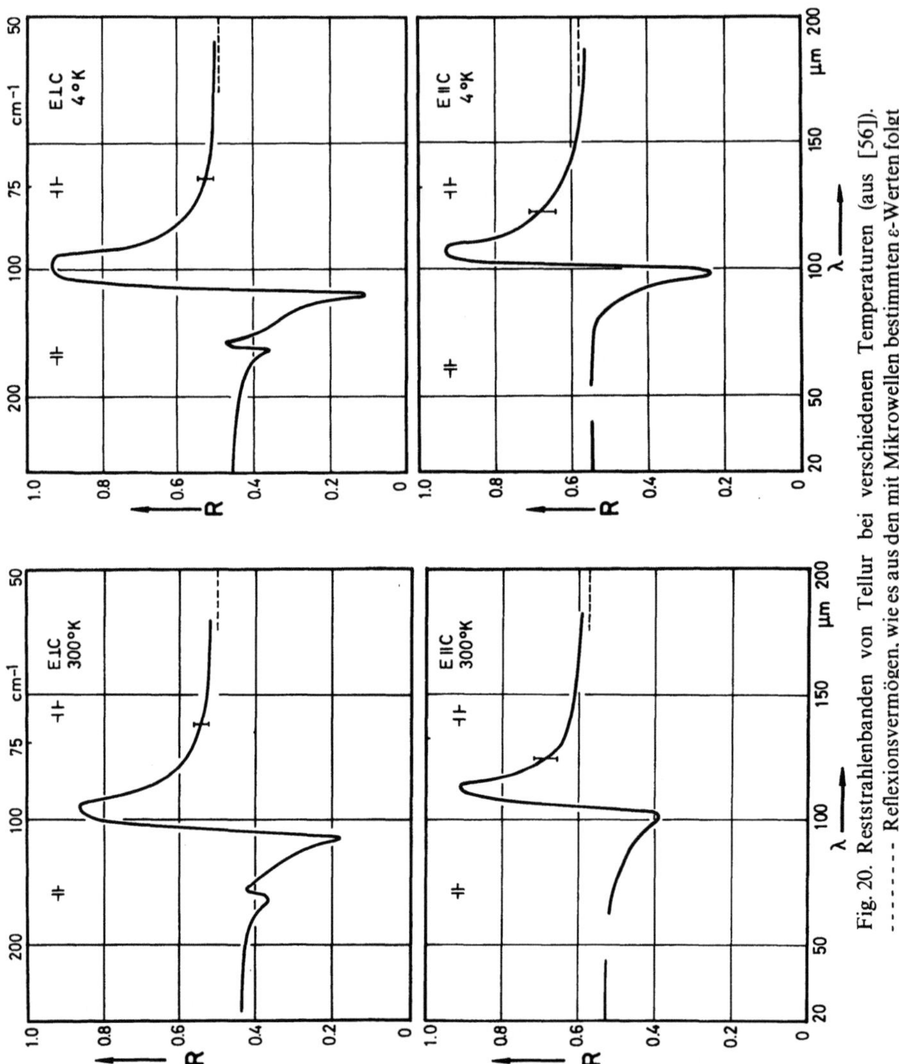

Fig. 20. Reststrahlenbanden von Tellur bei verschiedenen Temperaturen (aus [56]).
-------- Reflexionsvermögen, wie es aus den mit Mikrowellen bestimmten ε-Werten folgt

Die Dämpfung γ nimmt mit der Temperatur zu. Das ist das normale
Verhalten, da der Zerfall des Dispersionsoscillators in andere Phononen
über nichtlineare Effekte um so wahrscheinlicher ist, desto mehr andere
Phononen bereits angeregt sind.

Die Zuordnung der Eigenfrequenzen zu den einzelnen Gittermoden
ist eindeutig (Tab. 15). Ob die beiden Moden allerdings mehr durch
Scher- oder Dehnungsschwingungen zustande kommen, kann ohne
gitterdynamische Modellrechnungen nicht entschieden werden. Wir ver-

Tabelle 15. *Reststrahlenbanden in Tellur (Energiewerte, Dämpfung und Oscillatorstärke). Vergleich mit inelastischen Neutronenstreuexperimenten und Dielektrizitätskonstantenmessungen im nahen Ultrarot bzw. mit Mikrowellen*

	optische Eigenschaften	Reststrahlenbanden			Neutronenstreuung	
		cm^{-1}	$°K$	meV	meV	Peak Nr.
Γ_3'	Raman, $E\perp c$	142	204	17,6	18,5	5
Γ_1	Raman	(107	154	13,2)[a]		
Γ_3''	Raman, $E\perp c$	92,0	133	11,4	10,5	4
Γ_2	$E\parallel c$	86,5	125	10,7	10,0	3
	akustisch				6,0	2
	akustisch				4,8	1

[a] Geschätzt.

	$\tilde{v}_0$ cm^{-1}		γ cm^{-1}		$\Delta\varepsilon$	$\varepsilon_s : \lambda = 0,8\text{--}3,5\ cm$ $\varepsilon_\infty : \lambda = 7\text{--}20\ \mu m$
	$4°K$	$300°K$	$4°K$	$300°K$	$4, 300°K$	$\Delta\varepsilon = \varepsilon_s - \varepsilon_\infty$
Γ_3'	143	142	2,3	6,5	0,73	
Γ_3''	95	92	1,0	4,0	11	$10 = 33 - 23$
Γ_2	88	86,5	2,5	4,0	18	$18 = 54 - 36$

muten aber, daß die Mode bei ω_3' mehr Scharcharakter hat, da sie aus dem longitudinalen Zweig des kubisch entarteten Tellurgitters hervorgeht (Fig. 25). Ihr Polarisationscharakter müßte sich durch Neutronenbeugungsexperimente bestimmen lassen.

Die anderen drei Moden ($\omega_1, \omega_2, \omega_3''$) wären im kubischen Extremfall entartet. Deshalb geben diese Frequenzaufspaltungen wieder ein Maß für die Anisotropie. Sie sind in Tab. 16 zusammen mit den Selenwerten [48] dargestellt.

Die für Tellur angegebene Aufspaltung der Raman-Mode Γ_1 ist abgeschätzt mit der Annahme, daß sie im Tellur im gleichen Maße hinter dem Selen zurückbleibt wie die Aufspaltung der Torsionsmode Γ_2.

Für die Absorptionsspektren (Fig. 21) liegen noch keine genügend empfindlichen Messungen vor, um die Moden ω_2 und ω_3'' weiter zu analysieren. Lediglich die Mode bei ω_3' mit ihrer geringen Oscillatorstärke läßt quantitative Aussagen zu: Sie zeigt ebenfalls das 1-Phononenverhalten, nämlich Temperaturunabhängigkeit der integralen Absorption.

Tabelle 16. *Anisotropieaufspaltung der Phononenfrequenzen bei $q = 0$ für Selen und Tellur*

	Tellur		Selen
	4° K	300° K	300° K
$\dfrac{\Omega_1 - \Omega_3''}{\Omega_3''}$		(16 %)[a]	69 %
$\dfrac{\Omega_2 - \Omega_3''}{\Omega_3''}$	−7 %	− 6 %	−26 %

[a] Geschätzt.

Die starke elektrische Polarisierung des Tellurgitters bei geeigneter Verformung ist die Ursache für die Piezoelektrizität des Tellurs (s. Abschn. 2.6). Außerdem geben die mit einem Dipolmoment gekoppelten Phononen bei den elektronischen Transportphänomenen Anlaß zur Polaronenstreuung (s. Abschn. 4.4.2.3).

2.3.3 Mehrphononenprozesse

Die Strukturen im Absorptionsspektrum (Fig. 21) außerhalb der Dispersionsoscillatoren rühren von Mehrphononenprozessen her, be-

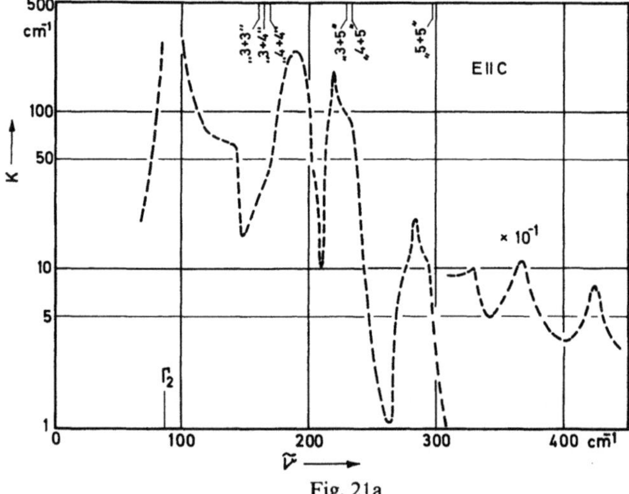

Fig. 21a

Fig. 21 a–c. Absorptionsspektren von reinem Tellur (s. a. [56]). ——— 300° K, - - - - - - 4° K. Neben der spektralen Lage der Einphononenprozesse ist in b auch die obere Frequenzgrenze für die 2- und 3-Phononenprozesse angegeben. In a sind außerdem die Lagen der 6 Summen-Kombinationen der 3 neutronenspektroskopisch bestimmten Frequenzen hoher Zustandsdichte eingetragen (s. Tab. 15). In c sind zum Vergleich die aus berechneten Dispersionskurven ermittelten kombinierten Zustandsdichten für 2-Phononenprozesse dargestellt (s. Abschn. 2.5 sowie [62])

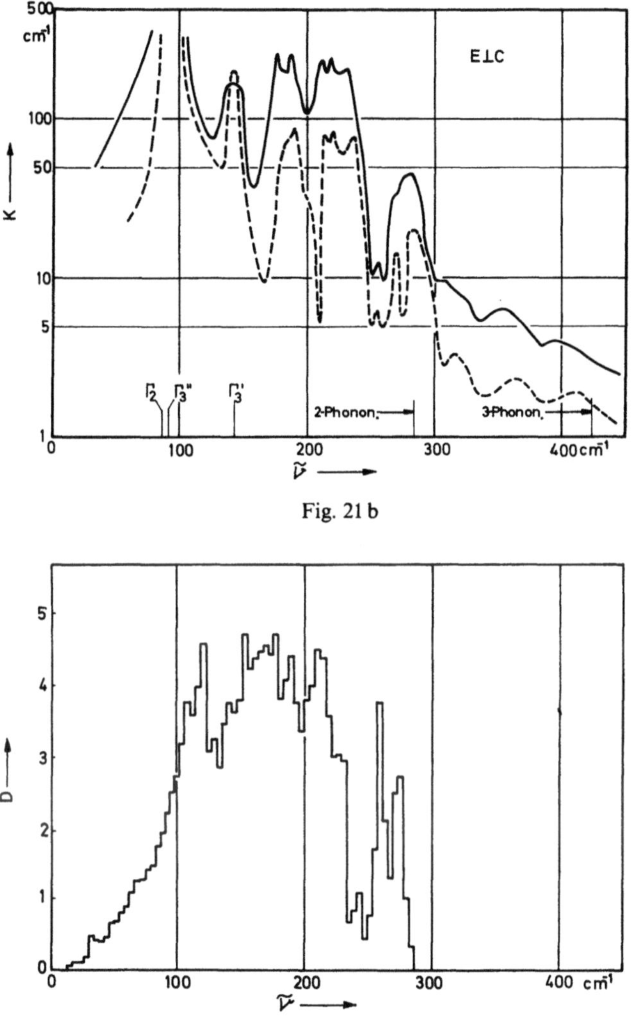

Fig. 21 b

Fig. 21c

vorzugt von 2-Phononenprozessen. Zu ihnen können beim Tellur zwei Absorptionsmechanismen führen:

a) virtuelle Anregung elektronischer Band-Band-Übergänge (nicht lineares Dipolmoment),

b) virtuelle Anregung der Dispersionsoscillatoren (anharmonisches Gitterpotential).

Dabei muß man unterscheiden, ob dieser virtuelle Anregungszustand bei der Absorption in zwei neue Phononen zerfällt (Summenprozesse) oder ein vorhandenes in ein höherenergetisches umwandelt (Differenzprozesse). Für Emission gilt das komplementäre.

Summenprozesse können auch bei tiefen Temperaturen stattfinden. Differenzprozesse nur, wenn schon genügend Phononen angeregt sind. Es gelten wieder die zwei Periodizitätsforderungen: Das Dipolmoment hat die gleiche zeitliche und räumliche Periodizität wie die Modulation der Interferenzfigur der beiden kombinierenden Gitterwellen. Da es für ein nichtverschwindendes Matrixelement die gleiche Periodizität wie das Photon haben muß, gilt also

$$\hbar\omega = \hbar\Omega_i \pm \hbar\Omega_j , \tag{29}$$

$$\hbar k = \hbar q_i \pm \hbar q_j . \tag{30}$$

Da wieder $k \ll q_{i,j}$, folgt für die Summenprozesse $q_i \approx - q_j$ und für die Differenzprozesse $q_i \approx q_j$, d. h. also, es sind „vertikale" Übergänge zwischen den verschiedenen $\Omega(q)$-Zweigen, die prinzipiell in der ganzen Brillouin-Zone möglich sind.

Für den spektralen Verlauf der Absorptionskonstanten erhält man dann einen Ausdruck

$$K(\omega) \sim \int |M(q)|^2 \, D(q) \cdot dq \quad \text{für alle } q, \quad \text{für die} \quad \hbar(\Omega_i \pm \Omega_j) = \hbar\omega , \tag{31}$$

der über die ganze Brillouin-Zone zu integrieren ist. $M(q)$ ist das Dipolmatrixelement, dessen Auswahlregeln bereits auf S. 48 diskutiert wurden. $D(q)$ ist die kombinierte Zustandsdichte, die wegen (z. B. [61])

$$D(q) \sim \frac{1}{|\,V_q\,\hbar(\Omega_i \pm \Omega_j)|} \quad \text{mit} \quad \hbar(\Omega_i \pm \Omega_j) = \hbar\omega \tag{32}$$

immer dann starke Beiträge erwarten läßt, wenn der Gradient der kombinierten Zweige verschwindet (kritische Punkte, van Hove-Singularitäten), also wenn bei Summenprozessen die Zweige entgegengesetzte Steigung haben und bei Differenzprozessen die gleiche. Die Schwerpunkte des Absorptionsspektrums können deshalb eine völlig andere Lage haben, als man z. B. einfach aus Addition bzw. Subtraktion der Frequenzen abschätzen könnte, die die Zweige in den hochsymmetrischen Punkten der Brillouin-Zone haben. Es müssen vielmehr die Phononenzweige und die q-Abhängigkeit des Matrixelementes in der ganzen Brillouin-Zone bekannt sein. Lediglich obere Grenzen für die verschiedenen Prozesse im Frequenzspektrum lassen sich angeben. Ist nämlich Ω^* die höchste vorkommende Frequenz der optischen Zweige (wir nehmen für das Tellur hierfür etwas willkürlich ω_3' an), so ist Ω^* die Grenzfrequenz für die 1-Phononenprozesse und die Differenzprozesse, $2\Omega^*$ für die 2-Phononen-Summenprozesse und $3\Omega^*$ für die 3-Phononen-Summenprozesse.

Lediglich die Temperaturabhängigkeit der Absorptionsprozesse gibt evtl. die Möglichkeit, über die Frequenzen der an den einzelnen Absorptionspeaks beteiligten Phononen zu entscheiden. Für die Temperaturabhängigkeit [60] der effektiven Absorption, die aus Photonen-Absorption und -Emission resultiert, erhält man mit der mittleren thermischen Anregung der i-ten Gitterschwingung $F_i = (\exp\langle\hbar\Omega/kT\rangle - 1)^{-1}$ für Summenprozesse

$$K \sim 1 + F_i + F_j = \frac{1}{2}\left(\coth\frac{\hbar\Omega_i}{kT} + \coth\frac{\hbar\Omega_j}{kT}\right) \tag{33}$$

und für Differenzprozesse

$$K \sim F_i - F_j = \frac{1}{2}\left(\coth\frac{\hbar\Omega_i}{kT} - \coth\frac{\hbar\Omega_j}{kT}\right). \tag{34}$$

Für diese thermische Analyse reichten die Spektren der Fig. 21 noch nicht aus. Zur Orientierung sind die drei Summenkombinationen der optischen Γ_3-Moden eingezeichnet und ihre Temperaturgänge nach (33) berechnet (Tab. 17). Die Quotienten aus der maximalen Absorptionskonstanten der benachbarten Peaks geben alle kleinere Werte, als ob sie aus steiferen Moden kombiniert wären. Wahrscheinlich sind aber nur die bei tiefen Temperaturen gemessenen Peaks durch zu geringe spektrale Auflösung abgeflacht, da die „kalten" Banden meistens schärfer sind.

Tabelle 17. *Zweiphononensummenprozesse, relativer Temperatureinfluß auf die Absorption K der Kombination $\omega_i + \omega_j$*

$\omega_i + \omega_j$			$K/K(T=0)$			$\dfrac{K\,(300°\,\mathrm{K})}{K\,(90°\,\mathrm{K})}$
	µm	cm^{-1}	4° K	90° K	300° K	
$\Gamma_3' + \Gamma_3'$	35,2	284	1,0	1,2	3,0	2,5
$\Gamma_3' + \Gamma_3''$	42,8	234	1,0	1,4	3,8	2,7
$\Gamma_3'' + \Gamma_3''$	54,4	184	1,0	1,6	4,6	2,9

Eine genauere Zuordnung der Mehrphononenspektren kann man umgekehrt dann versuchen, wenn das Zustandsspektrum aus Modellrechnungen oder Neutronenstreuexperimenten vorliegt. Zum Vergleich wurden deshalb die 2-Phononenzustandsdichten der Modellrechnungen von *Geick* u. Mitarb. [62] (s. Abschn. 2.5) ebenfalls in Fig. 21 angegeben und die Lagen der Summenfrequenzen $\tilde{v}_{ij}$, die man aus den sechs Kombinationen der drei neutronenspektroskopisch bestimmten spektralen Lagen hoher Zustandsdichte erhält (s. Abschn. 2.4). Genauere Messungen der Absorptionsspektren, auch im langwelligen Bereich der Differenzfrequenzen, werden z. Z. durchgeführt.

2.4 Neutronenstreuexperimente

Weitere wichtige Informationen über die Gitterdynamik erhält man aus der inelastischen Neutronenstreuung. Solche Experimente wurden von *Axmann* u. Mitarb. zunächst an polykristallinem Tellur [63, 64] und neuerdings auch an Einkristallen [65] durchgeführt.

Gegenüber den optischen Messungen haben die Neutronenmessungen den großen Vorzug, daß sie über alle Phononen in der ganzen Brillouin-Zone Auskunft geben und nicht nur über die optischen Zweige bei $q = 0$. Das liegt einmal daran, daß nicht nur die Energien der Neutronen mit denen der Phononen vergleichbar sind, sondern auch die Wellenlängen, und zum anderen, weil man immer – je nach Polarisations-charakter der Gitterschwingungen – durch geeignete Orientierung des Streuvektors eine Neutron-Phonon-Wechselwirkung findet und nicht durch Auswahlregeln – wie die optischen – eingeschränkt ist.

Außerdem findet man praktisch nur einfache 1-Phononenprozesse, da Mehrfachstreuung und Mehrphononenprozesse neben ihnen sehr klein gehalten werden können bzw. selten sind (ca. 10^{-2}).

Die Energieänderung ΔE des Neutrons (E_0, k_0) kommt bei der inelastischen Neutronenstreuung dadurch zustande, daß das Neutron bei der Streuung ein Phonon $(\hbar\Omega_i, \hbar q_i)$ erzeugt oder vernichtet,

$$\Delta E = E - E_0 = \mp \hbar\Omega_i. \tag{35}$$

Der Streuvektor setzt sich für die beim Tellur überwiegende kohärente Streuung zusammen aus einem reziproken Gittervektor h und dem Beitrag des Phonons q

$$k = k_0 + (h \mp q) \tag{36}$$

(Fig. 22), (35) und (36) sind über die Masse des Neutrons miteinander gekoppelt ($E = \hbar^2 k^2/2m$). Bei gegebenem Streuwinkel 2ϑ ist für ein bestimmtes ΔE der Streuvektor $(h \mp q)$ eindeutig festgelegt.

Im Einkristallfall (Fig. 22b) ist zu jedem reziproken Gittervektor h nur dann Streuung möglich, wenn in den Dispersionskurven zum Energiebetrag $\Delta E = \hbar\Omega$ zufällig ein Phonon mit dem Ausbreitungs-vektor q existiert; wobei wegen der endlichen Winkel und Energie-auflösung alle Phononen beitragen, deren q-Vektoren in dem in Fig. 22b durch eine Kugel um h angedeuteten Unschärfebereich beginnen.

Im Polykristall ist nur noch der Betrag $|h|$ definiert, da relativ zu k_0 alle Kristallagen vorkommen. Jetzt ist Streuung möglich, wenn zu $\Delta E = \hbar\Omega$ Phononen existieren mit einem q auf dem Kegel $|q|$, die aus dem in Fig. 22c durch ein Toroid angedeuteten Unschärfebereich hervorgehen. Das sind um so mehr, desto flacher die Dispersionszweige verlaufen, da dann bei gegebener Energieunschärfe q besonders unscharf wird. Streupeaks geben also bevorzugt die Lage der kritischen Punkte ($V_q(\hbar\Omega)=0$) wieder. Wenn die Peaks für verschiedene Streuwinkel ihre spektrale Lage behalten, so ist dies ein Zeichen für geringe Dispersion weiter Bereiche der Zweige.

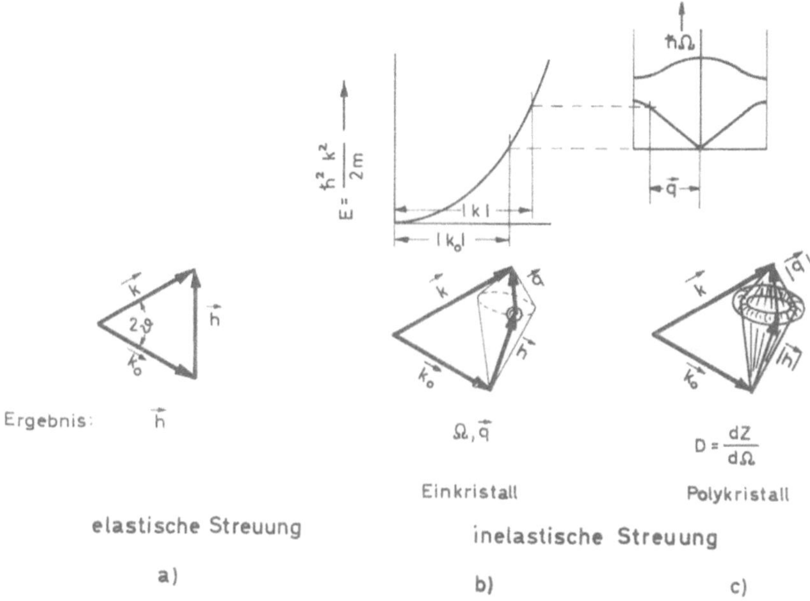

Fig. 22. Vergleich der elastischen und inelastischen Neutronenstreuung an ein- bzw. polykristallinen Proben (Erläuterungen s. Text)

Solche Streuspektren wurden an polykristallinem Tellur mit einem Flugzeitspektrometer gemessen (Fig. 23). Die Lage der 5 Peaks und Flanken erhöhter Zustandsdichte sind zum Vergleich mit in Tab. 15 eingetragen. Die Übereinstimmung der Lagen 3, 4, 5 mit den optisch bestimmten Frequenzen bei $q=0$ ist sehr gut, was wohl an der geringen Dispersion dieser Zweige liegt. Die spektrale Lage der Raman-Mode Γ_1 kann aber immer noch nicht angegeben werden. Entweder muß sie also unmittelbar den Moden Γ_3' bzw. Γ_2, Γ_3'' benachbart sein, oder ihr Zweig hat starke Dispersion, so daß ihr Beitrag durch die beiden starken Peaks überdeckt wird.

Da die Lage der beiden Peaks 1, 2 ebenfalls keine starke Winkelabhängigkeit zeigt, stammen sie wohl von den Beiträgen der akustischen Zweige am Rande der Brillouin-Zone. Der tiefste nicht numerierte Peak des Spektrums für $2\vartheta = 105°$ taucht im 80°-Spektrum nicht mehr auf und gibt deshalb keine leicht überschaubaren Informationen.

Sehr viel mehr Einzelheiten geben die Einkristallmessungen, die an einem Dreiachsen- und einem Flugzeitspektrometer durchgeführt wurden. Um hierbei genügende Streuintensität zu erhalten, mußte mit einem großen Strahlquerschnitt und somit einer entsprechend großen Einkristallprobe gearbeitet werden. Diese wurden auf einer Fläche von ca. $100 \times 200 \, mm^2$ aus orientierten Einkristallstäben zusammengesetzt.

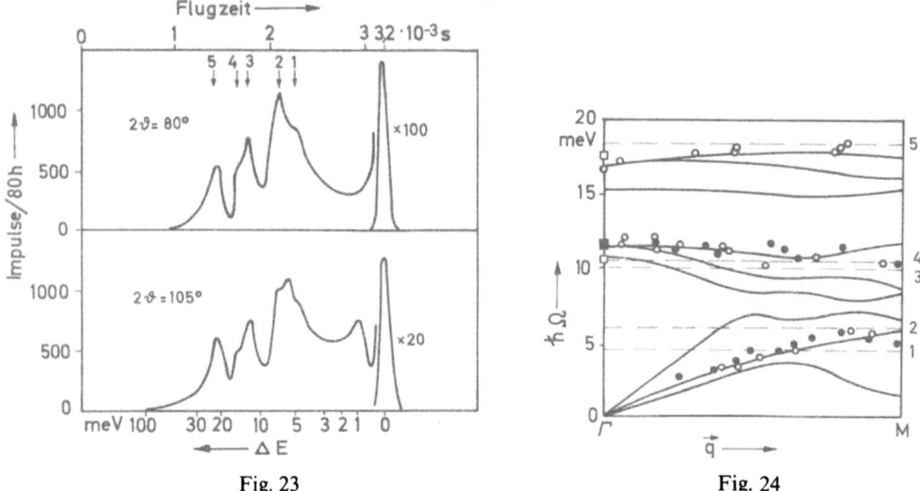

Fig. 23   Fig. 24

Fig. 23. Inelastische Neutronenstreuung an polykristallinem Tellur, gemessen mit einem Flugzeitspektrometer (nach [63, 64]) (zum Vergleich mit den optisch bestimmten Frequenzen s. Tab. 15)

Fig. 24. Aus inelastischen Neutronenstreuexperimenten an Tellur-Einkristallen bestimmte Phononendispersionskurven (nach [65]). Zum Vergleich: - - - - - - - - spektrale Lagen der Streumaxima der Polykristallmessungen (Fig. 23), □ optisch bestimmte Frequenzen, ——— Verlauf der theoretisch berechneten Phononenzweige (Fig. 26)

Ergebnisse liegen für die Richtungen $\Gamma - L$ und $\Gamma - M$ der Brillouin-Zone vor (Fig. 19). Die für $\Gamma - M$ sind in Fig. 24 dargestellt und mit den optischen und den Polykristallmessungen verglichen.

2.5 Theoretische Berechnungen des Phononenspektrums

Die ersten Ansätze von *Boitsov* [66], die optischen Gitterbanden zu erklären, beruhten auf einem Modell völlig entkoppelter Ketten. Außerdem wurden für die quantitativen Berechnungen die von *Caldwell* u. Mitarb. [50] gemessenen Banden etwas willkürlich gedeutet. Erst die fast gleichzeitig entstandenen Rechnungen von *Hulin* [43, 44] geben die realen Verhältnisse beim Tellur teilweise richtig wieder. Später wurden diese Rechnungen noch von *Geick* u. Mitarb. [62] erweitert.

Den ungefähren Verlauf gewinnt man bereits aus der Verwandtschaft mit dem primitiven hexagonalen und kubischen Gitter (s. S. 26): z. B. entstehen die neun Phononenzweige des Tellurs zwischen den Punkten Γ und Z der Brillouin-Zone aus den drei Zweigen eines hexagonalen

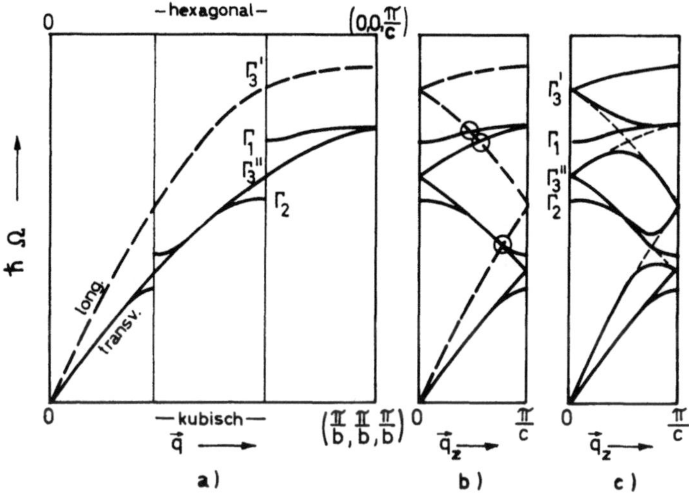

Fig. 25a–c. Entstehung der Phononendispersionskurven des Tellurs aus denen des kubisch-bzw. hexagonal-primitiven Gitters durch Aufhebung der Symmetrieentartung. a Dispersionskurven in der großen Brillouin-Zone der hochsymmetrischen Gitter. b In die kleine Brillouin-Zone des Tellurs gefaltete Kurven der Fig. a. An den Stellen ◯ muß beim Tellur die Entartung aufgehoben werden. c Verlauf der berechneten Kurven der Fig. 26

Gitters mit der Gitterkonstanten $c/3$ (zwei entartete transversale, ein longitudinaler Zweig), denn jetzt sitzen durch die Entartung der Schrauben zu linearen Ketten alle Atome auf gleichwertigen Plätzen. Oder man erhält sie aus denen eines kubischen Gitters mit der Gitterkonstanten $c\sqrt{3}$ in Richtung der Raumdiagonalen des reziproken Gitters (Fig. 25a). Durch die Abweichung des Tellurgitters von diesen primitiven Gittern wird zunächst die Symmetrieentartung der beiden transversalen Zweige bei 1/3 und 2/3 der Zonenachse der primitiven Gitter aufgehoben. Durch Falten der drei einfachen Zweige an diesen Stellen der hochsymmetrischen Gitterzonen erhält man dann die neun Zweige in der kleinen Brillouin-Zone des Tellurgitters (Fig. 25b). Die Aufspaltung der Zweige bei 2/3 der großen Zonenachse gibt die verschiedenen optischen Zweige $\Gamma_1, \Gamma_2, \Gamma_3', \Gamma_3''$ in der kleinen Brillouin-Zone. Da die Moden $\Gamma_1, \Gamma_2, \Gamma_3''$ im kubischen Fall entartet wären, ist ihre Frequenzaufspaltung ein Maß für die Anisotropie (Tab. 16).

Da die Polarisation nun im geringer symmetrischen Gitter nicht mehr rein transversal ist, wird im realen Gitter die Entartung in den Schnittpunkten mit dem longitudinalen Zweig aufgehoben sein (Fig. 25 c). So erhält man bereits die wesentlichen Strukturen, die später die berechneten Zweige auch zeigen.

Hulin berücksichtigt nur für seine Rechnungen den Einfluß 1., 2. und 4. Nachbarn. Zunächst nimmt er eine einfache, dem Abstand d_1 entsprechende Zentralkraft zwischen den nächsten Nachbarn an und eine Winkelsteifigkeit für den Valenzwinkel (Kraft zwischen 4. nächsten Nachbarn). Diese beiden Kräfte entsprechen ungefähr den Verhältnissen im AB_2-Molekül. Ersetzt man aber, um die A_n-Ketten zu erzeugen, die Liganden B immer wieder durch A-Atome, so entsteht noch keine stabile Struktur, da die B entsprechenden Liganden um die beiden AB-Achsen frei drehbar sind. Das zeigt sich z. B. am Auftreten der Se_6- und Se_8-Ringe bzw. der ebenen Zick-Zack-Ketten in der Schmelze (s. Abschnitt 1.2). Die Stabilisierung der A_n-Molekel zu dem Schraubengitter geschieht also erst durch die Packung der Ketten, d. h. durch die Kräfte zwischen den 2. nächsten Nachbarn. Hierfür nimmt *Hulin* ebenfalls einfache Zentralkräfte an, jetzt dem Abstand d_2 entsprechend. Die drei skalaren Kraftkonstanten dieses Modells wurden bestimmt durch Anpassung an die elastischen Konstanten. Dann wurden mit ihnen die Phononen-Frequenzen für die Punkte Γ, Z und einen Punkt Δ bestimmt.

Diese Rechnungen, die mit der Annahme stark entkoppelter Ketten ebenfalls auf einem recht anisotropen Modell beruhen, ergeben für das Kraftfeld zwischen den Ketten eine Konstante, die nur etwa 13 % der Konstanten des Kraftfeldes zwischen den Nachbarn innerhalb der Ketten beträgt. Die Anisotropieaufspaltung der Moden Γ_1, Γ_2 um die Mode Γ_3'' ist deshalb auch sehr groß (ca. 35 %), so daß die Raman-Mode in diesem Modell sogar mit der hochfrequenten Γ_3'-Mode zufällig entartet ist. Beim Selen ist das tatsächlich der Fall [59], gerade deshalb vermuten wir aber eine niederfrequentere Lage beim Tellur. Weiter ergibt das Modell bei der Analyse mikroskopischer Verrückungen für einen Kristall aus Rechtsschrauben bei statischer Verformung $s_{14} > 0$ (in unserem Koordinatensystem). Das stimmt mit dem in Tab. 10 angegebenen Vorzeichen überein!

Da die Ergebnisse über den Verlauf der Dispersionskurven allein auf der $\Gamma - Z$-Achse noch keinen weiteren Vergleich mit dem Experiment erlauben (Verlauf der akustischen Zweige, Zustandsdichten, Multiphononprozesse) und weil die Anpassung allein an elastische Größen geschehen ist, wurden diese Modellrechnungen von *Geick* u. Mitarb. folgendermaßen abgeändert:

Um den Einfluß aller Coulomb-Kräfte besser zu berücksichtigen, wurden zur Anpassung neben elastischen Konstanten auch die genau bekannten Frequenzen der optischen Zweige bei $q = 0$ hinzugenommen. Die Annahmen über die Kräfte sind etwas allgemeiner: Für die Kräfte zwischen den nächsten Nachbarn und für die zur Winkelstabilisierung angenommenen Kräfte zwischen den 4. nächsten Nachbarn wird der unter Berücksichtigung der Symmetrie allgemeinste Kraftansatz gemacht und nicht mehr einfache Zentralkräfte angenommen. Diese beiden Kraftkonstanten sind somit 3×3-Matrizen, da sie immer die drei Verrückungskoordinaten eines Nachbaratoms auf die drei Verrückungskoordinaten des betrachteten Aufatoms abbilden müssen. Die Matrizen sind symmetrisch. Die dann noch verbleibenden 12 Koeffizienten reduzieren sich weiter mit Invarianzbedingungen (Verschwinden von äußeren Kräften bei Rotation und Translation) auf 6 Koeffizienten. Für die Kräfte zwischen den Ketten werden immer noch wie bei *Hulin* Zentralkräfte zwischen den übernächsten Nachbarn angenommen. Somit bleiben sieben freie Parameter. Sie werden festgelegt durch optimale Anpassung an die drei optisch bestimmten Frequenzen [56] $\Omega_2, \Omega_3', \Omega_3''$ und die elastischen Konstanten [41] c_{33}, c_{13}, c_{44}. Das Ergebnis ist in Fig. 26 dargestellt.

Zunächst gibt das Modell die niedrigen akustischen Phononenzweige, die durch die Neutronenmessungen nachgewiesen wurden. Hiermit stimmen auch röntgenographische Messungen des Debye-Waller-Faktors überein [22, 23], die für die Moden mit einer Elongation senkrecht zur c-Achse eine mittlere Debye-Temperatur von 31° K (entsprechend 2,6 meV) ergeben und für die mit einer Elongation parallel zur c-Achse 36° K (entsprechend 3,1 meV)*.

---

* Den Debye-Waller-Faktor für die in Richtung der c-Achse polarisierten Moden erhält man unmittelbar aus der Temperaturabhängigkeit der Intensitäten von Reflexen des Typs (00l). Für die senkrecht zur c-Achse polarisierten Moden muß vom Temperaturgang der Intensitäten von (hk0)-Reflexen erst der Einfluß des temperaturabhängigen Strukturfaktors abgetrennt werden (s. S. 23). Hierbei wurde ein zur c-Achse rotationssymmetrischer Debye-Waller-Faktor angenommen. Zur Umdeutung des Debye-Waller-Faktors

$$2W = \frac{1}{Nm} \sum_j |\boldsymbol{h} \cdot \boldsymbol{e}_j|^2 \cdot \frac{E_j}{\Omega_j} = |\boldsymbol{h}|^2 \cdot \overline{U^2}$$

(N: Atomdichte, m: Atommasse, E_j: Phononenenergie, $\boldsymbol{e}_j$: Polarisationsvektor der Gitterwelle, $\boldsymbol{h}$: Streuvektor, j: Summierung über alle Phononen aller Zweige) über die „mittlere" Auslenkung $\overline{U^2}$ in eine Debye-Temperatur Θ wurde angesetzt

$$\overline{U^2} = \frac{\hbar^2 kT}{mk^2 \Theta^2}.$$

Zum Debye-Waller-Faktor tragen also vor allem die niederfrequenten Phononen bei. Die aus ihm bestimmten Debye-Temperaturen bzw. mittleren Phononenenergien sind deshalb besonders niedrig.

Die gute Übereinstimmung der aus dem Modell berechneten (Tab. 10)
mit den gemessenen elastischen Konstanten zeigt der Vergleich der
akustischen Zweige mit den in Fig. 26 eingezeichneten Schallgeschwindig-
keitsgeraden. Diese Schallgeschwindigkeiten wurden aus den gemessenen
elastischen Konstanten der Tab. 10 berechnet. Sie sind in Tab. 18 zusammen mit ihrem Polarisationscharakter angegeben. Ihre Winkelabhängigkeit zeigt Fig. 27 [67].

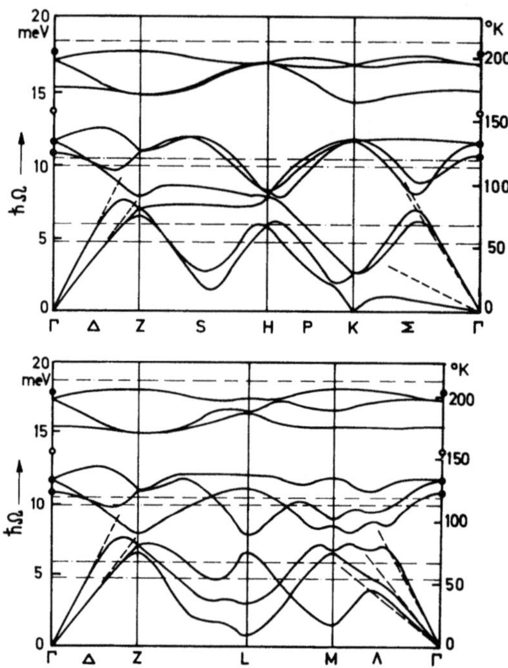

Fig. 26. Berechnete Phononendispersionskurven für Tellur (nach [62]). Zum Vergleich:
-·-·-·-·-·- spektrale Lage der Streumaxima der inelastischen Neutronenstreuung an
polykristallinem Tellur (Fig. 23), -------- gemessene Schallgeschwindigkeiten (Tab. 10,
18), ● aus Reststrahlenbanden bestimmte optische Frequenzen (Tab. 15), ○ abgeschätzte
Raman-Frequenz Γ_1 (Tab. 15). Wegen der Bezeichnung der Symmetriepunkte s. Fig. 19

Bestimmt man aus den von *Geick* u. Mitarb. berechneten elastischen
Konstanten über die s_{ij}-Werte die linearen Kompressibilitäten, so erhält
man allerdings für κ_{33} das falsche Vorzeichen (Tab. 10): Das anomale
Verhalten in Richtung der c-Achse bei hydrostatischem Druck oder
thermischer Ausdehnung wird von diesem Modell – sowie vom Hulin-
Modell – nicht erklärt.

Der niedrigste akustische Zweig („transversal") gibt im Punkte K
die Frequenz 0. Das liegt an der Annahme von Zentralkräften zwischen

Tabelle 18. *Schallgeschwindigkeiten v in Tellur.* $v = \dfrac{\Omega}{|q|} = \sqrt{\dfrac{c^*}{\varrho}}$ *(s. a. Fig. 17 und 27)*

Ausbreitungs-richtung q	Elongation Polarisation bei $q \approx 0$	kombinierter Elastizitätsmodul c^*	v 10^3 m/s
$(q_x, 0, 0)$	longitud. (x)	c_{11}	2,29
$\Gamma - \Sigma$	transvers.	$\left\{\dfrac{c_{44}+c_{66}}{2} \pm \sqrt{\left(\dfrac{c_{44}-c_{66}}{2}\right)^2 + c_{14}^4}\right.$	2,43
	$(\perp$ zu $x)$		0,71
$(0, q_y, 0)$	transvers. (x)	c_{66}	1,16
$\Gamma - \Lambda$	gemischt	$\left\{\dfrac{c_{44}+c_{11}}{2} \pm \sqrt{\left(\dfrac{c_{44}-c_{11}}{2}\right)^2 + c_{14}^2}\right.$	2,66
	$(\perp$ zu $x)$		1,77
$(0, 0, q_z)$	longitud. (z)	c_{33}	3,40
$\Gamma - \Delta$	transvers. $(\perp$ zu $z)$	c_{44}	2,25

den übernächsten Nachbarn, deren Beiträge sich bei dieser Polarisation und Phasenlage gerade kompensieren. Diese Anomalie tritt im Hulin-Modell genauso auf. Sie zeigt, daß die Annahme für die Kräfte zwischen den Ketten zu einfach ist. Vielleicht erklärt diese Schwäche des Modells auch die Diskrepanz der Vorzeichen der Kompressibilität κ_{33}.

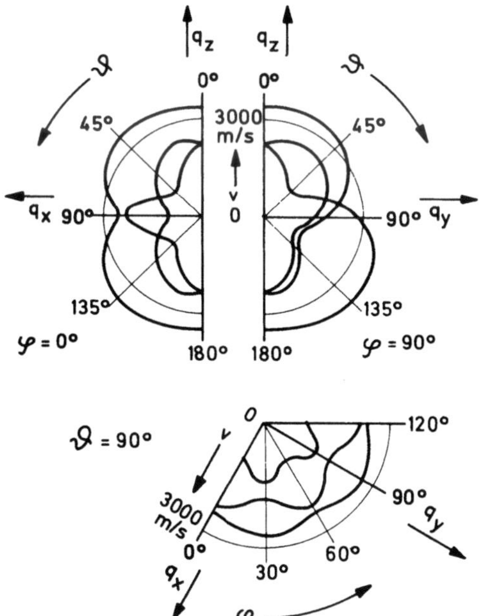

Fig. 27. Winkelabhängigkeit der Schallgeschwindigkeiten (nach [67]). Wegen des Polari-sationscharakters s. Tab. 18

Bei der großen Verwandtschaft zwischen Tellurgitter und kubisch primitivem Gitter wäre evtl. ein Kraftansatz adäquater, der 1. und 2. Nachbarn in gleicher Weise berücksichtigt – also je eine Kraftkonstante (3×3-Matrix) – und die Winkelsteifigkeit als Zentralkraft zwischen den 4. nächsten Nachbarn berücksichtigt, denn die Winkeländerung in der Molekel AB_2 hängt praktisch auch nur vom Abstand der Liganden B ab.

Bei den optischen Zweigen ist zunächst die Aufspaltung $\Omega_1 - \Omega_3''$ der Raman-Mode hier geringer als bei *Hulin*. Die aus den Neutronenmessungen am Polykristall gewonnenen Frequenzen hoher Zustandsdichte gehen mitten durch die berechneten Bänder und stimmen somit überein bis auf die Lage des höchsten Neutronenpeaks (Nr. 5), der etwas höher liegt. Da die Frequenz bei $q = 0$ aber sehr genau bekannt ist, muß die Dispersion dieser Zweige also stärker sein als berechnet. Durch eine stärkere Kopplung zwischen den Ketten würde sich auch eine stärkere Dispersion ergeben!

Zum Vergleich mit den Mehrphononenspektren wurde von *Geick* u. Mitarb. auch noch für 12 288 gleichmäßig über die Brillouin-Zone verteilte q-Werte die Zustandsdichte für die 2-Phononensummenfrequenzen berechnet (Fig. 21) (jedoch ohne Berücksichtigung optischer Auswahlregeln!). Auch hier liegen die berechneten hohen Summenfrequenzen etwas niedriger als die gemessenen. Die niederfrequente Hälfte des Zweiphononenspektrums wird allerdings durch die Einphononenprozesse weitgehend überdeckt. Deshalb ist dieser Bereich, der besonders über die akustischen Zweige Auskunft gibt, durch optische Messungen schwer zugänglich.

Im großen und ganzen ist das Phononenspektrum des Tellurs aber auf Grund der besprochenen Messungen und Rechnungen heute verstanden. Weitere Rechnungen, die alle Coulomb-Wechselwirkungen besser berücksichtigen – z. B. durch ein Schalenmodell – könnten noch weitere Aufschlüsse geben, vor allem zur Entstehung der Dispersionsoscillatoren aus der Deformation der Valenzelektronenhülle.

2.6 Piezoelektrizität

Im Abschn. 1.6 war gezeigt worden, daß im Tellurgitter Piezoelektrizität erlaubt ist. Das starke Dipolmoment, das bei der Verformung der Valenzelektronenhülle bei den optischen Gitterschwingungen auftritt, verursacht nun auch die große Piezoelektrizität. Wegen der hohen Leitfähigkeit von Tellur läßt sie sich nur durch dynamische Experimente nachweisen. Dies ist zuerst *Quentin* u. Mitarb. [68] gelungen. Von *Arlt* [69] wurden die auf die Dehnung bezogenen piezoelektrischen Konstanten e_{ij} durch Piezo-Hall-Messungen bestimmt. Hierbei weist man den piezoelektrischen Effekt nach durch den Halleffekt des Stromes freier Ladungsträger, der den Aufbau des piezoelektrischen Feldes verhindert. *Arlt* erhält bei Zimmertemperatur

$$e_{11} = +0{,}42 \, \text{As/m}^2 \pm 15\%, \quad e_{14} = +0{,}17 \, \text{As/m}^2 \pm 15\%.$$

Für die auf die Spannung bezogenen piezoelektrischen Konstanten d_{ij} [(15), S. 30] ergeben diese Werte mit den elastischen Konstanten s_{ij} der Tab. 10

$$d_{11} = +5{,}5 \cdot 10^{-11} \frac{m}{V}, \quad d_{14} = +5{,}0 \cdot 10^{-11} \frac{m}{V} \star.$$

Als ein relatives Maß für den piezoelektrischen Effekt gibt man die „elektro-mechanische" Kopplungskonstante an, das ist das Verhältnis der bei der Verformung gespeicherten elektrischen zur elastischen Energie. Für eine Spannung τ_1 z. B. beträgt sie $d_{11}^2/(\varepsilon_{11} \cdot s_{11}) \approx 0{,}14$ ($\varepsilon_{11} = \varepsilon_{r\perp} \cdot \varepsilon_0$ Dielektrizitätskonstante), d. h. die elektrischen Effekte erreichen bereits die Größenordnung der elastischen. Streng genommen muß man deshalb immer bei Angaben über die dielektrischen Materialkonstanten unterscheiden, ob sie für konstante Spannung oder für konstante Dehnung gelten (z. B. sind die bei hohen Frequenzen bestimmten Dielektrizitätskonstanten der Tab. 15 die Werte für konstante Dehnung), bei elastischen Größen muß man entsprechend zwischen konstanter Feldstärke oder Polarisation unterscheiden (die elastischen Konstanten der Tab. 10 gelten für konstante Feldstärke).

Unter der Annahme der nach Abschn. 1.4 bestimmten Richtung der polaren Achse folgt, wenn im Kristallinneren die Feldstärke völlig durch freie Ladungen an den Oberflächen kompensiert ist, aus dem Vorzeichen der piezoelektrischen Konstanten e_{11}: eine Dehnung ε_1 (Verlängerung in x-Richtung – positiver "strain") erzeugt im Inneren positive Dipolmomente (Fig. 28). Aus dem Vorzeichen der Konstanten e_{14} folgt: Eine Torsion einer Kristallscheibe um die c-Achse im gleichen Sinne, wie der Schraubensinn der Ketten gerichtet ist, erzeugt positive, radiale Dipolmomente.

Da die mikroskopischen Verrückungen der Atome aber höchstens für hydrostatischen Druck (s. Abschn. 1.5.2) bekannt sind, jedoch nicht für Dehnung und Scherung unter Spannungen, kann man auch noch keine Angaben über die atomare Polarisation bei der Verformung machen.

$\star$ Die auf den "stress" bezogenen piezoelektrischen Konstanten ($P_i = d_{ij} \cdot \tau_j$) erhält man aus dem auf den "strain" bezogenen Tensor e_{ij} durch Multiplizieren mit dem "compliances"-Tensor $\|d_{ij}\| = \|e_{ij}\| \cdot \|s_{ji}\|$. Der Tensor e_{ij} hat die gleiche Struktur wie der Tensor d_{ij}, bis auf $e_{26} = -e_{11}$. Das Vorzeichen für e_{14} bzw. d_{14} gilt für einen Kristall mit „Rechtsschrauben" (s. Abschn. 1.4).

Hier sind also noch sehr genaue Messungen der Gitterparameter unter Dehnungs- und Scherspannung nötig. Ebenso könnte ein hinreichend realistisches gitterdynamisches Modell hier weiterhelfen. Insbesondere müßte ein Modell, das Coulomb-Wechselwirkung berücksichtigt, auch diese piezoelektrischen Effekte erklären können!

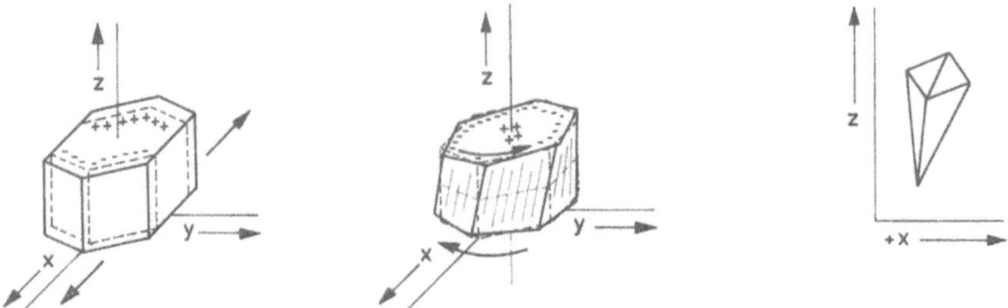

Fig. 28. Polung der piezoelektrisch erzeugten Polarisation eines „Rechtsschrauben-Kristalls" bei Zug und Torsion. Definition der positiven x-Richtung gemäß H_2SO_4-Ätzfiguren bzw. nach Fig. 29

3. Die elektronische Bandstruktur

In diesem Abschnitt wird zunächst über die aus der Symmetrie folgenden Eigenschaften der Bandstruktur berichtet und über die neueren quantitativen Rechnungen.

Anschließend werden die experimentellen Ergebnisse zusammengestellt, mit denen eine Prüfung oder Verfeinerung der theoretischen Vorstellungen möglich ist.

3.1 Das reziproke Gitter und die Brillouin-Zone

Bereits bei der Behandlung der Gitterwellen wurden einige Eigenschaften des reziproken Gitters gebraucht.

Das reziproke Gitter des trigonalen Tellurs ist selbst hexagonal, da es durch drei hexagonale Bravais-Gitter entsteht, die im Rechtsschrauben-Kristall gegeneinander um die Vektoren

$$r_2 - r_1 = \left(ua, -ua, \frac{c}{3}\right) \qquad r_3 - r_1 = \left(2ua, ua, \frac{2c}{3}\right)$$

verschoben sind.

Die Gitterpunkte des reziproken Gitters haben aber nur trigonale Symmetrie. Die Länge der reziproken Gittervektoren beträgt $2\pi \cdot \dfrac{2}{a\sqrt{3}}$

bzw. $2\pi\,\dfrac{1}{c}$. Die Lage des reziproken Gitters und der Brillouin-Zone relativ zum direkten Gitter ist in Fig. 29 dargestellt, die Brillouin-Zone selbst und die Bezeichnungen ihrer verschiedenen Symmetrie-Lagen in Fig. 19. In Tab. 19 sind die Koordinaten für die Symmetriepunkte angegeben und welcher Punktgruppe deren restliche Symmetrieelemente noch angehören. Wegen der Eigenschaften der vollen Raumgruppe, der

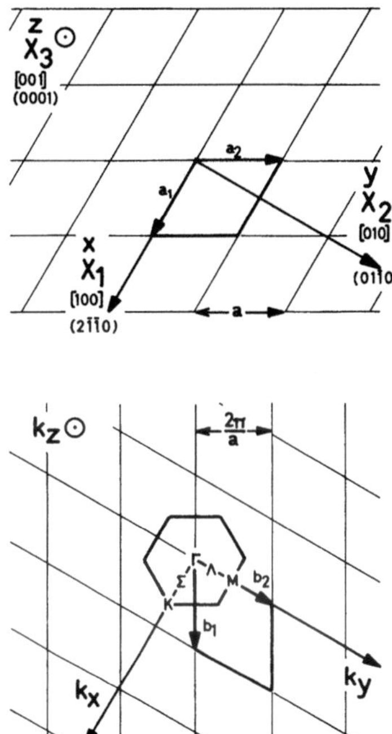

Fig. 29. Lage des reziproken Gitters und der Brillouin-Zone relativ zum direkten Gitter. Die rechtwinkligen Koordinaten x, y, z des direkten Gitters entsprechen bei Tensor-Indizierungen den drei eingezeichneten Koordinaten x_1, x_2, x_3. Bezeichnung der Symmetriepunkte der Brillouin-Zone s. Fig. 19 und Tab. 19

Charaktertafeln bei Berücksichtigung der Translation sowie für die Doppelgruppen bei Berücksichtigung des Spins sei auf die Arbeit von *Asendorf* [70] verwiesen, sowie auf [43] und [71].

Die Auswahlregeln für elektrische Dipolübergänge bei Mischung zweier Gitter- oder Elektronenwellen mit der gleichen Punktgruppen-Symmetrie sind dieselben Auswahlregeln wie für die einfachen Punktgruppen (Charaktertafeln s. Tab. 8).

5*

Tabelle 19. *Punkte hoher Symmetrie in der Brillouin-Zone*

Bezeichnung	Koordinate in der Brillouin-Zone			Punktgruppe
	k_x	k_y	k_z	
Γ	0	0	0	
K	$2\pi \cdot \dfrac{2}{3a}$	0	0	32
Z	0	0	$\left.\begin{array}{c} \\ \\ \end{array}\right\} 2\pi \cdot \dfrac{1}{2c}$	$(E, 2C_3, 3C_2)$
H	$2\pi \cdot \dfrac{2}{3a}$	0		
Δ	0	0	$\left.\begin{array}{c} \\ \\ \end{array}\right\} k_z$	3
P	$2\pi \cdot \dfrac{2}{3a}$	0		$(E, 2C_3)$
Σ	$\left.\begin{array}{c} \\ \\ \\ \\ \end{array}\right\} k_x$	0	0	
S		0	$2\pi \cdot \dfrac{1}{2c}$	
T		$\left.\begin{array}{c} \\ \\ \\ \\ \end{array}\right\} 2\pi \dfrac{1}{a\sqrt{3}}$	0	2
R			$2\pi \cdot \dfrac{1}{2c}$	(E, C_2)
M	0		0	
L	0		$2\pi \cdot \dfrac{1}{2c}$	

3.2   Bandstruktur - Rechnungen

3.2.1 Allgemeine Struktur

Ähnlich wie bei dem in Abschn. 2.5 erläuterten Beispiel, die Struktur der Phononendispersionskurven durch Interpolation zwischen dem kubischen und hexagonalen Gitter zu gewinnen, wurde auch versucht, die Struktur der elektronischen Bänder zu erkennen. Wir erwähnen hier vor allem den Versuch von *Behrens* [72], der die Bänder der $\Gamma - Z$-Achse zwischen denen eines kubischen Gitters und eines extrem entkoppelten Kettengitters interpolierte. Mehrere Ansätze für quantitative Berechnungen beruhten auf der Annahme stark entkoppelter Ketten bzw. auf alleiniger Berücksichtigung nächster Nachbarn. Aus der im 1. Kapitel angedeuteten kristallchemischen Struktur und den im 2. Kapitel beschriebenen gitterdynamischen Eigenschaften geht deutlich hervor, daß diese Voraussetzung unrealistisch ist, ja sogar schon für Selen ein schlechtes Modell gibt. Diese Modelle geben natürlich nur einen Verlauf für die $\Gamma - Z$-Achse.

Reitz [73] hat bei solchen Überlegungen bereits wesentliche Strukturmerkmale erkannt: Die Bänder entstehen aus dem $5s$-Term und den drei $5p$-Termen der Valenzelektronenhülle. Alle vier Zweige sind wegen der drei verschiedenen Atomlagen in der Zelle zu Triplets aufgespalten, von deren Teilbändern in den hochsymmetrischen Punkten Γ, Z, H, K immer zwei entarten, so daß in diesen Punkten nur noch Duplets vorliegen.

Die sechs Elektronen pro Atom besetzen die unteren drei Triplets, so daß für die elektronische Bandstruktur vor allem die beiden oberen Triplets interessant sind – ein leeres und ein volles – evtl. auch noch das nächst tiefere. Diese Triplets haben vorwiegend p-Charakter.

Diese von *Reitz* für die $\Gamma - Z$-Achse angegebene Struktur gilt für die ganze Brillouin-Zone.

Da sich später zeigen wird, daß die Bandextrema, die die Energielücke bilden, im Punkte H liegen, werden wir uns nur noch den Rechnungen widmen, die eine Kopplung zwischen den Ketten berücksichtigen bzw. auch Ergebnisse für Punkte liefern außerhalb der $\Gamma - Z$-Achse (wegen der anderen Rechnungen s. z. B. [1] oder [74]).

3.2.2 Ausführliche Rechnungen

Die ersten Rechnungen, die eine Kopplung zwischen den Ketten berücksichtigen, wurden von *Hulin* [43, 75] durch Überlagerung von Atomeigenfunktionen gewonnen (Linear Combination of Atomic Orbitals, tight-binding). Die freien Parameter werden durch Anpassung empirisch bestimmt. Es gelingt jedoch noch keine gute Anpassung gleichzeitig an effektive Massen und an die Energielücke.

Sandrock und *Treusch* haben zum erstenmal den Bandverlauf auf einem geschlossenen Weg zwischen den hochsymmetrischen Punkten $\Gamma - Z - H - K$ berechnet [76, 77]. Sie benutzten dabei die Methode der Greenschen-Funktion (Korringa-Kohn-Rostoker-Methode [74]).

Bei dieser löst man das Vielteilchenproblem durch die infolge eines geeignet gewählten Potentials zum Einteilchenproblem vereinfachte Schrödinger-Gleichung

$$\{ - \varDelta + V(r)\} \, \psi_k(r) = E(k) \cdot \psi_k(r) \, , \qquad (37)$$

indem man diese mit einer Greenschen Funktion G durch eine äquivalente Integralgleichung ersetzt

$$\psi(r) = \int G(r, r') \cdot V(r') \cdot \psi(r') \, \mathrm{d}r' \, . \qquad (38)$$

Die Lösung dieser Gleichung durch ein Variationsverfahren führt auf eine Säkulardeterminante, die eine Funktion von E und k ist. Zu jedem Vektor k erhält man dann aus der Nullstelle der Determinanten den passenden Wert E.

Für das Potential nimmt man nun um die Atome bis zum Nachbaratom im Abstand $d_1/2$ ein kugelsymmetrisches Potential an, außerhalb, also zwischen diesen Atomkugeln, dagegen ein konstantes Potential V_0 (das so zusammengesetzte Potential heißt auch "muffin-tin"-Potential). Da für die kugelsymmetrischen Potentiale selbstkonsistente Atompotentiale (*Hermann*, *Skillman* [78]) benutzt wurden, bleibt die Wahl der Konstanten V_0 der einzige frei bestimmbare Parameter.

Der Vorteil der Methode der Greenschen Funktion liegt in der mathematischen Möglichkeit, den Beitrag der Kristallstruktur und den des Potentials zu trennen. Deshalb kann man auch den Einfluß aller Spineffekte (s. S. 73) mit mäßigem Rechenaufwand untersuchen. Der hauptsächliche Rechenaufwand ist einmalig für den Einfluß der Kristallstruktur erforderlich ("structure constants" in [77]). Das Ergebnis dieser Rechnungen ohne Berücksichtigung des Spins ist in Fig. 30a dargestellt. Die Bandextrema bzw. die Energielücke liegen im Punkte H. Durch geeignete Wahl des V_0 wurde die Energielücke angepaßt zu 0,3 eV.

Eine kritische Prüfung der Ergebnisse erfolgt nun durch den Vergleich mit den optischen Eigenschaften in der Nähe der Bandkante. Der starke Dichroismus der Bandkante (s. Abschn. 3.3.2.1) legt die Deutung direkt erlaubter Übergänge für Polarisation $E \perp c$ und verbotene für Polarisation $E \parallel c$ nahe. Das Auftreten einer ebenfalls stark dichroitischen p-Bande (s. Abschn. 3.3.3) verlangt innerhalb des Valenzbandes Dipolübergänge zwischen dem obersten Valenzbandzweig und einem um ca. 0,1 eV tieferen Zweig, die direkt erlaubt sind für Polarisation $E \parallel c$ und für $E \perp c$ verboten.

Die Ergebnisse im Punkte H (Leitungsbandminimum vom Symmetrietyp H_1, Valenzbandmaximum vom Typ H_3) erklären nur den Dichroismus der Bandkante ($H_1 \rightarrow H_3 : E \perp c$), jedoch nicht den der p-Bande ($H_2 \rightarrow H_3 : E \perp c$), wie man sofort aus Tab. 14 entnehmen kann.

Überhaupt wird die Auswahlregel für das Auftreten eines Dipolmoments nur $\parallel c$ in den hochsymmetrischen Punkten allein erfüllt für Übergänge, bei denen Zweige mit der verschiedenen Indizierung 1 und 2 kombinieren. Diese Möglichkeit gibt es im Valenzband nur im Punkte Γ und K zwischen verschiedenen Triplets, die aber wegen des viel zu großen energetischen Abstandes der betreffenden Zweige ausgeschlossen werden können, selbst wenn man die Ungenauigkeit der theoretischen Bandberechnungen berücksichtigt. Diese Diskrepanz wird nun erklärt durch den bisher vernachlässigten Spin.

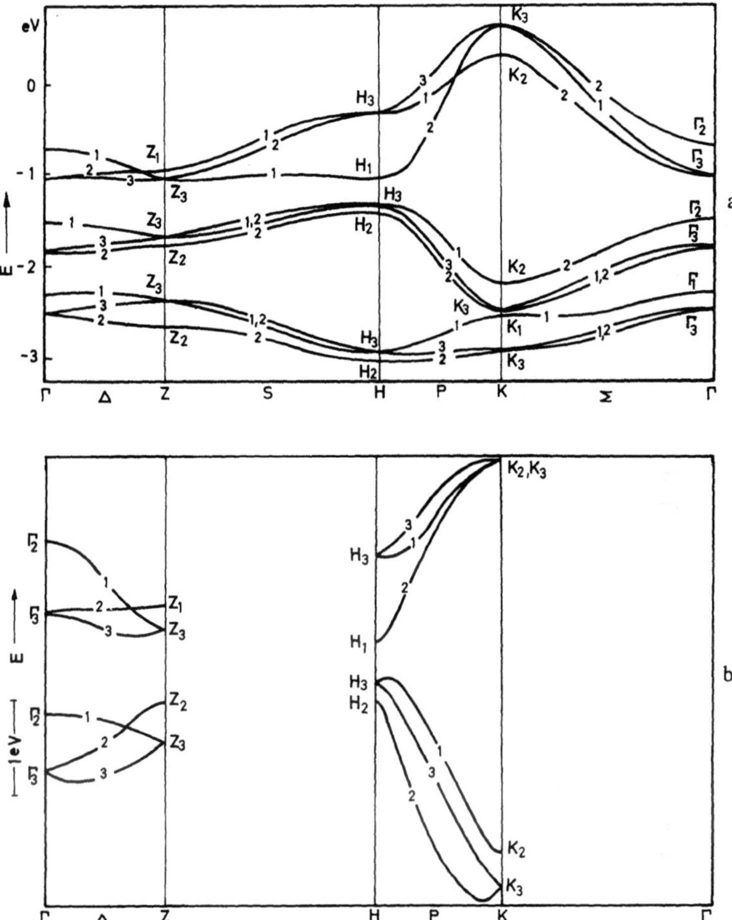

Fig. 30a u. b. Bandstruktur von Tellur. a Bandverlauf ohne Berücksichtigung der Spin-Aufspaltung nach [77]. Potentialansatz: "muffin-tin"-Potential aus berechneten radial-symmetrischen Atompotentialen $V(r)$ [78] innerhalb der Atomkugeln und angepaßtem konstantem Potential V_0 zwischen den Kugeln. Die Energielücke liegt im Punkte H zwischen den beiden unteren Valenzbandtriplets und dem obersten leeren Leitungsbandtriplet. b Bandverlauf aus Pseudopotentialrechnungen (nach [83]). Potentialansatz: aus halb-empirischen Rechnungen an der Reihe PbS, PbSe, PbTe bestimmtes Te-Potential. (Maßstab wie in 30a)

3.2.3 Der Einfluß des Elektronenspins

Bei Berücksichtigung des Elektronenspins gehen alle Darstellungen der einfachen Gruppen, denen die doppelt mit Elektronen besetzbaren Zweige entsprechen, in zwei Darstellungen der Doppelgruppen über. Diese entstehen aus den einfachen Gruppen, indem man sie noch um eine

Symmetrieoperation erweitert, die das Spinvorzeichen umkehrt. Diesen neuen Darstellungen entsprechen jetzt Zweige, die nur noch einfach mit Elektronen verschiedenen Spins besetzt werden können. Dabei gehen ineinander über

$$\Gamma_1 \to \Gamma_6\,,$$
$$\Gamma_2 \to \Gamma_6\,, \qquad\qquad \text{ebenso für } Z, H, K$$
$$\Gamma_3 \to \Gamma_4 + \Gamma_5 + \Gamma_6\,,$$

(Darstellungen mit dem Index 1, 2, 4, 5 sind eindimensional, mit 3, 6 zweidimensional).

$$\Delta_1 \to \Delta_5 + \Delta_6\,,$$
$$\Delta_2 \to \Delta_4 + \Delta_6\,, \qquad\qquad \text{ebenso für } P$$
$$\Delta_3 \to \Delta_4 + \Delta_5\,,$$

(alle Darstellungen sind eindimensional).

$$\Sigma_1 \to \Sigma_4 + \Sigma_5\,,$$
$$\Sigma_2 \to \Sigma_4 + \Sigma_5\,, \qquad\qquad \text{ebenso für } S, L, M$$

(alle Darstellungen sind eindimensional).

Für die Kombinationen der zugehörigen Eigenfunktionen gelten die Dipolauswahlregeln der Tab. 14, wenn man die Indices 1, 2, 3 in der gleichen Reihenfolge durch 4, 5, 6 ersetzt.

Soweit die Eigenfunktionen des spinlosen Falls in mehrere Eigenfunktionen verschiedener Symmetrie übergehen, können im allgemeinen auch ihre Energie-Eigenwerte infolge Spin-Bahn-Kopplung aufspalten. Das gilt nicht für die Duplets $\Gamma_4 + \Gamma_5, Z_4 + Z_5, L_4 + L_5, M_4 + M_5$. Diese Eigenfunktionen sind symmetrisch bei Zeitumkehr und haben deshalb keine verschiedenen Energie-Eigenwerte, wenn kein äußeres Magnetfeld vorhanden ist.

Mit dieser Berücksichtigung der Spinaufspaltung lassen sich die optischen Eigenschaften der Bandkante und der p-Bande sofort erklären, wenn jetzt die Bandränder im Punkte H gemäß Fig. 31 aufspalten: Die Bandkante entsteht durch Übergänge zwischen einem einfachen H_4- oder H_5-Valenzbandterm und einem zweifachen H_6-Leitungsbandterm ($H_{4,5} \to H_6 : E \perp c$). Die p-Bande entsteht zwischen den beiden einfachen H_4- und H_5-Valenzbandtermen ($H_4 \to H_5 : E \parallel c$).

Wegen der Zeitumkehrentartung läßt sich die p-Bande in den Punkten Γ, Z nicht erklären. Im Punkt K ist sie sehr unwahrscheinlich aus energetischen Gründen: Das Valenzband-Extremum liegt viel zu tief und ist kein Maximum. Außerdem liegt der Term K_3, der in die erforderlichen Zweige $K_{4,5}$ aufspalten würde, tiefer als der Term K_2, der ohne Aufspaltung in das Duplet K_6 übergeht.

Von *Hulin* wurde die $H_4 - H_5$-Aufspaltung abgeschätzt auf 0,14 eV. Von *Treusch* und *Kramer* u. Mitarb. wurde durch eine abgeänderte Green-Funktionsmethode [79, 80] die $H_4 - H_5$-Aufspaltung quantitativ berechnet für die Spin-Bahn-Kopplung und weitere relativistische Effekte. Die Ergebnisse sind in Fig. 32 für die Aufspaltung des niedrigsten Leitungsbandtriplets und des höchsten Valenzbandtriplets im Punkte H dargestellt. Das Valenzbandmaximum bleibt im Punkt H. Die Energielücke ergibt sich zu klein. Eine Anpassung durch ein anderes konstantes Zwischenpotential V_0 als es für die Rechnungen zur Fig. 30 benutzt

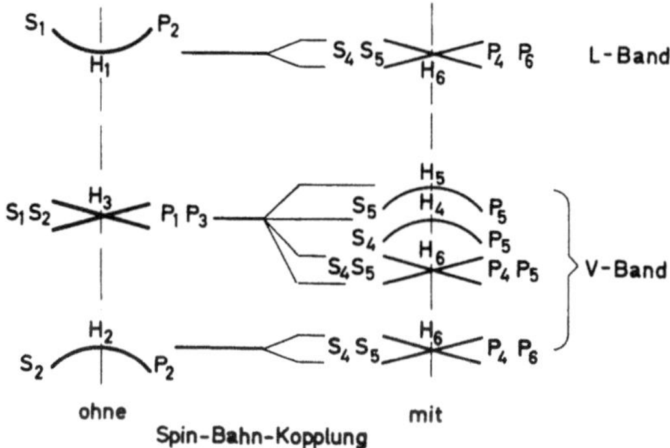

Fig. 31. Schema der Bandaufspaltung im Punkte H bei Berücksichtigung des Spins

wurde, ist nicht möglich, da sich dann die Bänder insgesamt so stark verschieben würden, daß eine Valenzband-Leitungsband-Überlappung entstünde. Hier wäre offensichtlich ein realistischerer Potentialansatz nötig als es ein "muffin-tin"-Potential ist. Die Spinaufspaltung von 0,13 eV ist aber ziemlich unabhängig vom gewählten Zwischenraumpotential V_0. Das liegt wohl daran, daß die benutzten Wellenfunktionen gerade in der Nähe der Atomrümpfe, wo der Potentialansatz sehr realistisch ist, eine sehr gute Beschreibung sind. Anschaulich läßt sich das so erklären, daß die relativistischen Effekte mehr eine atomare Eigenschaft sind und nicht so sehr von der Kopplung der Atome abhängen wie die Bänder.

Im Selen mit der geringeren Elektronenzahl ist die Spinaufspaltung nur halb so groß (Ordnungszahl: Te 52, Se 34).

Die Zweige H_4 und H_5 vertauschen auf der Energieskala ihre Reihenfolge, wenn man auf der R-Achse der Brillouin-Zone vom Punkte H nach H^* geht (Fig. 19). Im Punkte L verschwindet dabei gerade die Aufspaltung wegen der Zeitumkehrentartung. Eine genauere Untersuchung der Spinstruktur der Eigenfunktionen zeigt aber, daß die Mischung der verschiedenen Spinanteile bei den Funktionen vom Symmetrietyp H_4

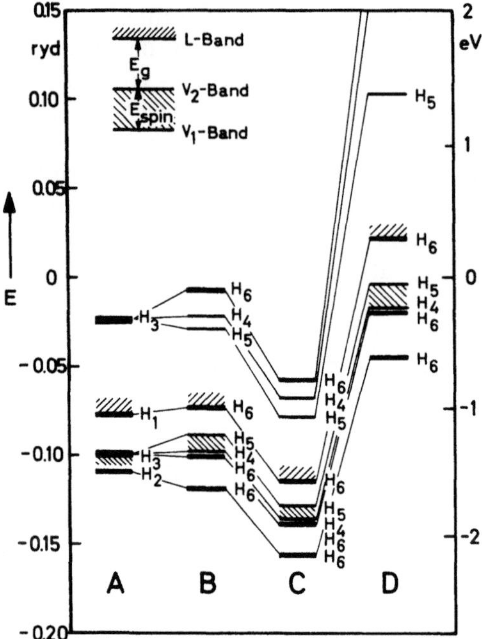

Fig. 32. Berechnete Bandaufspaltung im Punkte H (nach [80]). A Ohne Berücksichtigung des Spins. B Bei Berücksichtigung der Spin-Bahn-Kopplung. C Bei Berücksichtigung der Spin-Bahn-Kopplung, des Massengeschwindigkeitsterms und des Darwin-Terms. Konstantes Zwischenraumpotential V_0 wie in Fig. 30a. D Wie C, jedoch mit niedrigerem Zwischenraumpotential V_0

und H_5 gleich ist [80]. Aus diesem Grunde ist in erster Ordnung bei einem angelegten äußeren Magnetfeld die gleiche Störung der Energieeigenwerte H_4 und H_5 zu erwarten, und zwar im Punkte H auch im gleichen Sinne wie in H^*. Das ist ein sonst ungewöhnliches Verhalten!

3.2.4 Die Energielücke

Bisher wurden die Ergebnisse der Bandstrukturrechnungen geprüft durch den Vergleich der Auswahlregeln mit dem Dichroismus der optischen Übergänge in der Nähe der Band-Extrema. Eine quantitative Prüfung der berechneten Bandverläufe durch den Vergleich mit dem spektralen Verlauf dieser optischen Prozesse ist aber nicht sinnvoll. Denn einmal sind die Rechnungen in der Umgebung der Extrema überhaupt noch nicht detailliert genug ausgeführt worden und zum anderen müßte bei solchen Rechnungen auf jeden Fall für Tellur der Spin mit berücksichtigt werden.

Viel mehr gerecht wird Bandstrukturberechnungen der Vergleich mit den optischen Band-Band-Übergängen bei höheren Energien (spektraler Verlauf der optischen Konstanten im gesamten Gebiet der elektronischen Grundabsorption). Hierfür liegen aber noch keine geeigneten Messungen an Tellur vor (s. Abschn. 3.3.1). Beim Selen ist dieser Vergleich mit gutem Erfolg von *Sandrock* [81] durchgeführt worden*.

Auch für Tellur sind, um mehr Einzelheiten über den Bandverlauf zu erhalten, Rechnungen nach der Pseudopotentialmethode durchgeführt worden. Die Ergebnisse der Rechnungen von *Beissner* [82] sind wahrscheinlich unrealistisch. Denn sie wurden nur für die $\Gamma - Z$-Achsen ausgeführt, auf der der Autor die Entstehung der p-Bande plaziert und im Punkte Z die Energielücke. Die benutzten Atompotentiale (ebenfalls nach *Hermann, Skillman* [78]) werden dann durch Anpassen korrigiert.

Picard und *Hulin* [83] dagegen rechnen mit einer Pseudopotentialmethode den Bandverlauf auf der $\Gamma - Z$-Achse und $K - H$-Achse.

Sie verwenden dabei Potentialformfaktoren, die aus halbempirischen Rechnungen an der Reihe PbS, PbSe, PbTe für Te bestimmt wurden. Physikalisch unterscheiden sich diese Rechnungen von denen von *Sandrock* und *Treusch* praktisch nur durch die Annahme eines „realistischeren" Potentials. Die Ergebnisse unterscheiden sich auch nicht wesentlich (Fig. 30 b), lediglich das Maximum des oberen Valenzbandzweiges liegt im spinlosen Fall etwas außerhalb H auf der P-Achse.

Um den Einfluß der Spin-Bahn-Kopplung abzuschätzen, berechneten die Autoren den Bandverlauf in unmittelbarer Nähe des Valenzbandmaximums durch eine Störungsrechnung. Sie entwerfen so folgendes Bild für den Bandverlauf um H in Richtung der P-Achse (Fig. 33): ein stark nichtparabolischer Verlauf des oberen Valenzbandzweiges (H_4 bzw. H_5), der von der Auflösung des nach P aus H verschobenen Valenzbandmaximums im spinlosen Fall herrührt, ein normal verlaufender zweiter Valenzbandzweig (H_5 bzw. H_4) und ein stark struktuierter Valenzbandzweig H_6, der sehr viel tiefer unter den $H_{4,5}$-Zweigen liegt als bei *Kramer* u. Mitarb. (Fig. 32). Für den zweifachen H_6-Term des Leitungsbandes erwarten sie in unmittelbarer Nähe des Punktes H keine Aufspaltung. Das heißt, daß das Leitungsband-Minimum in H liegen muß, da die Summe der beiden Zweige aus Symmetriegründen in H verschwindende Steigung haben muß. Das gleiche haben *Kramer* u. Mitarb. [80] beim Selen gefunden, für das sie nicht nur wie beim Tellur die Aufspaltung im Punkte H berechneten, sondern den gesamten Bandverlauf auf einem geschlossenen Weg $\Gamma - Z - H - K$.

---

* *Sandrock* hat Bänder für die ganze Brillouin-Zone mit einer Pseudopotentialmethode berechnet, für die die Potential-Formfaktoren aus Pseudopotentialrechnungen für das gut bekannte ZnSe gewonnen wurden. Experimente liegen für Selen wesentlich bessere vor. Zum Vergleich mit diesen Experimenten wurde der spektrale Verlauf der optischen Konstanten des Modells berechnet unter Berücksichtigung der k-Abhängigkeit der Matrixelemente. Der Spin wurde nicht berücksichtigt.

Leider liegen noch keine Abschätzungen vor für die Umgebung von H in Richtung der S- oder R-Achse. Ein Vergleich mit der Anisotropie der effektiven Massen ist deshalb noch nicht möglich. Auf jeden Fall sieht man schon jetzt, daß für die Flächen konstanter Energie gerade in unmittelbarer Umgebung der extremalen Energien leicht Abweichungen

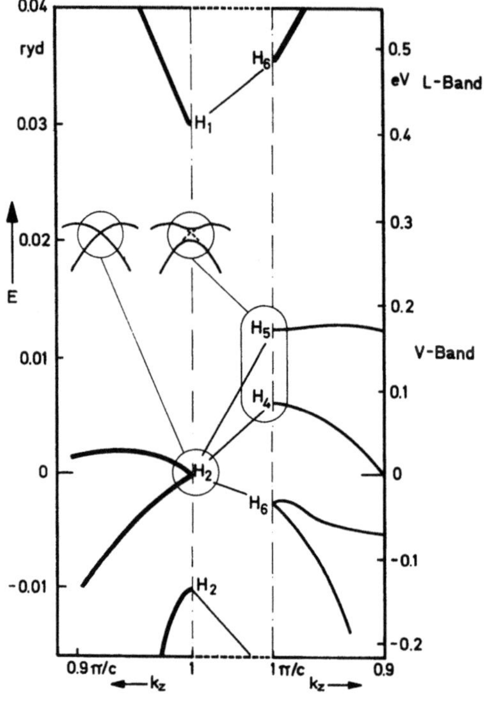

Fig. 33. Bandverlauf in der Umgebung von H (nach [83]). Linke Hälfte ohne Berücksichtigung des Spins, rechte Hälfte mit Berücksichtigung der Spin-Bahn-Kopplung

von einem Rotationsellipsoid zu verstehen sind. Hiermit lassen sich dann vielleicht beobachtete Änderungen von Größe und Anisotropie der effektiven Massen bei verschiedener Konzentration oder Temperatur erklären. Diese vom Rotationsellipsoid abweichenden Energieflächen können dann die verschiedensten mit der Symmetrie verträglichen Formen haben: drei- oder sechszählige Ausbeulungen der Ellipsoide, als ob sich mehrere schiefliegende Ellipsoide durchdringen, zylinderförmige Ausbeulungen der Rotationsellipsoide oder die von *Pikus* [84] diskutierten Toroid-Flächen. Doch ist diese Frage auf Grund theoretischer Rechnungen noch nicht zu beantworten, das wäre rein spekulativ. Einige Experimente weisen jedoch auf solche Formen der Energieflächen hin (s. u.).

Sieht man hiervon ab, so kann man aus den theoretischen Untersuchungen für das Tellur erwarten, daß es sich wie ein Halbleiter benimmt mit einem direkten Gap im Punkte H, mit den Zustandsdichten eines Zweiellipsoidmodells: für das Leitungsband zwei Ellipsoide mit dem Zentrum in H bzw. H^*, die bezüglich des Spins doppelt besetzbar sind, für den oberen Valenzbandzweig je ein einfach besetzbares Ellipsoid mit dem Zentrum in H und H^*.

Ein weiterer Test für die Realität berechneter Bändermodelle wäre es, zu untersuchen, wie eine Änderung der Atomkoordinaten die Bänder verändert (durch hydrostatischen Druck, mechanische Spannungen, Temperaturausdehnung verifizierbar). Dabei genügt es allerdings nicht, allein die Änderung der Gitterkonstanten zu berücksichtigen, sondern es muß vielmehr der genaue Verlauf der einzelnen Atomkoordinaten, besonders der nächsten Nachbarn, betrachtet werden, etwa so wie er in Abschn. 1.5.2 angegeben wurde. Auch hieraus wäre eine starke Temperaturabhängigkeit der Bandparameter, besonders der Anisotropieverhältnisse zu verstehen, da sich das Tellurgitter nicht wie hochsymmetrische Gitter (z. B. Diamant- oder Zinkblendegitter) linear aufweitet bzw. schrumpft.

Zum Schluß soll noch kurz ein Ergebnis von *Junginger* [85] erwähnt werden, der nach einer abgeänderten APW-Methode (augmented-plane-waves) Tellurbänder für die $\Gamma - Z$ und $K - H$-Achse berechnet hat. *Junginger* verwendet praktisch das gleiche "muffin-tin"-Potential wie *Treusch* u. Mitarb., jedoch wird zwischen den Kugeln einfach willkürlich der Wert des Potential am Kugelrand konstant fortgesetzt, ohne ein Zwischenraumpotential V_0 anzupassen. Die Valenzbandextrema findet er in Γ und H beim gleichen Energiewert. Diese Lösung ist sehr unwahrscheinlich wegen des Temperaturverhaltens der p-Bande (s. Abschn. 3.3.3). Offensichtlich ist die Annahme eines Potentials, bei dem nur für ein Drittel des Kristallvolumens (nämlich innerhalb der Atomkugeln) Tellur-spezifische Annahmen gemacht werden, nicht realistisch genug!

3.3   Band-Band-Übergänge und optische Konstanten

3.3.1 Elektronische Grundabsorption

Wie bereits in Abschn. 3.2.4 angedeutet, liegen für Tellur noch keine detaillierten Messungen der optischen Konstanten für Energien oberhalb der Bandkante vor.

Im niederenergetischen Bereich bis ca. 4 eV wurde das Reflexionsspektrum von *Stuke* u. Mitarb. [86] gemessen (Fig. 34)*.

---

* Messungen von *Sobolev* [87] im gleichen Bereich sind nicht quantitativ mitgeteilt worden. Lediglich das Auftreten zweier Reflexionspeaks bei 2,0 und 2,6 eV wird berichtet, diese finden *Stuke* u. a. auch.

Im Bereich oberhalb 5 eV liegen Reflexionsmessungen von *Merdy* vor [88]. Diese wurden an Kristallen ausgeführt, deren Oberflächen zunächst nach dem mechanischen Polieren mit Argon-Ionen kathodenzerstäubt wurden und anschließend getempert. Das Verfahren wurde so oft wiederholt, bis sich ein konstantes Reflexionsvermögen ergab*.

In Fig. 34 wurde deshalb im hochenergetischen Bereich vorläufige Messungen von *Cardona* [3] eingetragen. Sie enthalten u. a. auch die von *Merdy* u. Mitarb. gefundenen Strukturen**.

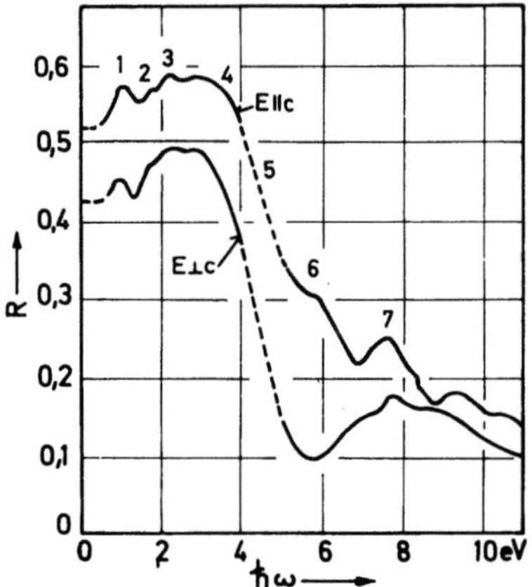

Fig. 34. Reflexionsvermögen von Tellur im Bereich der elektronischen Grundabsorption (nach [3]). Charakteristische Punkte 1–7 s. S. 80

Eine Analyse der Reflexionsspektren nach dem Beitrag des Real- und Imaginärteils der Dielektrizitätskonstanten auf Grund der Kramers-Kroning-Dispersionsrelation wurde bisher nur an den Messungen von *Merdy* durchgeführt (Fig. 35). Eine Deutung der spektralen Strukturen der optischen Konstanten durch das Bändermodell ist auch noch nicht zuverlässig möglich, da keine Bandberechnungen für die ganze Brillouin-Zone vorliegen.

---

* Das Ionenbombardement erzeugt schon an den harten Halbleitern Germanium und Silicium viele Gitterdefekte, wie sie sich z. B. durch Neutronen- oder Elektronenbestrahlung kaum herstellen lassen. Wieweit sie durch Tempern ausgeheilt werden können, ist sehr fraglich! Gerade Reflexionsmessungen im Bereich geringer Eindringtiefe verlangen eine äußerst behutsame Präparationstechnik. Die Beobachtung der Autoren, daß die Ionenbehandlung das Reflexionsvermögen erhöht, besonders das bei Polarisation $E \perp c$, stimmt überein mit den Erfahrungen im kurzwelligen Ultrarot, daß bei Tellur strukturgestörte Oberflächen stärker reflektieren.

** Inzwischen wurden von *Tutihasi* u. Mitarb. [175] neue Reflexionsmessungen zwischen 0,35 eV und 12 eV durchgeführt und die optischen Konstanten durch eine Kramers-Kronig-Analyse bestimmt.

Die bereits erwähnten Untersuchungen von *Sandrock* [81] an Selen haben gezeigt, daß bei so anisotropen Substanzen wie Selen und Tellur, bei denen wegen ihrer großen Basis obendrein viele Bandzweige vorliegen (Triplets), eine Zuordnung von Peaks der optischen Konstanten zu Übergängen, die in der Umgebung hochsymmetrischer Achsen oder Punkte der Brillouin-Zone lokalisiert sind, nicht möglich ist. Vielmehr können

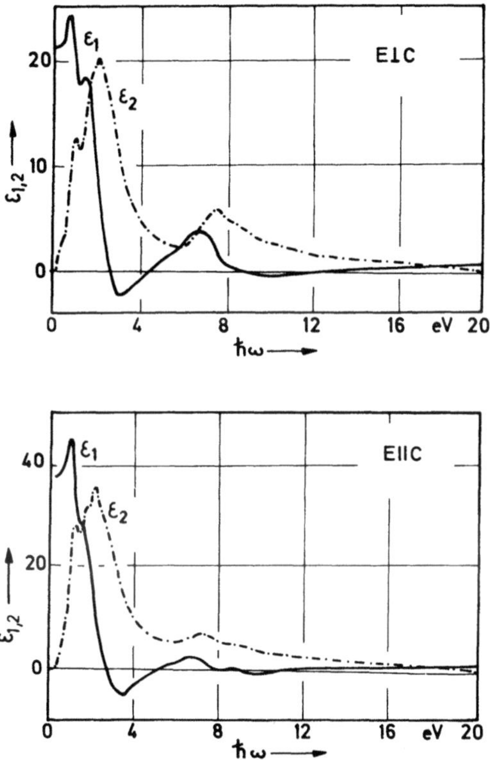

Fig. 35. Optische Konstanten von Tellur im Bereich der elektronischen Grundabsorption (nach [88]). Neuere Messungen s. a. [175]

sich Beiträge aus der ganzen Brillouin-Zone auf der Energieskala häufen. Hinzu kommt noch eine besonders starke k-Abhängigkeit der Dipol-Matrixelemente, ebenfalls infolge der Anisotropie.

Wegen der großen Verwandtschaft der Reflexionsspektren von Selen und Tellur wollen wir aber die Strukturen grob in Analogie zu der sehr detaillierten Analyse von *Sandrock* deuten: Der Bereich bis ca. 5 eV wird vermutlich vorwiegend durch Übergänge zwischen dem obersten

Valenzbandtriplet (V_1) und dem tiefsten Leitungsbandtriplet (C_1) verursacht. Das Maximum „1" (ca. 1 eV) bilden vorwiegend Übergänge in
der Umgebung von H, es ist also der Schwerpunkt der eigentlichen Bandkante. Das Maximum „2" (ca. 1,75 eV) sind vorwiegend Übergänge im
Innern der Brillouin-Zone, evtl. Zustände in der Nähe der S-Achse.
Das Maximum „3" (ca. 2,3 eV) schließlich sind die Übergänge bei H vom
Valenzband in den oberen Teil des Leitungsbandtriplets (Zustände
um H_3). Die Aufspaltung des Leitungsbandes im Punkte H beträgt also
ca. 1,3 eV. Hier – bei ca. 2,3 eV – hat der Imaginärteil ε_2 wahrscheinlich
sein Maximum erreicht. Der Realteil ε_1 müßte dann einer anomalen
Dispersion entsprechend steil abfallen und in einem weiten Bereich,
ganz der Oscillatorstärke der $V_1 - C_1$-Übergänge entsprechend, negativ
bleiben. Ein negatives $\varepsilon_1 = n^2 - \kappa^2$ verursacht weiter starke Reflexion
auch bei niedrigem ε_2. Das wäre der Bereich von „3" bis „4". Der darauf-
folgende Abfall bei „5" ist beim Selen für beide Polarisationsrichtungen
sehr ausgeprägt und wird von einem breiten Minimum gefolgt.

Dieses Minimum wurde beim Selen durch das deutliche Gap zwischen
dem obersten (V_1) und dem nächst tieferen Valenzbandtriplet (V_2)
erklärt. Beim Tellur ist dieses Gap nicht so ausgeprägt, so daß die
$V_2 - C_1$-Übergänge wahrscheinlich schon ab 4 eV beginnen.

Außerdem wird für Polarisation $E \parallel c$ das Minimum ganz durch ein
scharfes Absorptionsband „6" (ca. 5,8 eV) zugedeckt. Beim Selen mit
dem breiteren Minimum ist dieses Band deutlich aufgelöst. Dieses Maximum „6" ist der Anfang der Übergänge vom Triplet V_1 in ein nächst
höheres Leitungsbandtriplet C_2. Diese Übergänge scheinen trotz der
deutlichen Bevorzugung der Polarisation $E \parallel c$ nicht um einen Symmetriepunkt der Brillouin-Zone lokalisiert zu sein*.

Die so skizzierte Deutung der Reflexionsspektren ist natürlich nur
aus der Analogie zum sehr gut verstandenen Selen-Spektrum begründbar.
Sie soll hier mehr heuristischen Wert haben!

Einen letzten Beitrag zur elektronischen Grundabsorption liefern
Absorptionsmessungen mit weichen Röntgenstrahlen [90], die die Zustandsdichten der leeren Bänder, also der Leitungsbänder wiedergeben.
Sie zeigen eine Aufspaltung von 1,6 eV. Diese läßt sich evtl. erklären
durch die starke Modulation des Leitungsbandes um den Punkt K:
Die Zustände des Leitungsbandes müßten dann um K etwa 1,6 eV höher
liegen als am unteren Rand, beispielsweise um Γ, Z oder H.

---

* Der ursprüngliche Deutungsversuch beim Selen [3,89] konnte überraschenderweise
nicht durch diese Untersuchungen von *Sandrock* bestätigt werden. Zur Deutung waren
Übergänge auf der Δ-Achse angenommen worden zwischen Zweigen der Symmetrie Δ_1
bzw. Δ_2 bzw. Δ_3, die jeweils im Valenzband und Leitungsband mit etwa dem gleichen
energetischen Abstand verlaufen. Übergänge vom Typ $V(\Delta_1) \rightarrow C(\Delta_1)$ usw. hätten ja die
Auswahlregel für Übergänge $E \parallel c$ gerade erfüllt (Tab. 8).

3.3.2 Die Bandkante

3.3.2.1 Absorptionsmessungen

Die Bandkante, also das Einsetzen der elektronischen Grundabsorption, zeigt starken Dichroismus. Das hatte zunächst mehrere Autoren dazu veranlaßt, für die beiden Hautpolarisationsrichtungen Übergänge zwischen verschiedenen Valenz- und Leitungsbandzweigen mit unterschiedlichem energetischen Abstand anzunehmen.

Erst die Messungen von *Blakemore* u. Mitarb. [91] deuteten darauf hin, daß die Bandkante für beide Polarisationsrichtungen durch Übergänge zwischen den gleichen Bandzweigen entsteht. Sie hatten den spektralen Verlauf im Gegensatz zu den anderen Autoren für einen sehr weiten Absorptionsbereich untersucht, nämlich für Absorptionskonstanten K zwischen 10^{-2} und einigen 10^3 cm^{-1}.

Den Dichroismus erklärt man dann allein aus der Polarisationsabhängigkeit des Matrixelementes ($E \perp c$: erlaubte Übergänge, $E \parallel c$: verbotene), was wir bereits in Abschn. 3.2.2 erwähnten. Durch Emissionsmessungen (Abschn. 3.3.2.2) und durch Magnetoabsorptionsmessungen (Abschn. 3.4.4) ist diese Vorstellung von der Entstehung der Bandkante inzwischen gesichert. Keinen Erfolg haben allerdings die Versuche gehabt, den Absorptionsverlauf durch die einfachen Theorien (z. B. [92]) für die Bandkantenabsorption zu beschreiben. Das liegt an dem starken Einfluß der Elektron-Loch-Wechselwirkung auf die Form der Kante, sowie an der relativ starken Stoßzeitverbreiterung und weiteren Prozessen, die eine Ausläuferabsorption (tailing) verursachen. Für die verbotenen Übergänge schließlich liegen noch keine ausreichenden theoretischen Modelle vor.

Den spektralen Verlauf der Absorptionskonstanten der reinen Band-Band-Übergänge erhält man ganz analog zu den Zweiphononenprozessen (31) aus einem Beitrag des Matrixelementes M und der Zustandsdichte D

$$K(\omega) \cdot \hbar\omega \sim \int |M(\boldsymbol{k})|^2 \cdot D(\boldsymbol{k}) \cdot \mathrm{d}\boldsymbol{k} \quad \text{für alle } \boldsymbol{k}, \text{ für die} \quad |E_L - E_V| = \hbar\omega. \quad (39)$$

Für die direkten Übergänge, bei denen die Absorptionskonstante schon in unmittelbarer spektraler Nähe der Energielücke E_g sehr große Werte erreicht, kann man für den ersten Anstieg der Bandkante ein k-unabhängiges Matrixelement annehmen. Damit würde das Absorptionsspektrum unmittelbar den Verlauf der kombinierten Zustandsdichte wiedergeben. Die Abhängigkeit der kombinierten Zustandsdichte D von der Energie erhält man aus dem Verlauf der $E(\boldsymbol{k})$-Flächen, indem man für jede betrachtete Photonenenergie $\hbar\omega$ abzählt, für wieviel Punkte im k-Raum der energetische Abstand zwischen den beiden Zweigen gleich

$\hbar\omega$ ist. Diese Abzählung geschieht durch das Flächen-Integral.

$$D(\omega) \sim \int \frac{dS}{|\nabla_{k}(E_L - E_V)|} \quad \text{mit} \quad E_L - E_V = \hbar\omega \qquad (40)$$

innerhalb der ganzen Brillouin-Zone.

Bei den verbotenen Übergängen, wo das Matrixelement stark k-ab-hängig ist, kann man dieses in (39) nicht mehr vor das Integral ziehen, d. h. je nach der Größe des Matrixelementes haben die Flächen-Elemente dS in (40) verschiedenes Gewicht. Um den spektralen Verlauf (39) angeben zu können, müßten also Zustandsdichten und Eigenfunktionen bekannt sein. Solche von *Sandrock* beim Selen durchgeführten Rechnungen für Energien oberhalb der Bandkante haben wir bereits besprochen. Der öfters eingeschlagene Weg, beim verbotenen Übergang das allmähliche Anwachsen des Matrixelementes beim Verlassen des Symmetriepunktes k_0 (beim Tellur also H) durch einen linearen Term einer Entwicklung

$$M(k) = M_0 + |k - k_0|\, M_1 + \cdots \qquad (41)$$

mit $M_0 \neq 0$ bei erlaubten, $M_0 = 0$ bei verbotenen Übergängen, zu beschreiben [92], kann in stark anisotropen Halbleiter sehr unrealistisch sein. Außerdem können die Beiträge höherer Ordnung des Störoperators (Quadrupol-Übergänge, magnetische Dipolübergänge) beim verbotenen Dipolübergang den linearen Term in (41) überholen. Anzeichen hierfür liefern beim Tellur z. B. die magnetooptischen Messungen (Abschn. 3.4.4).

Verlaufen die Bänder in der Nähe des Valenzbandmaximums bzw. Leitungsbandminimums parabolisch, so läßt sich (40) sofort lösen und man erhält für die kombinierte Zustandsdichte den Verlauf

$$D(E) = \frac{1}{(2\pi)^2} \left(\frac{2m^*}{\hbar^2} \right)^{3/2} (\hbar\omega - E_g)^{1/2} \qquad (42)$$

mit der reduzierten effektiven Masse

$$\frac{1}{m^*} = \frac{1}{m_p} + \frac{1}{m_n}, \qquad (43)$$

in der $m_{p,n}$ selbst wieder die gemittelten Zustandsdichtemassen sind, z. B. bei rotationselliptischen Energieflächen gemittelt aus transversaler ($\perp$) und longitudinaler Masse ($\parallel$)

$$m = \sqrt[3]{m_\perp^2 \cdot m_\parallel}. \qquad (44)$$

Für den Absorptionsverlauf der erlaubten Kante folgt daraus

$$K \cdot \hbar\omega = K^* |M_0|^2 \cdot (\hbar\omega - E_g)^{1/2} \qquad (45a)$$

(K^* enthält hierin alle weiteren Natur- und Materialkonstanten), für den
verbotenen mit (41)

$$K \cdot \hbar\omega = K^* \frac{2m^*}{\hbar^2} |M_1|^2 (\hbar\omega - E_g)^{3/2} \ . \tag{46a}$$

Tatsächlich wird aber beim Tellur der Absorptionsverlauf an der Bandkante durch Excitonenzustände bestimmt [93, 94, 35]. In Fig. 36 ist ein
Absorptionsspektrum für Polarisation $E \perp c$ dargestellt ($T = 10°$ K).

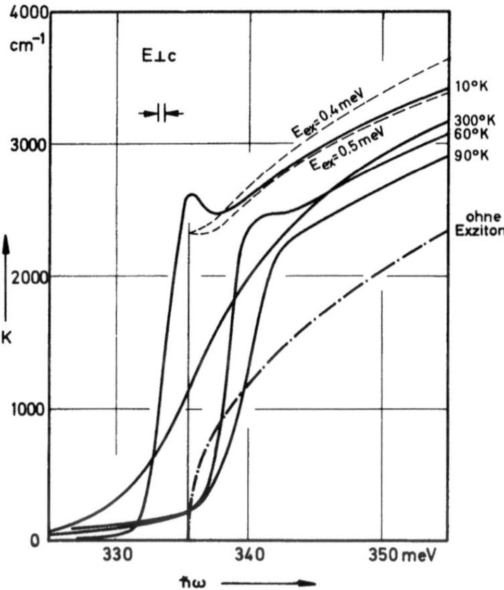

Fig. 36. Bandkante ($E \perp c$), bei tiefen Temperaturen mit Excitonenlinie (nach [35, 36]).
-------- theoretischer Verlauf mit Elektron-Lochwechselwirkung gemäß (47), - · - · - theoretischer Verlauf ohne Elektron-Lochwechselwirkung gemäß (45)

Man erkennt deutlich den der Kante vorgelagerten Absorptionspeak, der
durch die gebundenen Excitonenzustände entsteht. Wenn aber Excitonen
auftreten, so wird der erste Teil des Kantenspektrums nicht mehr durch
die reinen Band-Band-Übergänge gemäß (45) bestimmt, sondern vor
allem durch das hinzukommende Kontinuum der ungebundenen Excitonenzustände. Der spektrale Verlauf beider Beiträge zusammen hat
für erlaubte bzw. verbotene Übergänge bei gleichen Annahmen über die
Band-Band-Übergänge wie für (45), (46) die in Tab. 20 angegebene Form.
Gleichzeitig sind in der Tabelle die Grenzwerte und der Verlauf von (45),
(46) in der gleichen Normierung $\alpha^2 = E_{ex}/(\hbar\omega - E_g)$ auf die Excitonenbindungsenergie E_{ex} angegeben.

6*

Tabelle 20. *Verlauf der Bandkante bei Elektron-Loch-Wechselwirkung (nach [92])*

		erlaubter Übergang	verbotener Übergang
mit Elektron-Loch-wechselwirkung	allgem.	$K \cdot \hbar\omega = K^* \cdot \lvert M_0\rvert^2 \cdot \pi E_{\mathrm{ex}}^{1/2} \cdot \left\{\right.$ $\dfrac{\exp \pi\alpha}{\sinh \pi\alpha}$ (47)	$K\hbar\omega = K^* \cdot \dfrac{2m^*}{\hbar^2}\lvert M_1\rvert^2 \cdot \pi E_{\mathrm{ex}}^{3/2} \cdot \left\{\right.$ $\left(1 + \dfrac{1}{\alpha^2}\right)\dfrac{\exp \pi\alpha}{\sinh \pi\alpha}$ (48)
	$\hbar\omega \to E_{\mathrm{g}}$	2	2
	$\hbar\omega \gg E_{\mathrm{g}}$	$1 + \dfrac{1}{\pi\alpha}$	$\dfrac{1}{\alpha} + \dfrac{1}{\pi\alpha^3}$
ohne	allgem.	$\dfrac{1}{\pi\alpha}$ (45 b)	$\dfrac{1}{\pi\alpha^3}$ (46 b)

$$\alpha^2 = \frac{E_{\mathrm{ex}}}{\hbar\omega - E_{\mathrm{g}}}.$$

Das gemessene Spektrum der Fig. 36 läßt sich gut durch (47) beschreiben. Die Excitonenbindungsenergie wurde deshalb durch optimale Anpassung mit (47) bestimmt zu $E_{\mathrm{ex}} = 0{,}48$ meV [35]. Mit ihr kann man dann den Verlauf, den die Kante ohne Elektron-Loch-Wechselwirkung hätte, gemäß (45 b) angeben (Fig. 36). Erst bei großen Energien verlaufen (45) und (47) ähnlich. Am langwelligen Anfang aber ist der Verlauf völlig verschieden. Aus der so bestimmten Excitonenbindungsenergie kann man nun zusammen mit der Dielektrizitätskonstante ε_r die Excitonenmasse $\mu \cdot m_0$ und den Excitonenradius a_{ex} aus dem einfachsten Modell *(Mott)* berechnen

$$E_{\mathrm{ex}} = R_\infty \cdot hc \cdot \frac{\mu}{\varepsilon_r^2} = 13{,}6 \text{ eV} \cdot \frac{\mu}{\varepsilon_r^2}, \tag{49}$$

$$a_{\mathrm{ex}} = a_0 \frac{\varepsilon_r}{\mu} = 5{,}3 \cdot 10^{-11} \text{ m} \cdot \frac{\varepsilon_r}{\mu}. \tag{50}$$

Hierin setzt sich die reduzierte Masse $\mu \cdot m_0$ aus Elektronen- und Löchermasse zusammen genau so wie in (43).

Für das anisotrope Tellur muß man ε_r^2/μ aus den anisotropen longitudinalen und transversalen Werten mitteln nach [95]

$$\frac{\varepsilon_r^2}{\mu} = \frac{\varepsilon_\perp^2 \cdot \varepsilon_\|}{3}\left(\frac{2}{\varepsilon_\perp \mu_\perp} + \frac{1}{\varepsilon_\| \mu_\|}\right). \tag{51}$$

Die Dielektrizitätskonstante $\varepsilon_r = (\varepsilon_\perp^2 \varepsilon_\|)^{1/3}$ geht hier mit ihrem statischen Wert ein (Tab. 15), da die Umlauffrequenz des Excitons $v_{\mathrm{ex}} = 2E_{\mathrm{ex}}/h = 0{,}23 \cdot 10^{12}$ Hz kleiner ist als die Frequenz der polaren optischen Phononen mit $2{,}7 \cdot 10^{12}$ Hz (Tab. 15). Für die relative Excitonenmasse und den Radius erhält man damit

$$\mu_{\mathrm{ex}} = 0{,}053, \quad a_{\mathrm{ex}} = 400 \text{ Å}.$$

Die ungewöhnlich hohe Dielektrizitätskonstante des Tellurs verursacht also eine sehr geringe Excitonenbindungsenergie und einen sehr großen Excitonenradius.

Da aber auch im reinsten Tellur die Ladungsträgerkonzentration noch einige 10^{14} cm^{-3} beträgt, muß man eine beträchtliche Abschirmung der Coulombfelder erwarten. Wir nehmen eine exponentielle Abschirmung an

$$V(r) = \frac{e^2}{4\pi\varepsilon_r} \cdot e^{-\frac{r}{\lambda}}. \tag{52}$$

Wenn diese nun so stark wird, daß etwa die Reichweite λ der Felder kürzer wird als der Excitonenradius a_{ex}, so ist keine Elektron-Loch-wechselwirkung mehr zu erwarten*.

λ schätzen wir aus der thermischen Geschwindigkeit v_{th} der Träger und der Plasmafrequenz ω_p ab zu

$$\lambda = \frac{v_{\mathrm{th}}}{\omega_p\sqrt{3}} = \sqrt{\frac{kT \cdot \varepsilon}{n \cdot e^2}}, \tag{53}$$

wobei wir – reinen Proben entsprechend – ein Boltzmanngas angenommen haben *(Debye-Hückel)*. Durch Gleichsetzen von (50) und (53) erhalten wir so für jede thermische Geschwindigkeit eine Grenzkonzentration n_{max} freier Ladungsträger, oberhalb deren keine Excitonen-effekte mehr zu erwarten sind

$$n_{\mathrm{max}} = \frac{kT \cdot \varepsilon_0 \mu^2}{e^2 a_0^2 \varepsilon_r}. \tag{54}$$

Für Tellur bei ca. 10° K ist $n_{\mathrm{max}} \approx 10^{15}$ cm^{-3}. Man kann also bei tiefer Temperatur nur an reinen Proben Excitoneneffekte erwarten. Andererseits darf man oberhalb ca. 100° K erst an Proben mit mehr als 10^{16} cm^{-3} Trägern einen spektralen Verlauf nach (45) erwarten. Tatsächlich wird das durch das Experiment bestätigt.

In Fig. 36 ist für das 10° K-Kantenspektrum der ohne Excitonen zu erwartende Verlauf eingetragen. Man erkennt deutlich den Beitrag des Excitonenkontinuums durch die mehr oder weniger steile Kante, auch bei höheren Temperaturen. Diese Excitonenkanten zeigen nur defekt-arme Proben. Die Spektren in [91] z. B. zeigten sie noch nicht!

In Fig. 37 sind die Spektren einer Probe mit einer Störleitungs-konzentration von $p = 6 \cdot 10^{17}$ cm^{-3} [97] dargestellt. Der lineare Anstieg entspricht einem Verlauf nach (45). Extrapolation dieser Kantenspektren auf $K = 0$ gibt die Werte E_g für die verschiedenen Temperaturen. Der

---

* Dieses schon von *Mott* diskutierte Verhalten wurde von *Asnin* u. Mitarb. [96] auch an dotiertem Germanium beobachtet.

Kante vorgelagert sind alle später noch zu besprechenden Ausläufer-absorptionsprozesse.

Der Temperaturgang der so bestimmten Energielücke E_g ist in Fig. 38 für reine bzw. schwach dotierte Proben dargestellt [97]. Die Tief-temperaturwerte sind durch Extrapolation von Magnetooscillations-spektren auf $B = 0$ gewonnen worden (s. Abschn. 3.4.4), der 90° K-Wert

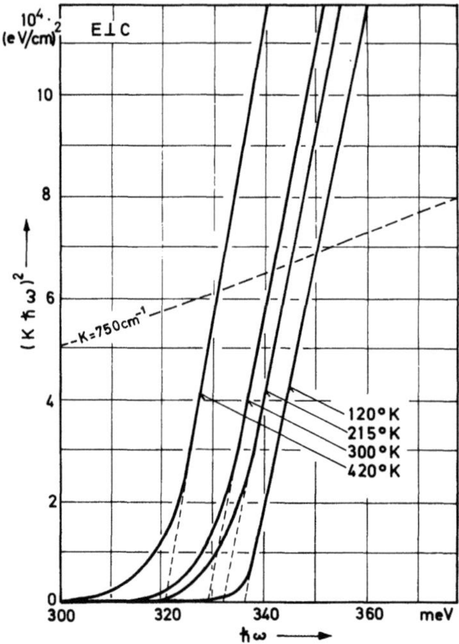

Fig. 37. Bandkante ($E \perp c$). Extrapolation auf E_g für direkt erlaubte Übergänge gemäß (45). Zum Vergleich ist die Isoabsorptionslinie $K = 750$ cm^{-1} eingezeichnet (nach [99])

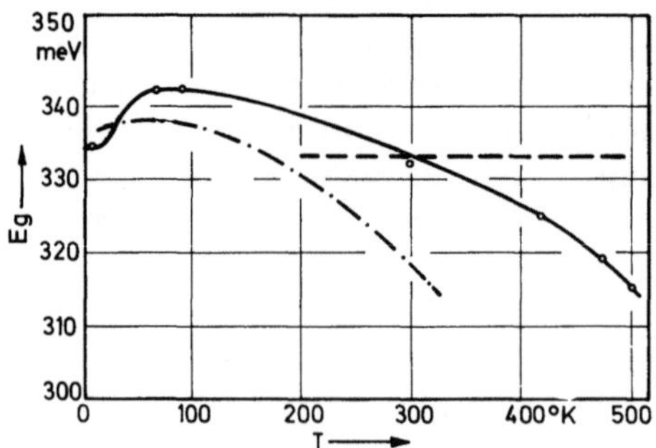

Fig. 38. Temperaturverlauf der Energielücke E_g (nach [99]). ———— aus Absorptions-messungen mit und ohne Magnetfeld [36, 97], - · - · · aus Emissionsmessungen [101], - - - - - - - aus galvanomagnetischen Messungen [133]

sowohl aus Magnetooscillationen als auch aus reinen Absorptionsmessungen.

Auch in der verbotenen Kante ist der Excitoneneinfluß bei tiefen
Temperaturen deutlich zu erkennen (Fig. 39). Die Linien der gebundenen
Zustände sind sehr viel schärfer als in der erlaubten Kante. Offensichtlich
enthalten die Proben weniger Defekte, da sie wegen der schwächeren

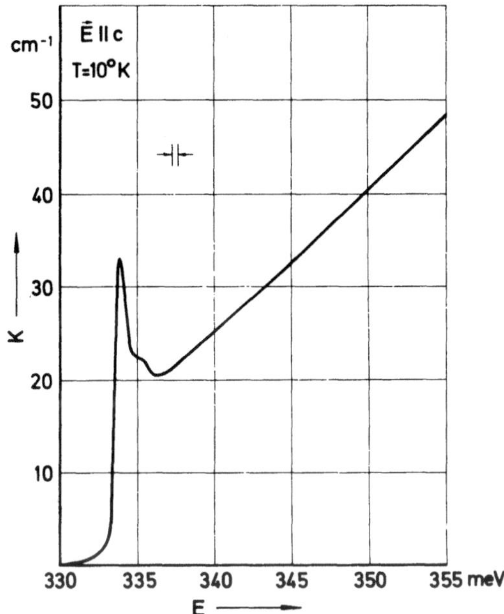

Fig. 39. Bandkante ($E \parallel c$) mit Excitonenlinie (aus [36])

Absorption nicht so dünn (ca. 2 mm) präpariert werden müssen wie für
die Messungen der erlaubten Kante (ca. 10 µm). Der Verlauf läßt sich
nicht gut durch das einfache Modell – also (48)– beschreiben [35]. Deshalb kann auch die Excitonenbindungsenergie nicht aus einer optimalen
Anpassung bestimmt werden. Die scharfe Excitonenlinie (Fig. 39) liegt
0,6 meV vor der ebenfalls magnetooptisch extrapolierten Bandkante.
Dieser Abstand ist größer als bei der erlaubten Kante. Das ist um so
überraschender, als für die verbotene Kante nur p-Excitonenzustände
zu erwarten sind und nicht wie für die erlaubte s-Zustände. Die Serie der
p-Excitonen beginnt aber erst mit $E_{ex}/4$ vor der Bandkante, die der
s-Excitonen schon bei E_{ex} [95]. Andererseits mitteln die s-Excitonen
über die Anisotropie des Kristalls. Bei den p-Excitonen dagegen kann
die Kristallanisotropie die charakteristischen Größen stark beeinflussen

[98]. Weitere Untersuchungen an extrem defektarmen Proben sind noch erforderlich!

Das Kontinuum der ungebundenen Zustände gibt in der verbotenen Kante auch bei höheren Energien keine Annäherung an den Verlauf ohne Elektron-Loch-Wechselwirkung wie im erlaubten Fall (s. Tab. 20).

Da bei der geringen Absorption der verbotenen Kante der spektrale Verlauf noch bis zu sehr hohen Energien gemessen werden kann (bis

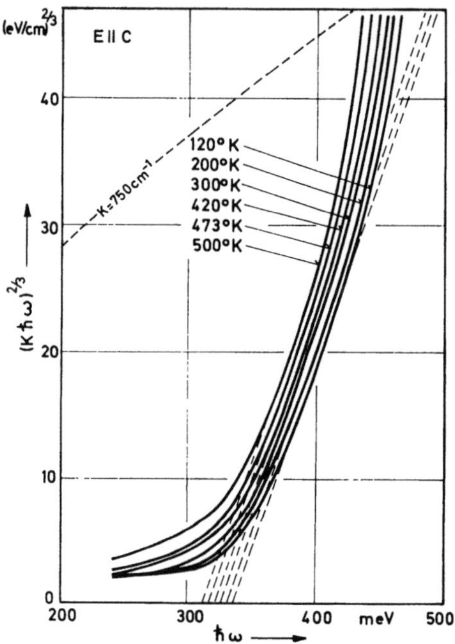

Fig. 40. Bandkante ($E \parallel c$). Extrapolation auf E_g für direkt verbotene Übergänge gemäß (46). Die ca. 100 meV oberhalb E_g einsetzende zusätzliche Absorption wird evtl. durch Übergänge aus dem tieferen Valenzbandzweig verursacht (nach [99])

ca. 0,5 eV), kommt die Absorption durch Übergänge zustande, die schon weit vom Symmetriepunkt H in der Brillouin-Zone entfernt sind (transversal bis zu 5% der $H - K$-Achse, longitudinal bis zu 10% der $H - Z$-Achse). Die k-Abhängigkeit des Matrixelementes und Abweichungen von einem parabolischen Bandverlauf können deshalb die Absorption stark beeinflussen. Außerdem ist bei ca. 100 meV oberhalb der Bandkante das Einsetzen der Absorption infolge von Übergängen aus dem tieferen der beiden spin-aufgespaltenen Valenzbandzweige $H_{4,5}$ zu erwarten, zwischen denen die p-Bande entsteht (s. Abschn. 3.2.2 und 3.3.3). Für den tieferen Zweig gelten die gleichen Dipolauswahlregeln wie für den höheren (Tab. 14).

Zur Analyse der verbotenen Kante wurde deshalb das Absorptionsspektrum $(K \cdot \hbar\omega)^{2/3}$ über $\hbar\omega$ gemäß (46) aufgetragen (Fig. 40 [99]). Die Probe ist wieder etwas dotiert, um Elektron-Loch-Wechselwirkung zu unterdrücken. Etwas willkürlich läßt sich der Verlauf bei mittlerer Energie durch eine Gerade anpassen und so ein E_g extrapolieren. Deutlich erkennt man allerdings ca. 100 meV oberhalb E_g das erwartete Einsetzen zusätzlicher Absorptionsprozesse.

Die langwellige Ausläuferabsorption ist wegen der geringen Absorption bei der verbotenen Kante besonders auffällig. Außerdem ist der langwellige Teil bereits vom kurzwelligen Teil der p-Bande überlagert. Das fällt besonders bei hoher Temperatur oder Dotierung ins Gewicht.

3.3.2.2 Emissionsmessungen

Die aus dem Dichroismus der Bandkante gefolgerte Polarisationsanisotropie der Dipolauswahlregeln konnte durch Emissionsmessungen bestätigt werden.

Benoit à la Guillaume u. Mitarb. [100, 101] konnten an Tellur spontane und stimulierte Luminescenzstrahlung nachweisen. Hierzu wurden geeignet geformte Proben mit defektarmen Oberflächen durch 15 keV-Elektronen bestrahlt. Diese dringen ca. 2 µm tief ein und erzeugen Elektron-Lochpaare. Deren Rekombinationsstrahlung wurde mit hoher spektraler Auflösung analysiert.

Die Luminescenzstrahlung ist streng $E \perp c$ polarisiert, was das Bild von erlaubten bzw. verbotenen Übergängen für Polarisation $E \perp c$ bzw. $E \parallel c$ bestätigt.

Die spontane Emissionslinie (Fig. 41) hat eine Breite von der Größenordnung kT (bei 4° K ca. 0,3 meV). Außerdem liegt die Linie ca. kT oberhalb der Kantenenergie, da sich die erzeugten Elektronen und Löcher unter sich in ein thermisches Quasi-Gleichgewicht setzen. Emissionsmessungen wurden zwischen 4 und 290° K durchgeführt und damit ebenfalls der Temperaturgang von E_g bestimmt (Fig. 38). Die Emissionslinie wird jedoch bei hohen Temperaturen sehr breit und die Bestimmung von E_g auch nicht viel genauer als durch Absorptionsmessungen. Ebenso wurde die Verschiebung unter mechanischer Spannung bestimmt (s. Abschn. 3.3.2.3).

Die spontane Emission läßt sich auch durch Bestrahlen mit einem GaAs-Injektionslaser optisch anregen, die Ausbeute ist dabei aber geringer [101].

Schließlich konnte auch stimulierte Emission angeregt werden. Die Lage dieser sehr scharfen Linien hängt aber noch stark vom Verspannungszustand der beteiligten Kristallbereiche ab und läßt deshalb noch keine weiteren Deutungen zu.

3.3.2.3 Temperatur- und Druckabhängigkeit der Energielücke

Die Temperaturabhängigkeit der Energielücke (Fig. 38), die durch
Absorptions-, Emissions- und Magnetoabsorptionsmessungen bestimmt
wurde, zeigt eine ungewöhnliche Vorzeichenumkehr des Temperaturkoeffizienten dE_g/dT: Bei Erwärmung wächst die Energielücke zunächst
und nimmt bei Temperaturen oberhalb ca. 100° K wieder ab.

Eine Abnahme bei Temperaturerhöhung findet man auch bei fast
allen anderen Halbleitern.

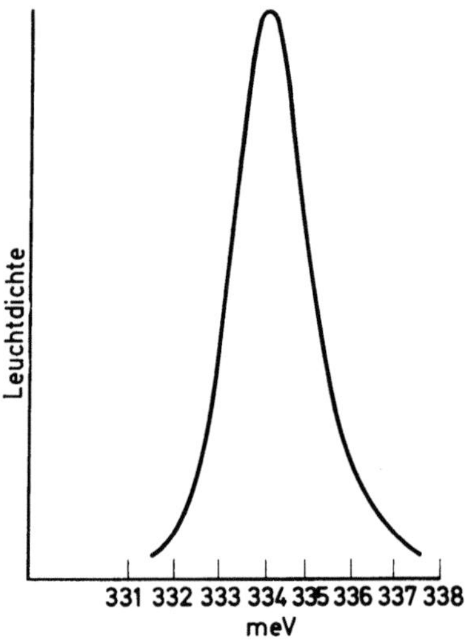

Fig. 41. Spontane Emission im Bereich der Bandkante infolge Elektron-Loch-Rekom-
bination, Polarisation $E \perp c$ (aus [100])

Zur Deutung des scheinbar anomalen Verhaltens bei Tellur zerlegen
wir den Temperaturkoeffizienten in einem Beitrag, der durch die Änderung der atomaren Abstände l im Gitter herrührt, und einen, der durch
die Anregung der Atome zu Gitterschwingungen um ihre mittlere Ruhe-
lage verursacht wird

$$\frac{dE_g}{dT} = \underbrace{\left(\frac{\partial E_g}{\partial l}\right)_T \cdot l\alpha_l}_{\substack{\text{Ausdehnung} \\ \text{des Gitters}}} + \underbrace{\left(\frac{\partial E_g}{\partial T}\right)_l}_{\substack{\text{Anregung der} \\ \text{Gitterschwingungen}}}, \qquad (55)$$

α_l relativer Ausdehnungskoeffizient von l.

Der erste Term bestimmt auch mit der linearen Kompressibilität κ anstelle von α die Änderung der Energielücke unter hydrostatischem Druck p

$$\frac{\partial E_{\mathrm{g}}}{\partial p} = \left(\frac{\partial E_{\mathrm{g}}}{\partial l}\right)_T l \cdot \kappa_l \tag{56}$$

und die Änderung unter einer Spannung τ mit der elastischen Konstanten s

$$\frac{\partial E_{\mathrm{g}}}{\partial \tau} = \left(\frac{\partial E_{\mathrm{g}}}{\partial l}\right)_T \cdot ls_l. \tag{57}$$

(57) läßt sich beim Tellur aber nur mit (55) vergleichen, wenn man für s_l eine elastische Konstante einsetzt, die die Änderung der gleichen atomaren Abstände l beschreibt, wie sie gerade in (55) betrachtet werden. Die atomaren Verrückungen unter makroskopischer Verformung sind aber noch nicht bekannt. Lediglich unter hydrostatischem Druck hatten wir die atomaren Verrückungen abgeschätzt (s. Abschn. 1.5.2).

Der zweite, von den Phononen herrührende Term in (55) wird immer < 0 sein [102], da die Gitterunruhe im Mittel immer die Kopplung zwischen Elektronen verbessert und damit die Energielücke verkleinert.

Der im ersten Term von (55) stehende Ausdruck $\partial E_{\mathrm{g}}/\partial l$ ist im allgemeinen auch negativ. Zusammen mit einem positiven Ausdehnungskoeffizienten wird dann auch der erste Term < 0 sein. Beide Terme addieren sich zu einem $\mathrm{d}E_{\mathrm{g}}/\mathrm{d}T < 0$. Zusammen mit einer negativen Kompressibilität ist nach (56) eine Verbreiterung der Energielücke unter Druck zu erwarten. Dieses Verhalten zeigen auch die meisten Stoffe.

Nimmt man nun an, daß für die Bandstruktur die elektronische Kopplung der nächsten Nachbarn den stärksten Beitrag liefert, so ist das Verhalten des Tellurs sofort verständlich: Die nächsten Nachbarn haben im Tellur unter dem Einfluß der übernächsten Nachbarn noch nicht ihre Gleichgewichtslage erreicht und man findet für d_1 einen negativen Ausdehnungskoeffizienten (Tab. 1). In (55) wird also für Tellur der erste Term positiv. Bei hohen Temperaturen überwiegt aber der zweite Term und es ist $\mathrm{d}E_{\mathrm{g}}/\mathrm{d}T < 0$. Unterhalb der Debye-Temperatur verschwindet aber der zweite Term und $\mathrm{d}E_{\mathrm{g}}/\mathrm{d}T$ wird > 0!

Da analog für d_1 die Kompressibilität > 0 (s. S. 26), ist nach (56) eine Abnahme der Energielücke unter hydrostatischem Druck zu erwarten. Das wurde auch von *Neuringer* [103] durch optische Absorp-

tionsmessungen nachgewiesen (Fig. 42)*. Die Druck- und Temperaturkoeffizienten sind in Tab. 21 zusammengestellt.

Anmerkung: Eine andere Deutung wäre die Annahme von $(\partial E_g/\partial l)_T > 0$, da die Energielücke in Tellur zwischen dem obersten und untersten Zweig zweier benachbarter Triplets
entsteht, die selbst durch das Kristallfeld aufgespalten sind (s. Abschn. 3.2.1). Eine Ver-
größerung der atomaren Abstände hätte eine Abnahme dieser Aufspaltung und damit eine
Verbreiterung der Energielücke zur Folge. Der positive Temperaturkoeffizient käme dann
durch das Überwiegen des Einflusses der übernächsten Nachbarn mit positivem Ausdehnungskoeffizienten für den Abstand d_2. Die Annahme dieser Hypothese würde übereinstimmen mit den Beobachtungen am Selen [104], daß die Übergänge im Punkte H
zwar ebenfalls einen positiven Temperaturkoeffizienten haben, die Übergänge im Punkte Z
dagegen einen negativen. Die Energiebänder im Punkte Z werden aber sicher überwiegend
durch die nächsten Nachbarn bestimmt, während im Punkte H der Einfluß der zwei nächsten Nachbarn mit dem der vier übernächsten konkurriert.

Diese Deutung paßt vielleicht auch deshalb besser zu Selen und Tellur, da ein negativer
Wert für $\partial E_g/\partial l$ im allgemeinen aus Bändern entsteht, die sich ähnlich wie die aufspaltenden
Atomterme im Molekül verhalten: Bei zunehmender Kopplung werden „bindende"
Terme abgesenkt, die „lockernden" angehoben und der Abstand zwischen ihnen vergrößert.
Dieser Fall liegt aber im Tellur und Selen im Gegensatz zu vielen anderen Halbleitern nicht
vor! Eine endgültige Antwort setzt Bändermodellberechnungen für verschiedene Atom-
abstände voraus.

Mit dem Ausdehnungskoeffizienten α und der Kompressibilität κ
für d_1, den Abstand nächster Nachbarn, kann man dann nach (55)
und (56) die einzelnen Beiträge abtrennen bzw. das für Valenz- und
Leitungsband kombinierte Deformationspotential

$$\eta = \left(\frac{\partial E}{\partial p}\right)_T \cdot \frac{1}{\kappa} \tag{58}$$

angeben (Tab. 21).

Für den Ausdehnungsterm in (55) erhält man $1{,}6 \cdot 10^{-4}$ eV/°K.
Übereinstimmend damit findet man unterhalb 100° K, wo der Gitter-
schwingungsterm verschwinden sollte, für den totalen Temperaturkoeffizienten $1{,}8 \cdot 10^{-4}$ eV/°K. Oberhalb 100° K beträgt der Gitter-
schwingungsterm ca. $-2 \cdot 10^{-4}$ eV/°K. Er setzt sich zusammen aus den
Beiträgen der Elektron-Phonon-Wechselwirkung.

---

* *Neuringer* bestimmte die Absorptionskonstanten aus Durchlässigkeitsmessungen
unter der Annahme druckunabhängiger Reflexion. Da der Brechungsindex sich aber stark
unter Druck ändert, sind die quantitativen Angaben nicht ganz zuverlässig. Doch Vorzeichen und Größenordnung werden nicht dadurch betroffen! Allerdings kann unter diesen
Umständen die Angabe eines größeren Druckkoeffizienten für Polarisation $E \perp c$ als für
$E \parallel c$ unrealistisch sein! Bei unserem Modell von der Entstehung der Bandkante sollten
beide Koeffizienten gleich sein. Andererseits braucht ein unterschiedlicher Druckkoeffizient
der Absorption für beide Polarisationsrichtungen noch keinen unterschiedlichen Koeffizienten für E_g zu bedeuten. Denn *Neuringer* hat Absorptionskonstanten zwischen 20 und
200 cm^{-1} gemessen. Damit befindet man sich bei Polarisation $E \perp c$ noch im Bereich der
Excitonen- bzw. Ausläuferabsorption, für Polarisation $E \parallel c$ dagegen im Bereich der Band-
Band-Übergänge.

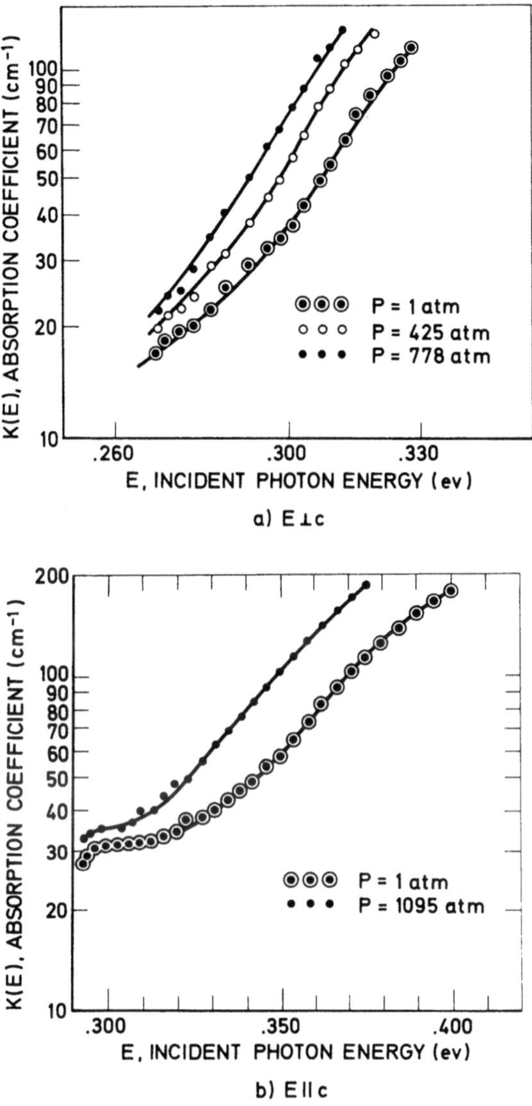

Fig. 42a u. b. Verschiebung der Bandkante unter hydrostatischem Druck (aus [103]). a Polarisation $E \perp c$. b Polarisation $E \parallel c$

Der erste Beitrag, bei dem die Kopplung vorwiegend an die akustischen Phononen über die Deformationspotentiale beschrieben wird, tritt in allen homöopolaren Kristallen auf, er ist von der Größenordnung 10^{-4} eV/°K.

Tabelle 21. *Temperatur- und Druckabhängigkeit der Energielücke*

	gemessen $\dfrac{\mathrm{d}E_\mathrm{g}}{\mathrm{d}T}$	$=\left(\dfrac{\partial E_\mathrm{g}}{\partial l}\right)_T\cdot l\alpha_1 \;+$	$\left(\dfrac{\partial E_\mathrm{g}}{\partial T}\right)_l$	
4° K	$+1{,}8$	$+1{,}6$	—	$\left.\vphantom{\begin{matrix}a\\b\\c\end{matrix}}\right\}$
100–300° K	$-0{,}4$	$+1{,}6$	$-2{,}0$	$\cdot\,10^{-4}\,\mathrm{eV/°\,K}$
300–500° K	$-0{,}9$	$+1{,}6$	$-2{,}5$	

Druck bzw. Spannung	gemessen $\left(\dfrac{\partial E_\mathrm{g}}{\partial p}\right)_T$	$=\left(\dfrac{\partial E_\mathrm{g}}{\partial l}\right)_T\cdot l\;\cdot$	κ_{d1}	κ d_2	d_3	φ	
p: hydrostat.	$-2{,}0$	$-6{,}2$	$3{,}2$	$-5{,}2$	$-2{,}8$	$-2{,}4$	
$p=-\tau_3$	$+1{,}5$ $\left.\right\}10^{-11}\,\mathrm{eV\,cm^2/dyn}$	$-6{,}2$ $\left.\right\}$ eV	$-2{,}4$ $\left.\right\}10^{-12}\,\dfrac{\mathrm{cm^2}}{\mathrm{dyn}}$	$-0{,}3$	$+1{,}2$	$-2{,}1$	$\left.\right\}10^{-12}\,\mathrm{cm^2/dyn}$
$p=-\tau_1$	$-1{,}5$	$-6{,}2$	—	—	—		

Beim Tellur kommt noch ein zweiter Beitrag hinzu, da die Elektronen ihre Energie noch durch Polarisation des Gitters erniedrigen können. Den Beitrag dieser Kopplung an die polaren optischen Phononen schätzen wir ab mit der Polaronen-Kopplungskonstante β (s. Abschn. 4.4.2.3). β gibt die Energieabsenkung eines Elektronenzustandes pro Energie $\hbar\Omega$ eines polaren optischen Phonons (longitudinaler Beitrag). Die Verringerung ΔE_g der Energielücke E_g setzt sich aus dem Beitrag des Leitungs- und Valenzbandes zusammen. Mit der mittleren thermischen Energie der polaren optischen Phononen erhält man*

$$\Delta E_\mathrm{g} = -(\beta_V + \beta_L)\,\frac{\hbar\Omega}{2}\,\coth\frac{\hbar\Omega}{2kT}\,. \tag{59}$$

Für Temperaturen $kT > \hbar\Omega$ folgt daraus für den Temperaturkoeffizienten

$$\left(\frac{\partial E_\mathrm{g}}{\partial T}\right)_l = -k(\beta_V + \beta_L) = -k\beta_0\left[\left(\frac{m_p}{m_0}\right)^{1/2} + \left(\frac{m_n}{m_0}\right)^{1/2}\right] \tag{60}$$

mit

$$\beta_0 = \frac{e^2}{8\pi}\cdot\left(\frac{2m_0}{\hbar^2}\right)^{1/2}\left(\frac{1}{\varepsilon_\infty} - \frac{1}{\varepsilon_s}\right)\cdot\frac{1}{(\hbar\Omega)^{1/2}}\,. \tag{61}$$

Für Tellur ergibt (60) $-4{,}6\cdot10^{-5}\,\mathrm{eV/°\,K}$. Der Beitrag ist also von der gleichen Größenordnung wie der der Deformationspotentiale!

---

* Ein strenger Weg zur Herleitung von (59) ist in [102] angegeben.

Die von *Benoit à la Guillaume* u. Mitarb. [101] aus der Verschiebung der Lumineszenzlinie bestimmten Spannungskoeffizienten sind ebenfalls in Tab. 21 aufgeführt. Sie wurden für Druckspannungen $-\tau_3$ parallel und $-\tau_1$ senkrecht zur c-Achse gemessen. Da der Kristall unter einer Spannung τ_3 seine volle Symmetrie behält, genügt wieder (s. Abschn. 1.3) eine einzige Angabe zusätzlich zu den Gitterkonstanten, um sämtliche Atomparameter unter dieser uniaxialen Spannung angeben zu können. Nehmen wir wieder näherungsweise an, daß die Änderung von E_g überwiegend durch eine Änderung von d_1 verursacht wird, so kann mit den unter hydrostatischem Druck bezüglich $\Delta d_1/d_1$ gemessenen Deformationspotential (58) die elastische Änderung s von d_1 nach (57) bestimmt werden. Die elastischen Konstanten für die Parameter d_2, d_3 und φ folgen dann aus den Gln. (7, 8, 9, 11), wenn man die Ausdehnungskoeffizienten durch elastische Konstanten ersetzt, insbesondere α_a durch $(-s_{13})$ und α_c durch $(-s_{33})$ (Tab. 21). Die so abgeschätzten Werte sind natürlich nicht sehr genau, doch erkennt man aus ihnen wenigstens die Richtung der atomaren Verrückungen.

Für den Koeffizienten bei Spannung senkrecht zu c-Achse ist eine ähnliche Analyse nicht möglich, da bei der entstehenden geringen Symmetrie mehr Parameter bekannt sein müssen.

Kombinierte Deformationspotentiale unter uniaxialer Spannung wurden außerdem aus Piezowiderstandsmessungen bestimmt und aus elektroakustischen Dämpfungsmessungen. *Hermann* u. Mitarb. [105] erhalten aus der Widerstandsänderung im Eigenleitungsbereich (s. Abschn. 4.5)

$$\left(\frac{\partial E_g}{\partial p}\right) = (2,1 \pm 0,2) \cdot 10^{-11}\, \frac{\text{eV cm}^2}{\text{dyn}}$$

für eine Druckspannung parallel zur c-Achse.

Von *Arlt* u. Mitarb. [106] wurde die Rekombinationsdämpfung gemessen:

Man läßt einen Einkristall Dehnungsschwingungen parallel zur c-Achse ausführen (20–300 kHz). Je nach Vorzeichen der Deformationspotentiale wird in den Kompressions- bzw. Dilatationsbereichen infolge der E_g-Änderung die Gleichgewichtskonzentration des deformierten Kristalls überschritten. Die überschüssigen Paare rekombinieren entsprechend ihrer Lebensdauer τ. Der Überschuß der Rekombinationsenergie gegenüber der des ungestörten Kristalls wird der Schallwelle entzogen und bewirkt eine Dämpfung mit dem logarithmischen Dekrement

$$\Delta = \pi\, \frac{n_i(T)}{2kT} \cdot \frac{1}{s} \left(\frac{\partial E_g}{\partial \tau}\right)^2 \cdot \frac{\omega\tau}{1 + \omega^2\tau^2} \cdot \tag{62}$$

Die Autoren erhalten für den Spannungskoeffizienten

$$\left|\frac{\partial E_g}{\partial \tau}\right| = 1,6 \cdot 10^{-11} \frac{\text{eV cm}^2}{\text{dyn}}.$$

Beide Meßergebnisse stimmen gut mit den optischen überein. Messungen der Deformationspotentiale getrennt für Leitungs- bzw. Valenzband liegen noch nicht vor. Gerade diese Parameter wären aber wichtig für das Verständnis der Transportgrößen!

3.3.2.4 Ausläuferabsorption der Bandkante

Auch für Photonen $\hbar\omega < E_g$ findet noch beachtliche Absorption statt (bis zu $K \approx 10^{+2}$ cm^{-1}). Soweit dieser Absorptionsbeitrag durch die p-Bande (s. Abschn. 3.3.3) oder die Leitungsabsorption freier Ladungsträger (s. Abschn. 4.6.2) verursacht wird, kann er abgetrennt werden und soll hier nicht weiter betrachtet werden.

Eine langwellige Ausläuferabsorption vor der Bandkante (tailing) kann durch verschiedene Prozesse verursacht werden: Stoßzeitverbreiterung infolge der endlichen Lebensdauer τ der Elektronen in ihren Bandzuständen, durch die vorwiegend von akustischen Phononen induzierten „indirekten" Übergänge, Stoßzeitverbreiterung der gebundenen Excitonenzustände und der Excitonenkante. In dotierten Kristallen kommt noch ein der Störstellenkonzentration proportionaler Beitrag hinzu, der von den statistischen Konzentrationsschwankungen der ionisierten Störstellen herrührt. Durch sie entstehen lokale elektrische Felder. Diese „scheren" die Bänder, so daß die Elektronen bzw. Löcher in Niveaus der verbotenen Zone tunneln können, zwischen denen dann auch Photonen mit $\hbar\omega < E_g$ Übergänge ermöglichen können (innerer Franz-Keldysh-Effekt, photon-assisted tunneling).

Aus Störstellen mit endlicher Bindungsenergie kann außerdem noch ein Störbandbeitrag vor der Bandkante entstehen, wenn bei hoher Ladungsträgerkonzentration durch die Abschirmung der Felder die Ionisierungsenergie verschwindet, sobald die Abschirmlänge kürzer wird als der Radius der nicht ionisierten Störstelle wäre. Analog zu den Betrachtungen für die Excitonen (s. Abschn. 3.3.2.1) gibt das eine (54) entsprechende Grenzkonzentration

$$n_{\text{max}} = \frac{k T \varepsilon_0 (m^*/m_0)^2}{\varepsilon_r e^2 a_0^2}. \tag{63}$$

Für $10°$ K mit einer Löchermasse $m^* \approx 0,2\, m_0$ ist $n_{\text{max}} \approx 10^{16}$ cm^{-3}; etwa die gleiche Grenzkonzentration erhält man auch bei einem entarteten Elektronengas.

Fast alle Modellrechnungen für diese Absorptionsprozesse ergeben einen exponentiell abklingenden Absorptionsverlauf vor der Bandkante. Eine Unterscheidung zwischen diesen verschiedenen Prozessen ist deshalb nicht ohne weiteres möglich.

Der Einfluß der Stoßzeitverbreiterung wird später im Zusammenhang mit den Magnetoabsorptionsmessungen (Fig. 60) diskutiert.

Alle solche strukturempfindlichen Beiträge sind ein Maß für die Qualität der Kristalle bzw. des bei der Probenherstellung angewandten Präparationsverfahrens.

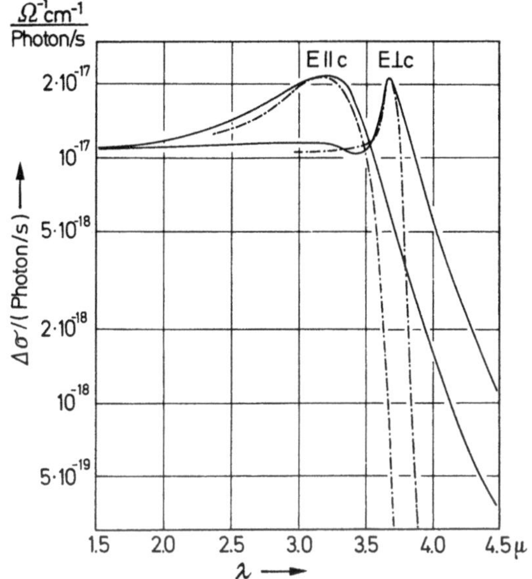

Fig. 43. Photoleitungsspektren (aus [107]). ——— gemessener Verlauf, - · - · · - · · - berechnet mit den in [91] mitgeteilten Absorptionskonstanten

Blakemore u. Mitarb. [91] geben für die Absorptionskonstante im langwelligen Bereich sehr niedrige Werte an. Andererseits scheinen die Proben aber nicht besonders defektarm zu sein, da sie die in Abschn. 3.3.2.1 besprochene Excitonenkante nicht zeigen. Da aber die Bestimmung so kleiner Absorptionskonstanten ($K \approx 10^{-2}$ cm^{-1}) an Proben mit 60–70 % Reflexionsverlusten durch einfache Absorptionsmessungen sehr problematisch ist, haben wir die Absorptionskonstanten durch Photoleitungsmessungen bestimmt [107]. Die für die Auswertung nötigen Diffusionslängen wurden aus Beweglichkeiten und Lebensdauer berechnet. Die Lebensdauern selbst wurden aus dem Abklingverhalten nach Impuls-Belichtung bestimmt. Zwei gemessene Photoleitungsspektren sind in Fig. 43 mit den aus den Absorptionsmessungen [91] berechneten verglichen. In Fig. 44 ist ein in Absorptionskonstanten umgerechnetes Photoleitungsspektrum für $E \perp c$ dargestellt. In beiden Spektren erkennt man eine viel stärkere Absorption, als sie in [91] gefunden wurde. Dabei ist noch zu beachten, daß man bei Photoleitungsmessungen wirklich nur den Anteil der Absorptionsprozesse erfaßt, der mit der Trägerpaarerzeugung gekoppelt ist, d. h. also Valenz-Leitungsband-Übergänge. Bei den direkten Absorptionsmessungen dagegen mißt man zusätzlich

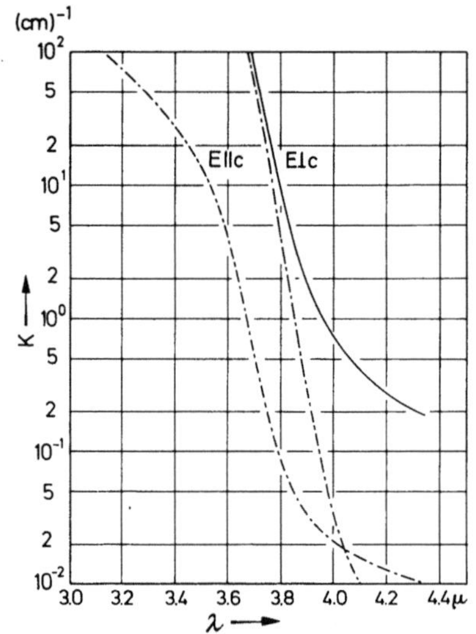

Fig. 44. Spektraler Verlauf der Absorptionskonstanten (aus [107]). ——— aus Photoleitungsmessungen bestimmt, - - · · - · · - · in [91] mitgeteilt

auch noch den Beitrag der Ladungsträgerabsorption (Leitungsabsorption, p-Bande) und evtl. Streuung oder Absorption an Gitterstörungen.

In Fig. 45 schließlich ist noch der Ausläuferabsorptionsbeitrag für eine stark und eine schwach dotierte Probe abgetrennt, nach Extrapolation der Bandkante durch optimale Anpassung an einen Verlauf $K \sim (\hbar\omega - E_g)^{1/2}/\hbar\omega$.

3.3.2.5 Die Bandkante in hochdotierten Proben

Bestimmt man die Energielücke in hochdotierten Proben durch eine Extrapolation der Absorptionsspektren gemäß $K \cdot \hbar\omega \sim (\hbar\omega - E_g)^{1/2}$ für den erlaubten bzw. $K \cdot \hbar\omega \sim (\hbar\omega - E_g)^{3/2}$ für den verbotenen Übergang, so erhält man eine Abnahme von E_g mit zunehmender Löcherkonzentration (Fig. 46).

Bei den Band-Band-Übergängen hochdotierter Proben muß man bereits berücksichtigen, daß die Besetzungswahrscheinlichkeit f_V der Valenzendzustände mit Elektronen nicht 1, bzw. die der Leitungsbandzustände f_L nicht 0 ist. Anstelle (39) tritt dann der Ausdruck

$$K(\omega) \cdot \hbar\omega \sim \int |M(k)|^2 \cdot D(k) \cdot f_V(k) \left(1 - f_L(k)\right) dk \,. \tag{64}$$

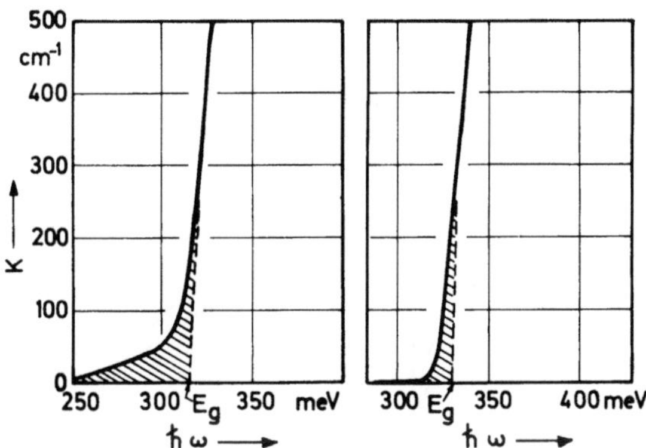

Fig. 45a u. b. Durch Extrapolation gemäß (45) abgetrennte Ausläuferabsorption vor der direkt erlaubten Bandkante ($E \perp c$) (nach [99]). a $p = 2{,}2 \cdot 10^{18}$ cm^{-3}. b $p = 5 \cdot 10^{15}$ cm^{-3}

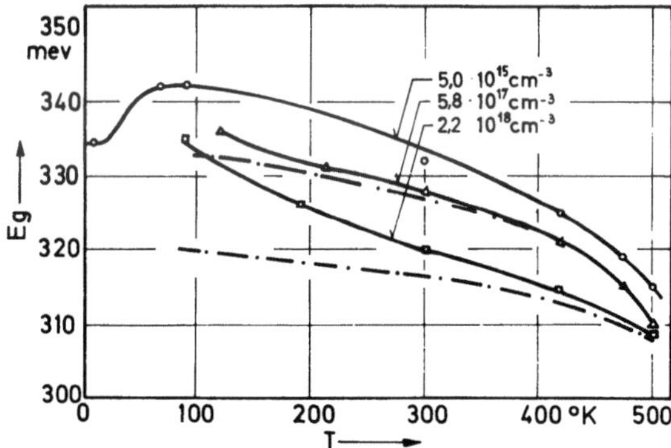

Fig. 46. Temperaturverlauf der Bandkante verschieden dotierter Proben (aus [97]). ——— gemessen, - · - · · - nach Abtrennung des Burstein-Shifts

Ist der $E(k)$-Verlauf bekannt – z. B. parabolischer Bandverlauf –, so kann man in f die k-Abhängigkeit durch eine E-Abhängigkeit ersetzen und f wird die Fermiverteilung. Im entarteten Halbleiter wird – z. B. bei Löcherleitung wie hier im Tellur – für die oberen Valenzbandzustände $f_V(k) \approx 0$. Infolgedessen können nur Photonen-induzierte Übergänge aus den tieferen, besetzten Zuständen auftreten: Die optische Absorp-

7*

tionskante rückt zu höheren Energien (Burstein-shift). Die Lage der
Fermikante bei verschiedenen Temperaturen und die Entleerung der
Valenzbandzustände gemäß $f_V < 1$ ist für eine hochdotierte Probe
($p = 2 \cdot 10^{18}$ cm^{-3}, Zustandsdichte entspricht $m_p = 0{,}5\,m_0$) in Fig. 47
dargestellt [99]. Berücksichtigt man in den Spektren diesen Einfluß
der Besetzungswahrscheinlichkeiten, so erhält man aus der Extrapolation
noch niedrigere Werte für die Energielücke (Fig. 46).

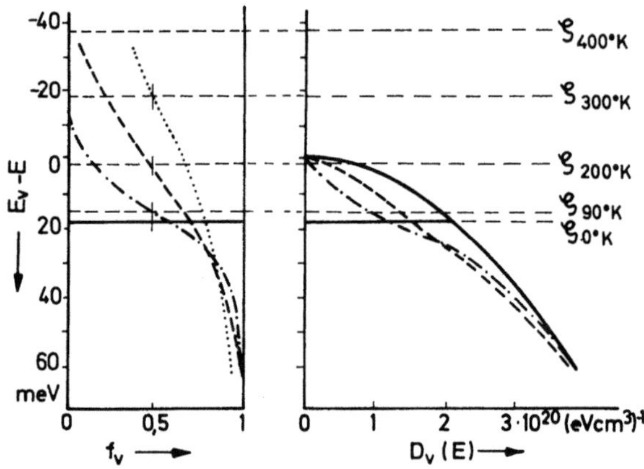

Fig. 47. Lage und Verlauf der Fermifunktion f_v und des Entleerungszustandes $D_v \cdot f_v$ im
Valenzband eines Tellurmodells ($p = 2 \cdot 10^{18}$ cm^{-3}, $m_D = 0{,}5\,m_0$) (aus [99])

Zur Erklärung dieser gegenüber reinen Proben zu niedrigeren Ener-
gien verschobenen Bandkante könnte man die im vorigen Abschnitt
erwähnten Prozesse heranziehen: das "tailing" durch den Franz-Keldysh-
Effekt oder ein Störband. Eine genauere Analyse der Absorptionsspektren
hochdotierter Proben zeigt bei tiefen Temperaturen einen Peak auf der
Absorptionskante bei ca. 370 meV. Er tritt für beide Polarisationsrichtungen auf (Fig. 48). Es macht deshalb den Eindruck, als ob den reinen
Band-Band-Übergängen ein weiteres Absorptionsband überlagert ist
(Fig. 49).
Der Schwerpunkt dieses Bandes liegt dann energetisch etwa
370 meV $- E_g(T = 90°$ K$) = 23$ meV unterhalb der Valenzbandkante (bzw.
oberhalb der Leitungsbandkante).
Wir nehmen nicht an, daß es sich um ein Störband handelt, wie es im
vorigen Abschnitt beschrieben wurde. Denn die Ionisierungsenergie
einer wasserstoffähnlichen Störstelle wäre wegen der hohen Polarisierbarkeit bereits ohne Abschirmung nach dem einfachen Mott-Modell nur

$$E_{ion} = R_\infty \cdot hc \left(\frac{m^*}{m_0} \right) \cdot \frac{1}{\varepsilon_r^2} \approx 2 \cdots 4\,\text{meV} \,. \tag{65}$$

Es wäre deshalb schwer zu verstehen, warum die meisten Störband-
zustände so tief im Band liegen sollen.

Wir vermuten vielmehr, daß die Acceptorniveaus auch schon bei
starker Verdünnung so tief im Valenzband liegen. Mit 23 meV tief im
Valenzband lägen diese Störniveaus auch bei den höchsten Konzen-

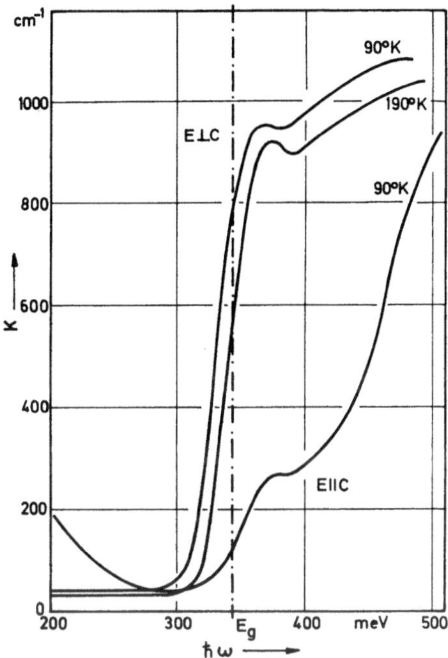

Fig. 48. Absorptionsspektren einer hochdotierten Probe ($p = 2{,}2 \cdot 10^{18}$ cm^{-3}) im Bereich
der Bandkante (nach [99, 100]). - · - · - · - Lage von E_g in reinen Proben bei 90° K

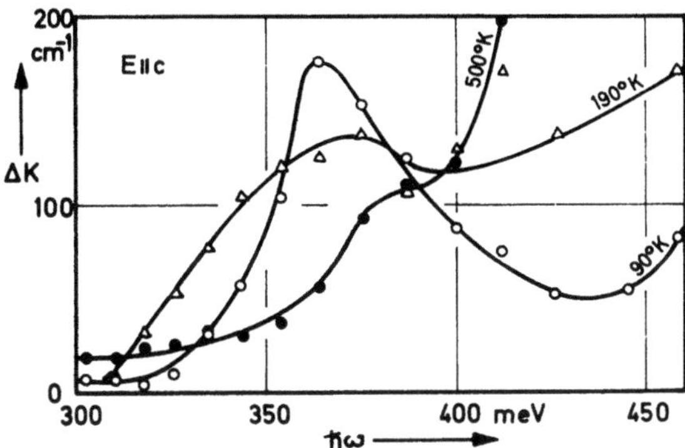

Fig. 49. Absorptionspeak in der Bandkante einer hochdotierten Probe ($2{,}2 \cdot 10^{18}$ cm^{-3}),
abgetrennt durch Vergleich mit einer reinen Probe gemäß $K_{\text{dot}} - K_{\text{rein}}$ (nach [99])

trationen unterhalb der Fermikante (Fig. 47), sie wären also immer fast vollständig ionisiert.

Der Absorptionspeak entsteht dann durch die Photonen, die die Elektronen aus diesen Niveaus ins Leitungsband heben. So eine energetische Lage der Acceptoren würde auch erklären, warum man bei den Transportgrößen auch bei tiefsten Temperaturen kein Einfrieren der Störleitung findet (s. Abschn. 4): Die Besetzung der Acceptoren unterhalb der Fermikante ändert sich kaum noch mit der Temperatur. Lägen die Acceptoren dagegen dicht ober- oder unterhalb des Bandrandes, so müßte man mindestens in dem Temperaturbereich eine starke Konzentrationsänderung beobachten können, in dem die Fermikante durch die Störniveaus taucht. Denn bei tiefen Temperaturen sind die stark störleitenden Proben sicher entartet, oberhalb 300° K aber sicher nicht mehr! Hierfür liegen keine experimentellen Hinweise vor.

Wohl aber gibt das Verglasungsverhalten amorphen Selens einen Hinweis auf die niedrigere energetische Lage der Elektronenstörstellenniveaus beim Einbau von Atomen der V. Gruppe ins Selen-Tellur-Gitter [14] (s. a. S. 12). Schon geringe Antimonbeimischungen ins Selen geben eine starke Erhöhung sowohl der Verglasungstemperatur als auch der Viscosität. Die Sb-Se-Bindung ist fester als die Se-Se-Bindung und führt, da sie dreiwertig vorkommt, zu einer Vernetzung der Selenketten.

Im Tellurgitter würde die größere Elektronenaffinität dieser dritten Antimonbindung, die beim Einbau des Antimons in die Tellurketten noch nicht abgesättigt wurde, auf Kosten von Te-Te-Bindungen abgesättigt werden, so daß auch ohne thermische Aktivierung freie Löcher zurückbleiben.

Bei hohen Antimonkonzentrationen (bzw. anderer Atome der V. Gruppe) im Tellur kann es auch möglich sein, daß zwei Antimonatome in benachbarten Ketten auf gleicher Höhe eingebaut sind und sich gegenseitig durch eine Sb-Sb-Bindung absättigen und dabei die Ketten vernetzen. Bei genügend großer Konzentration solcher Störstellen könnten sie die gitterdynamischen Eigenschaften beeinflussen und die Kristallanisotropie herabsetzen. Auch auf diesem indirekten Weg über das Gitter wäre natürlich eine geringfügige Änderung der Bandstruktur verständlich, also z. B. konzentrationsabhängige Energielücke oder effektive Massen. Weitere Experimente sind zur Beantwortung dieser Frage erforderlich.

3.3.3 Die p-Bande

Im Absorptionsspektrum tritt vor der Kante bei ca. 0,1 eV eine stark dichroitische Bande auf (Fig. 50) [108]. Sie wurde zuerst von *Caldwell* u. Mitarb. [50] gefunden und wegen ihrer Proportionalität zur Löcherkonzentration als „p-Bande" gedeutet, die durch Übergänge zwischen verschiedenen Valenzbandzweigen entsteht. Der starke Dichroismus der Bande, nämlich, daß die Bande nur für Polarisation $E \parallel c$ auftritt, wurde bereits in Abschn. 3.2 durch direkte Übergänge mit einem parallel zur c-Achse gerichteten Dipolmoment erklärt. Sie ist das wichtigste experimentelle Argument für die Lokalisierung des Valenzbandextremums im Punkte H der Brillouin-Zone.

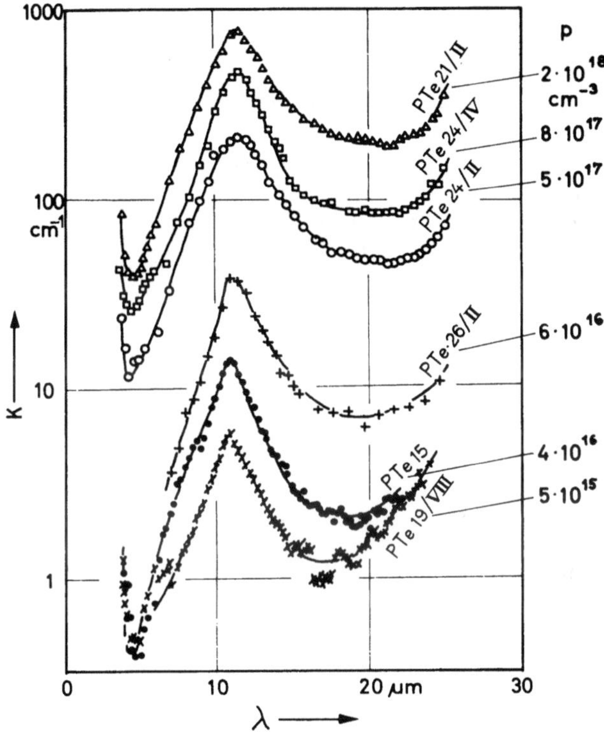

Fig. 50. Die p-Bande im Absorptionsspektrum $E \parallel c$ (aus [108])

Die Beteiligung der Zustände im Valenzbandmaximum am Zustandekommen der p-Bande folgt aus der Proportionalität der Bandenstärke zur Löcherkonzentration. Denn bei den Intrabandübergängen wird der spektrale Verlauf ebenfalls stark von den Besetzungswahrscheinlichkeiten geprägt. Der Absorptionsverlauf ergibt sich aus (64), wenn man den Index L dem höheren („2") und V dem tieferen Valenzbandzweig („1") zuordnet. Das Matrixelement nimmt man wieder k-unabhängig an, da es sich um einen direkt erlaubten Übergang handelt. Die Besetzung des tieferen Bandes ist im untersuchten Bereich praktisch 1, denn mit

$$f_1(E) = \left\{ \exp\left(\frac{E-\zeta}{kT}\right) + 1 \right\}^{-1} > 1 - \exp\left(-\frac{0,1\ \text{eV}}{kT}\right)$$

sind selbst bei 500° K weniger als 10 % der Plätze entleert. Ob in (64) ein Zustandspaar k zu Absorption beiträgt, hängt also vor allem davon ab, ob der Zustand im oberen Band unbesetzt ist, also ob $f_2(k) < 1$,

$$K \cdot \hbar\omega \sim |M_0|^2 \int D(k)\,(1 - f_2(k)) \cdot \delta(E_2(k) - E_1(k) - \hbar\omega)\,dk\ . \qquad (66)$$

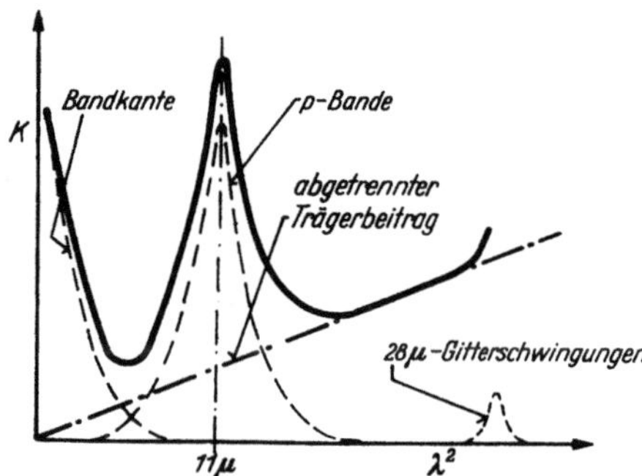

Fig. 51. Schema der Abtrennung der p-Bande vom Absorptionsbeitrag der Leitungsabsorption und der Bandkante (aus [108])

In dieser Näherung ist in dem Ausdruck für die totale Absorption („Bandenstärke")

$$\int K \cdot \hbar\omega \cdot d\omega \sim |M_0|^2 \iint D(k)(1 - f_2(k)) \cdot \delta(E_2(k) - E_1(k) - \hbar\omega)\,dk\,d\omega \qquad (67)$$

das Doppelintegral gleich der Löcherkonzentration p. Die totale Absorption ist also nur noch proportional zu p. Eine Umbesetzung durch Temperaturänderung ändert nur die spektrale Form, nicht die Bandenstärke.

Um die Konzentrationsabhängigkeit der Bande zu prüfen, wurde zunächst der Beitrag der Leitungsabsorption gemäß Fig. 51 abgetrennt (s. a. Abschn. 4.6.2) und dann die Bande auf der kurzwelligen Seite durch eine Exponentialfunktion auf $K = 0$ extrapoliert, um den langwelligen Beitrag der Bandkantenabsorption auszuschalten. Die so abgetrennten Banden (Fig. 52) wurden nach

$$F = \int K_{\text{Bande}} \cdot d\frac{1}{\lambda} \qquad (68)$$

planimetriert [108]. Die Proportionalität zu p ist über fast 3 Zehnerpotenzen erfüllt (Fig. 53). Zum Vergleich verschiedener Proben auch bei

hohen Temperaturen normiert man die Spektren auf gleiche Löcherkonzentration, indem man den „totalen Absorptionsquerschnitt" F/p
bildet. Der Temperaturgang der Konzentration p misch- und störleitender Proben wurde aus Transportgrößen bestimmt (s. Abschn. 4.3,
4.4). Zwischen 4 und 500° K ändert sich der Absorptionsquerschnitt
nur um den Faktor 2 (Fig. 54) [109]. Die Abnahme bei höheren Temperaturen kann durch die k-Abhängigkeit des Matrixelementes kommen,

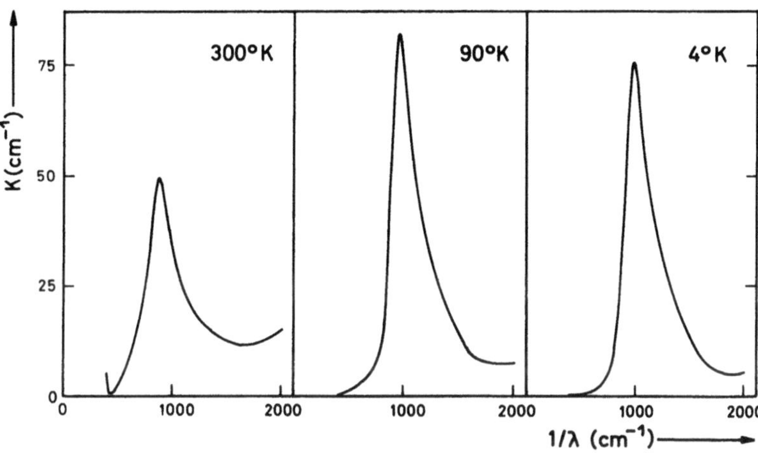

Fig. 52. Gemäß Fig. 51 abgetrennte p-Bande für verschiedene Temperaturen (aus [109])

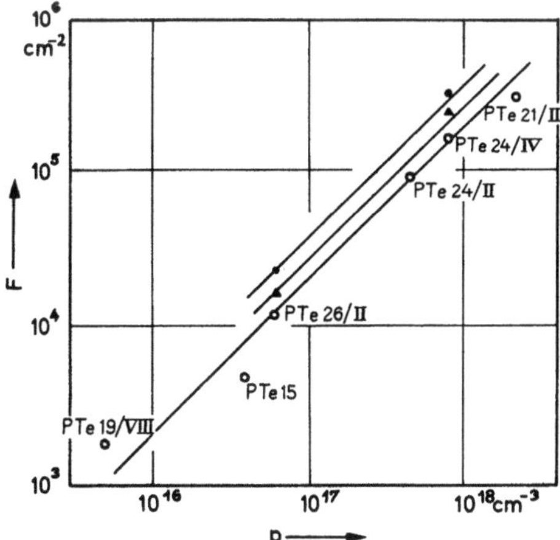

Fig. 53. Proportionalität der p-Banden-Stärke F (68) zur Löcherkonzentration (aus [108]).
○ 293° K, ▲ 195° K, ● 90° K

da jetzt auch Übergänge an Punkten der Brillouin-Zone stattfinden, die weit vom Symmetriepunkt entfernt sind*.

Aus den für die p-Bande geforderten Auswahlregeln ($E \parallel c$ direkt erlaubt, $E \perp c$ direkt verboten) und aus energetischen Gründen ist eine Lokalisierung der p-Bande nur noch im Punkte H oder auf der P-Achse in der Nähe von H möglich (s. Tab. 14 und Abschn. 3.2.3). Eine Entscheidung zwischen diesen beiden Möglichkeiten kann man nach *Korovin* u. Mitarb. [110] mit einer gewissen Sicherheit aus der Form der Bande treffen. Denn entsteht die Bande auf der P-Achse, so ist es sehr

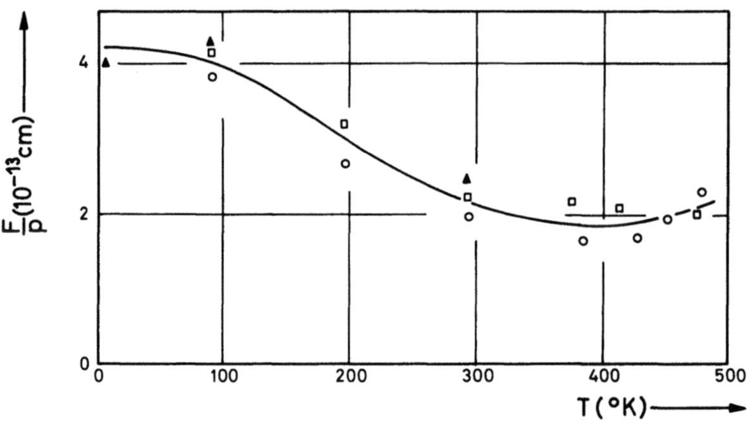

Fig. 54. Totaler Absorptionsquerschnitt F/p der Löcher in der p-Bande aus Messungen an Proben mit Löcherkonzentrationen zwischen 10^{15} und 10^{18} cm^{-3} (aus [109])

unwahrscheinlich, daß die Extrema der beiden Zweige beim gleichen k-Wert liegen. Entsteht die Bande im Punkte H, so liegen die Extrema notwendig übereinander.

Im ersten Fall (P) ist aus den kombinierten Zustandsdichten nach (66) eine breite Bande zu erwarten (Fig. 55a) mit konvex gekrümmten Flanken. Ihr Maximum müßte bei $E_g = E_2 - E_1$ liegen. Der Temperaturgang der spektralen Lage des Maximums wäre direkt der von E_g.

Im anderen Fall (H) hängt die Lage und Form der Bande von der Krümmung der beiden Valenzbandzweige ab. Für ein Rotationsellipsoid in H erhält man für die kombinierten Energieflächen

$$E_2 - E_1 = E_g + \frac{\hbar^2}{2} \left\{ \frac{1}{\mu_x} (k_x - k_x(H))^2 + \frac{1}{\mu_y} (k_y - k_y(H))^2 \right.$$
$$\left. + \frac{1}{\mu_z} (k_z - k_z(H))^2 \right\} = E_g + \frac{\hbar^2}{2} \left\{ \frac{k_\perp^2}{\mu_\perp} + \frac{k_\parallel^2}{\mu_\parallel} \right\} \tag{69}$$

---

* Außerdem ist streng genommen nur die Fläche $\int K \cdot \hbar\omega \cdot d\omega \sim p$; nur bei schmalen und verhältnismäßig symmetrischen Banden ist nach (67) auch $F \sim p$.

mit $\qquad \mu_\perp = \mu_x = \mu_y$

und $\qquad k_\perp^2 = (k_x - k_x(H))^2 + (k_y - k_y(H))^2 \; ; \; k_\parallel^2 = \left(k_z - \dfrac{\pi}{c} \right)^2.$

Wir nehmen an, daß die Extrema beider Bandzweige in H Maxima sind. Ist dann der tiefere Zweig (1) sowohl in Richtung $k_\perp$ als auch $k_\parallel$ stärker gekrümmt als der obere Zweig (2), so ist $E_2 - E_1$ um H ein Minimum (Fig. 55 b). Die Zustandsdichte – und damit zunächst auch die Absorp-

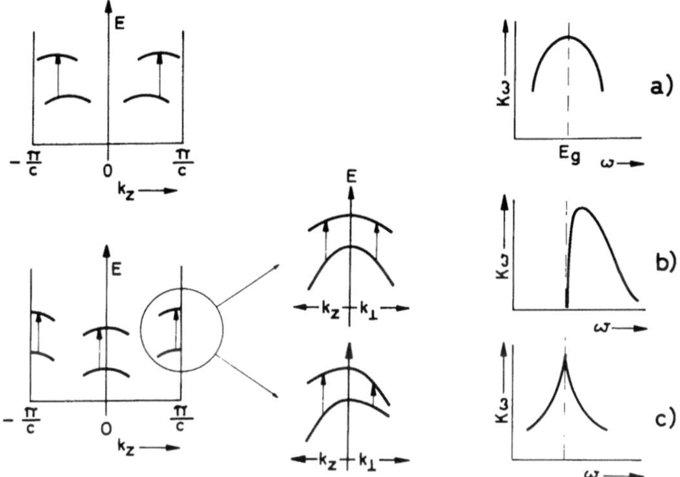

Fig. 55. Bandstruktur und mögliche Formen der p-Bande (aus [108]). Erläuterungen s. Text

tion – nimmt proportional $(\hbar\omega - E_\mathrm{g})^{1/2}$ zu. Doch sobald die Übergänge weiter von H entfernt stattfinden, fällt die Absorption wieder, da im oberen Zweig keine Plätze mehr frei sind. Das aus diesen beiden Einflüssen resultierende Absorptionsmaximum liegt etwa um kT oberhalb E_g. Der Temperaturkoeffizient des Maximums ist dann die Summe aus ca. der Boltzmannkonstanten k und dem Temperaturkoeffizienten von E_g. Die Bande ist in diesem Fall unsymmetrisch und ihre Flanken sind konvex gekrümmt. Ihr entsprechen Übergänge bei einem kritischen Punkt der kombinierten Zustandsdichte [s. (40)] vom Typ M_0. Der Index 0 deutet dabei an, daß keiner der drei Koeffizienten μ in (69) negativ ist (s. z. B. [61]).

Ist dagegen der untere Zweig (1) in allen Richtungen schwächer gekrümmt als der obere (2), so sind alle drei $\mu < 0$ – kritischer Punkt vom Typ M_3 – und $E_2 - E_1$ ist um H ein Maximum. Die Absorptionsbande hat dann die spiegelbildliche Form zum vorherigen Fall. Ihr Maximum liegt um ca. $-kT$ unterhalb E_g.

Ist aber die Bandkrümmung des unteren Zweiges in den beiden Hauptrichtungen des Rotationsellipsoides (longitudinal $\parallel$, transversal $\perp$) einmal schwächer und einmal stärker als im oberen Band, so erhält man sowohl unterhalb als auch oberhalb E_g Absorptionsbeiträge (Fig. 55 c). $E_2 - E_1$ hat um H einen Sattelpunkt, entweder $\mu_{\parallel}$ oder $\mu_{\perp}$ muß in (69) negativ sein – kritischer Punkt vom Typ M_1, M_2. Das Absorptions-

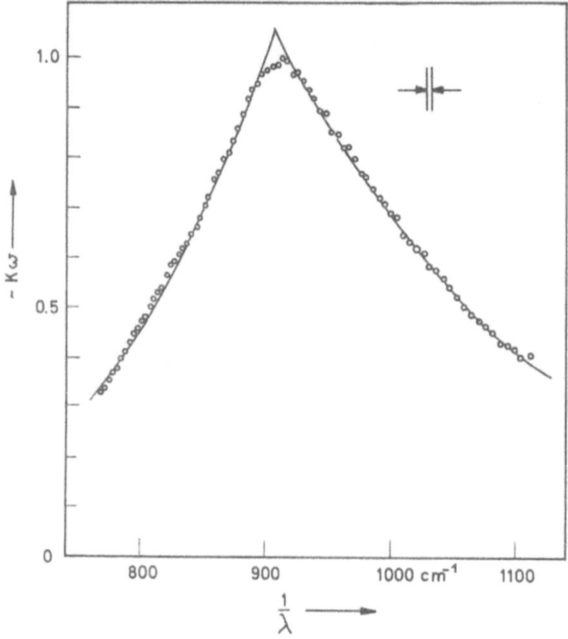

Fig. 56. Absorptionsverlauf im Maximum der p-Bande, gemessen an einer schwach dotierten Probe (aus [108])

maximum liegt bei E_g, die Flanken sind konkav gekrümmt, und zwar im allgemeinen unsymmetrisch. Der Temperaturgang des Maximums ist der von E_g.

Messungen mit erhöhter Auflösung an reinen Proben zeigen, daß der letzte Fall vorliegt (Fig. 56 [108]). Damit ist auch bestätigt, daß die Bandextrema in H oder unmittelbarer Nähe von H liegen müssen. Bandberechnungen, die die Bande auf der $\Gamma - Z$-Achse plazieren sind also offensichtlich auch unrealistisch [82].

Da sich weiter der totale Absorptionsquerschnitt bei tiefen Temperaturen nicht ändert (Fig. 54), muß das Valenzbandmaximum auch dann noch bei H liegen, denn andere Punkte erfüllen die Auswahlregeln für die p-Bande nicht. Die Bande müßte beim Wandern des Maximums verschwinden oder mindestens abnehmen [109]. Eine Erklärung temperaturabhängiger Bandparameter (Löchermassen, Energielücke) durch einen Wechsel des Maximums von H nach Γ beim Abkühlen ist also ebenfalls unrealistisch (z. B. in Anlehnung an [85]).

Die Temperaturabhängigkeit der Lage des Bandenmaximums bzw. des Abstandes E_g der beiden Zweige läßt sich zwischen 100 und 500° K durch einen linearen Temperaturkoeffizienten beschreiben gemäß

$$\hbar\omega_{\max} = E_g = 0{,}118\ \text{eV} - 4 \cdot 10^{-5}\ \frac{\text{eV}}{\degree\text{K}} \cdot T\,.$$

Vorläufige Messungen der Druckabhängigkeit ergeben $\mathrm{d}E_g/\mathrm{d}p = 6 \cdot 10^{-6}$ eV/atm [111]. Dem entspricht ein Temperaturkoeffizient von $-5 \cdot 10^{-5}$ eV/°K [s. S. 25 (12)], d. h. Temperatur- und Druckabhängigkeit lassen sich hier – anders als bei der Bandkante – beide durch die Änderung der atomaren Abstände deuten. Der unmittelbare Einfluß der Gitterschwingungen scheint gering zu sein.

Der Verlauf der Bande läßt sich beim Vorliegen eines Sattelpunktes in unmittelbarer Umgebung des Maximums nach [110] durch zwei Exponentialfunktionen beschreiben. Und zwar gilt im Falle des M_1-Punktes, also bei negativer reduzierten Masse

$$\frac{1}{\mu_{\parallel}} = \frac{1}{m_{\parallel 1}} - \frac{1}{m_{\parallel 2}}$$

und positiver

$$\frac{1}{\mu_{\perp}} = \frac{1}{m_{\perp 1}} - \frac{1}{m_{\perp 2}}$$

$$K \cdot \hbar\omega \sim \exp\left(- \frac{|\mu_{\perp}|}{m_{\perp 2}} \cdot \frac{|\hbar\omega - E_g|}{kT} \right) \quad \text{für} \quad \hbar\omega > E_g \tag{70}$$

und

$$K \cdot \hbar\omega \sim \exp\left(\frac{|\mu_{\perp}|}{m_{\perp 2}} \cdot \frac{|\hbar\omega - E_g|}{kT} - \frac{2}{\sqrt{\pi}} \sqrt{\frac{|\hbar\omega - E_g|}{kT} \left(\frac{|\mu_{\parallel}|}{m_{\parallel 2}} + \frac{|\mu_{\perp}|}{m_{\perp 2}} \right)} \right) \tag{71}$$

$$\text{für} \quad \hbar\omega < E_g\,.$$

Im Falle des M_2-Punktes, also bei $\mu_{\parallel} > 0$ und $\mu_{\perp} < 0$ gilt für $\hbar\omega > E_g$ (71) und für $\hbar\omega < E_g$ (70).

In Fig. 57 ist das Spektrum der Fig. 56 logarithmisch aufgetragen. Die Flanken geben einen linearen Verlauf. Nach (70, 71) erhält man daraus für die Massenverhältnisse, je nachdem ob man das Maximum mit einem M_1- oder M_2-Punkt deutet

M_1-Punkt M_2-Punkt

$m_{\perp 1} = 0,5\, m_{\perp 2}$ $m_{\perp 1} = 2,5\, m_{\perp 2}$

$m_{\parallel 1} = 1,4\, m_{\parallel 2}$ $m_{\parallel 1} = 0,8\, m_{\parallel 2}$

$\left(\dfrac{m_\parallel}{m_\perp}\right)_1 = 2,7 \left(\dfrac{m_\parallel}{m_\perp}\right)_2$ $\left(\dfrac{m_\parallel}{m_\perp}\right)_1 = 0,32 \left(\dfrac{m_\parallel}{m_\perp}\right)_2$

$(m_\perp^2 \cdot m_\parallel)_1^{1/3} = 0,7\,(m_\perp^2 \cdot m_\parallel)_2^{1/3}$ $(m_\perp^2 m_\parallel)_1^{1/3} = 1,7\,(m_\perp^2 \cdot m_\parallel)_2^{1/3}\,.$

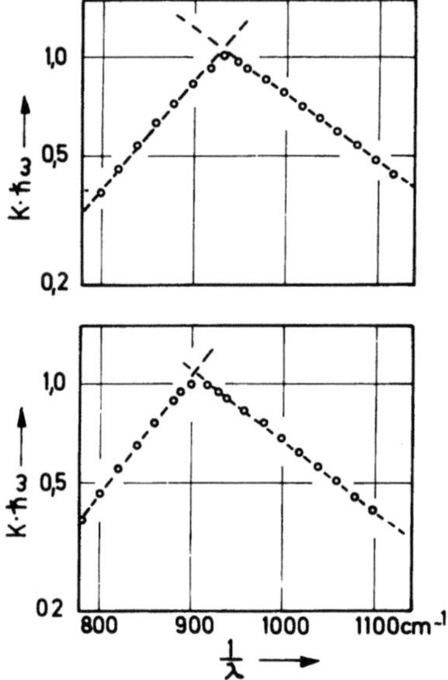

Fig. 57. Logarithmische Auftragung des Maximums der p-Bande schwach dotierter Proben zur Massenbestimmung gemäß (70, 71)

Eine Entscheidung zwischen beiden Fällen ist zunächst nicht möglich. Aus den Bandberechnungen (s. Abschn. 3.2) kann man eine stärkere Krümmung des unteren Bandes in longitudinaler Richtung erwarten, was dem M_2-Fall entspräche.

Messungen der p-Bande von *Hardy* u. Mitarb. [112] bei sehr tiefen Temperaturen (4° K) an sehr reinen Proben ($10^{14}\,\mathrm{cm^{-3}}$) zeigen einen um ca. 2,3 meV gegen das Hauptmaximum verschobenen Peak (Fig. 67), der bei Temperatur- und Konzentrationserhöhung verschwindet. Als eine mögliche Deutung vermuten die Autoren erhöhte Zustandsdichten bei zwei Energien, infolge einer schwachen Verschiebung der Extrema aus dem Punkte H in Richtung der P-Achse. Bei höheren Temperaturen oder Löcherkonzentrationen verschwindet dieser Effekt, da dann der

Absorptionspeak durch Übergänge gleicher Energie, jedoch an anderer Stelle des k-Raums überdeckt wird (Fig. 71).

Kessler u. Mitarb. [113] haben die p-Bande an Se-Te-Mischkristallen gemessen. Sie fanden sie ab ca. 10 % Tellur immer bei ca. 0,1 eV, fast konzentrationsunabhängig. Auch das ist aus der Spinaufspaltung als atomare Eigenschaft zu verstehen. Die Größe der Aufspaltung wird nur von höherer Ordnung durch die Nachbarschaft im Kristall beeinflußt.

Neben dieser 11 µm-Bande fanden diese Autoren noch eine weitere stark ausgeprägte Bande bei ca. 8,5 µm. Sie tritt ab 30 % Selen deutlich auf, jedoch nicht am reinen Tellur. Auch *Herrmann* findet bei 8,5 µm eine starke Bande [111] an reinem, doch abgeschrecktem Tellur. Bei diesem Abschreckvorgang werden Gitterdefekte eingefroren, die als Acceptoren wirken (s. Abschn. 4.4.2.4).

Wir vermuten deshalb, daß diese Absorptionsbande in beiden Fällen durch Gitterstörungen verursacht wird und nicht im Zusammenhang mit der p-Bande steht. Allerdings ist eine Deutung durch lokalisierte Punktdefekte wohl unwahrscheinlich, da die Bande ebenfalls streng $E \parallel c$ polarisiert ist!

Nach den Bandstrukturberechnungen ist dicht unter dem unteren der beiden einfachen Zweige vom Typ H_4, H_5 noch ein doppelt entarteter vom Typ H_6 zu erwarten (s. Abschn. 3.2). Auch Übergänge von diesem Zweig in den oberen Valenzbandzweig müßten p-Absorption ergeben, und zwar für Polarisation $E \perp c$! Diese Bande wurde bisher noch nicht nachgewiesen. Da die Extrema dieses doppelt entarteten Zweiges aber außerhalb H liegen können, kann ihr Absorptionsbeitrag weit über das Spektrum verschmiert sein; es braucht kein kritischer Punkt vorzuliegen! Eventuell ist sie die Ursache für die bei Leitungsabsorptionsmessungen bei Polarisation $E \perp c$ gefundene mit der Löcherkonzentration zunehmende Grundabsorption (s. Abschn. 4.6.2.1).

Anmerkung: Von *Miura* [156] wurden kürzlich Photoleitungsexperimente mit der 10,6 µm-Strahlung eines CO_2-Lasers mitgeteilt, die eine starke Leitfähigkeitserhöhung löcherleitender Proben ergaben, was durch eine Umproportionierung der Löcher in den tieferen Valenzbandzweig gedeutet wird (s. S. 169).

3.4 Magnetooptische Effekte

3.4.1 Übersicht über die magnetooptischen Effekte

Sehr genaue Informationen über den Verlauf der Bänder in der Nähe der Bandextrema erhält man weiterhin aus magnetooptischen Messungen. Die Elektronen führen im Magnetfeld diamagnetische Bewegungen aus. Unter dem Einfluß der Lorentzkraft beschreiben sie Kreisbahnen mit der Cyclotronresonanzfrequenz $\omega_c = \dfrac{e}{m} B$ als Umlauffrequenz. Diese Kreisbahnen sind um die magnetischen Kraftlinien lokalisiert.

Im quantenmechanischen Bild ist wegen dieser Lokalisierung eine Beschreibung mit ebenen Elektronenwellen nicht mehr möglich. Anstelle der „Quantenzahl" $k = (k_x, k_y, k_z)$ der Elektronenwelle im magnetfeldfreien Fall tritt jetzt eine Quantenzahl n, die den quantisierten Drehimpuls der Kreisbahnen beschreibt und eine „Quantenzahl" k_z (z-Achse $\parallel B$), deren Werte auf der dem Magnetfeld parallelen Achse der Brillouin-Zone liegen. Die Zustandsdichte wird durch diese Änderung der Elektroneneigenfunktionen gegenüber dem magnetfeldfreien Fall erheblich geändert: Die Zustandsdichte $D(E) \sim (\Delta E)^{1/2}$ des dreidimensionalen k-Raums bei $B = 0$ spaltet jetzt auf in die Landau-Niveaus mit der Quantenzahl n. Jedes Landau-Niveau liefert zur Zustandsdichte einen Beitrag, der wegen der jetzt nur noch eindimensionalen k_z-Abhängigkeit der Zustandsdichte $D(E) \sim (\Delta E)^{-1/2}$ der linearen Kette gleicht, d. h. also direkt am Landau-Niveau extreme Werte erreicht.

Zu dieser diamagnetischen Störung durch die Bildung der Landau-Niveaus kommt nun noch ein paramagnetischer Beitrag (Pauli-Term) durch die Einstellung des Elektronenspins zum Feld. Sie wird durch den Landé-Faktor g beschrieben. Je nach Spin-Einstellung (Quantenzahl: $m = \pm \frac{1}{2}$) gilt: $\pm \frac{1}{2} g \mu_B B$.

Für die Energieeigenwerte der Elektronen im Leitungsband erhält man dann

$$E_n = E_L + \hbar\omega_c \left(\frac{1}{2} + n \right) + \frac{\hbar^2 (k_z - k_{z0})^2}{2m^*} \pm \frac{1}{2} g \mu_B B \qquad n = 0, 1, 2 \ldots \quad (72)$$

(Leitungsbandextremum: E_L, k_0).

Für das Valenzband gilt das entsprechende. Zwischen dem so aufgespaltenen Leitungs- und Valenzband lassen sich dann durch elektromagnetische Strahlung folgende Übergänge induzieren (Fig. 58):

Innerhalb eines Bandes lassen sich durch ein elektrisches Wechselfeld Übergänge zwischen zwei Landau-Niveaus gleicher Spinorientierung induzieren (Auswahlregeln: $\Delta n = \pm 1$, $\Delta m = 0$). Dies ist die Cyclotronresonanzabsorption (CR). Man findet sie im Spektrum bei Frequenzen entsprechend

$$\Delta E = \hbar\omega_c = \frac{\hbar e}{m} B \, . \tag{73}$$

Mit ihr läßt sich der Massentensor bestimmen (Abschn. 3.4.2).

Durch ein magnetisches Wechselfeld induziert man Übergänge zwischen den beiden Spin-Niveaus des gleichen Landau-Niveaus (Auswahlregeln: $\Delta n = 0$, $\Delta m = \pm 1$).

Dies ist die Elektronenspinresonanzabsorption (ESR) bei

$$\Delta E = g \mu_B B \tag{74}$$

aus der man den g-Tensor bestimmen kann (Abschn. 3.4.3).

Beide Absorptionsprozesse können nur auftreten, wenn das energetisch tiefere der beiden Niveaus wenigstens teilweise besetzt ist und das höhere der beiden nicht ganz voll ist. Außerdem können diese Resonanzeffekte freier Ladungsträger nur beobachtet werden, wenn sich wirklich scharfe Landau-Niveaus ausbilden. Wenn die Ladungsträger wegen der Stöße so geringe Lebensdauern τ in den Landau-Zuständen haben, daß die damit gekoppelte Energieunschärfe alle magnetischen Strukturen der

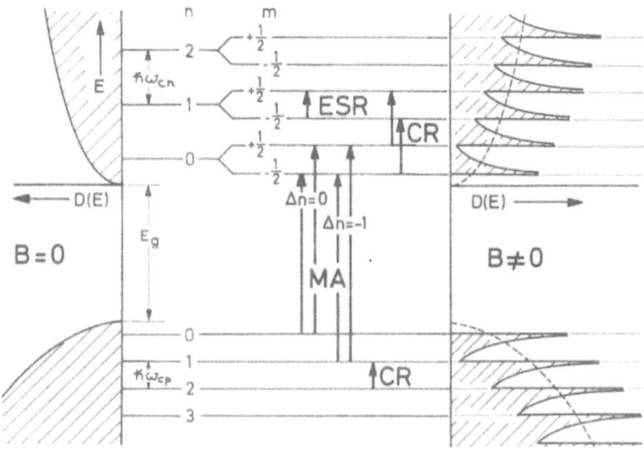

Fig. 58. Schema der magnetooptischen Effekte in einem Halbleiter. CR Cyclotronresonanz-Absorption, ESR Elektronenspinresonanz-Absorption, MA Magnetoabsorption an der Bandkante

Zustandsdichte verwischt, kann man den dia- bzw. paramagnetischen Beitrag nur noch in der statischen magnetischen Suszeptibilität finden (s. Abschn. 3.6), jedoch nicht mehr als scharfes Resonanzphänomen. Die Stoßfrequenzen $\omega_\tau = 1/\tau$ müssen also genügend klein sein

$$\omega_\tau < \frac{e}{m} B, \tag{75}$$

$$\omega_\tau < \frac{g\mu_\mathrm{B} B}{\hbar}. \tag{76}$$

Numerische Werte für einige Beispiele sind in Tab. 22 zusammengestellt. Um diese „Stoßzeitbedingung" noch mit realistischen Magnetfeldern erfüllen zu können, muß man diese Resonanzexperimente bei tiefsten Temperaturen durchführen, da hier die Stoßzeiten bzw. Beweglichkeiten besonders groß sind.

Da aber Tellur bei tiefen Temperaturen – wie bereits erwähnt – immer löcherleitend ist, kann man unter stationären Bedingungen mit diesen Resonanzmethoden nur die Parameter des Valenzbandes untersuchen.

Experimente mit gleichzeitig eingestrahltem, genügend kurzwelligem Licht, um durch inneren Photoeffekt quasistationär Überschußelektronen zu erzeugen, waren bisher erfolglos, da im defektreichen Tellur mit seiner geringen Rekombinationslebensdauer (s. z. B. [107]) keine genügend hohen Überschußkonzentrationen erreicht wurden [114].

Das ist ganz anders bei magnetooptischen Experimenten im spektralen Bereich der Bandkante. Hier tastet man die durch das Magnetfeld geänderte Zustandsdichte ab, indem man die spektrale Absorptionsverteilung der Photonen mißt, die Elektron-Lochpaare erzeugen.

Da man hier also die Generation der Träger beobachtet und nicht mit den Überschußträgern experimentiert, erhält man auch bei schneller Rekombination Informationen über das Leitungsband. Der Nachteil dieser Methode liegt darin, daß die spektrale Struktur immer gleichzeitig aus Landau- und Pauli-Aufspaltung entsteht und daß die entsprechenden Parameter immer Kombinationen aus den Massen bzw. g-Faktoren des Leitungs- und Valenzbandes sind. Nur unter günstigen Umständen und evtl. mit einiger Willkür ist eine Abtrennung der einzelnen Beiträge möglich (Abschn. 3.4.4).

Tabelle 22. *Grenzwerte der magnetischen Induktion B_{min} für die Beobachtung der Cyclotronresonanz (Landau-Aufspaltung) und der Elektronenspinresonanz (Pauli-Aufspaltung) bei verschiedenen Stoßfrequenzen ω_τ bzw. Beweglichkeiten $\mu = e/(m \cdot \omega_\tau)$ (Werte abgerundet)*

| Stoßfrequenz | | | Landau-Aufspaltung $\omega_\tau = \dfrac{e}{m^*} B_{min}$ | | | | Pauli-Aufspaltung $\hbar\omega_\tau = \dfrac{g}{2}\mu_B B_{min}$ | |
| | | | $m^* = 0,1\, m_0$ | | $m^* = 0,5\, m_0$ | | $g = 2$ | $g = 10$ |
ω_τ s^{-1}	λ_τ	$\hbar\omega_\tau$ meV	μ cm^2/Vs	B kG	μ cm^2/Vs	B kG	B kG	B kG
10^{11}	2 cm	0,07	$2 \cdot 10^5$	0,5	$4 \cdot 10^4$	2,5	5	1
10^{12}	2 mm	0,7	$2 \cdot 10^4$	5	$4 \cdot 10^3$	25	50	10
10^{13}	200 µm	7	$2 \cdot 10^3$	50	$4 \cdot 10^2$	250	500	100
10^{14}	20 µm	70	$2 \cdot 10^2$	500	$4 \cdot 10^1$	2500	5000	1000

3.4.2 Cyclotronresonanz

Cyclotronresonanzexperimente wurden bisher mit Mikrowellen an Kristallen hoher Reinheit (10^{13}–10^{14} cm^{-3}) ausgeführt, um zu starke Dämpfung durch eine hohe Leitfähigkeit zu vermeiden.

Ergebnisse wurden zuerst von *Mendum* u. Mitarb. mitgeteilt [114], die mit zirkular und linear polarisierten Mikrowellen bei 70 und 24 GHz gewonnen wurden (ca. 4 und 12 mm Wellenlänge). Für 1,3° K geben die Autoren an, daß die Stoßzeitbedingung (75) mit $\omega \approx 6\omega_\tau$ sehr gut erfüllt war. Wegen der Anisotropie des Tellurs wurden Messungen für $B \parallel$ und $\perp$ zur c-Achse ausgeführt. Als Ergebnis teilen die Autoren je eine longitudinale und transversale Masse mit, der Beschreibung durch rotationselliptische Energieflächen entsprechend.

Spätere ausführliche Messungen von *Picard* u. Mitarb. [115] wurden mit Wellenlängen zwischen 500 und 1000 µm ausgeführt, um bei diesen hohen Frequenzen die Stoßzeitbedingung auch für schlecht bewegliche Träger zu erfüllen und damit eine hohe Auflösung zu erreichen.

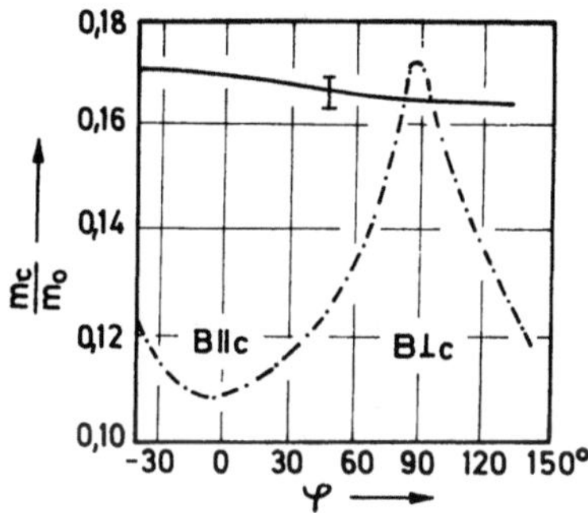

Fig. 59. Winkelabhängigkeit der Cyclotronmassen der freien Löcher (nach [115]). ———— Drehung des Magnetfeldes in der Ebene der Stirnflächen (0001), $\cdots\cdot\cdots\cdot\cdots$ Drehung des Magnetfeldes in einer Prismenfläche (10$\bar{1}$0)

Sie führten Anisotropiemessungen aus an „parallelen" Proben, an denen die Magnetfeldrichtung in einer Prismenfläche (10$\bar{1}$0) zwischen der zweizähligen und der dreizähligen Kristallachse kontinuierlich variiert werden konnte, und „senkrechten" Proben, bei denen in der (0001)-Fläche alle Richtungen senkrecht zur dreizähligen c-Achse eingestellt werden konnten. Das Ergebnis zeigt Rotationssymmetrie um die c-Achse (Fig. 59). Eine Beschreibung durch ein Rotationsellipsoid ergibt für die Löchermassen fast die gleichen Werte wie in [114]

$$\frac{m_\perp}{m_0} = 0,109 \pm 0,008, \qquad \frac{m_\parallel}{m_0} = 0,264 \pm 0,008\star.$$

Aus der Form der Absorptionskurve wurden durch Anpassung an den theoretischen Verlauf die Stoßzeitanisotropie bestimmt zu

$$\frac{\tau_\perp}{\tau_\parallel} = \frac{1}{3}$$

$\star$ Die Werte enthalten einen kleinen systematischen Fehler, da bei der Auswertung der gemessenen feldabhängigen Durchlässigkeit für die Dielektrizitätskonstante der Ultrarotwert benutzt wurde; der hier gültige statische Wert ist aber ca. 50 % größer. Die Änderung der Massen würde aber in der Größenordnung einiger Prozent bleiben!

(bei $B \parallel c$ erhält man direkt die Stoßzeit für transversale, bei $B \perp c$ den Mittelwert $\frac{1}{2}\left(\frac{1}{\tau_\perp} + \frac{1}{\tau_\parallel}\right)$ für die gemischte transversal-longitudinale Bewegung.

Soweit die Cyclotronmassen und -Stoßzeiten auch die Transportgrößen gut beschreiben, ist dann eine Beweglichkeitsanisotropie von

$$\frac{\mu_\parallel}{\mu_\perp} = \frac{\tau_\parallel}{m_\parallel} \cdot \frac{m_\perp}{\tau_\perp} = 1{,}24$$

zu erwarten. Das stimmt mit den Experimenten überein (s. Abschn. 4.2.1).

Die Absorptionskurven zeigen bei einem Magnetfeld parallel zur zweizähligen Achse (x-Achse) auch noch bei niedrigeren Feldern eine schwache Struktur bei etwa der halben Feldstärke. Diese zusätzliche Resonanz kann evtl. durch Abweichungen vom Rotationsellipsoid verursacht werden. Dann wäre die gut aufgelöste Linie das Signal der Grundfrequenz. Bei der halben Feldstärke wäre auch ω_c halbiert und damit die Arbeitsfrequenz $\omega = 2\omega_c$ der erste Oberton.

Messungen mit höherer Auflösung – also z. B. bei höheren Feldern und Frequenzen – wären hier zur Klärung nötig.

Von *Herrmann* u. Mitarb. [116] wurden ebenfalls Anisotropiemessungen bei ca. 8 mm Wellenlänge ausgeführt. Die Autoren finden neben den Linien, die etwa mit den eben besprochenen Ergebnissen übereinstimmen, noch mehrere Resonanzstellen, die sie nicht alle als Cyclotronresonanzen deuten. Ihre Herkunft ist noch unklar. Die Resonanzen erfüllen bei der relativ niedrigen Frequenz und den schwachen Feldern die Stoßzeitbedingung der Cyclotronresonanz nur schlecht (es müßte sein $\mu > 10^5$ cm^2/Vs)*.

3.4.3 Elektronenspinresonanz

Elektronenspinresonanzexperimente bei tiefsten Temperaturen können im löcherleitenden Tellur nur Auskunft geben über die Spinaufspal-

---

* Von *Button* und *Landwehr* [176] wurden in neuester Zeit Messungen der Cyclotronresonanzabsorption in der Strahlung der 337 µm-Linie eines HCN-Lasers durchgeführt in Magnetfeldern bis zu 175 kG für die Orientierungen $B \parallel c$ und $B \perp c$, bei Temperaturen zwischen 8 und 40° K. Durch die hohe Arbeitsfrequenz ist die Stoßzeitbedingung (75) besonders gut erfüllt, vor allem auch für größere Massen. Es ergeben sich mehrere Resonanzabsorptionsstellen, die an die Feinstruktur erinnern, wie man sie in p-Germanium und Silicium gefunden hat.

Besonders auffallend ist im Absorptionsspektrum bei der Orientierung $B \perp c$ eine Linie, die einer Cyclotronmasse von 0,43 m_0 entspricht. Diese Linie konnten die anderen Autoren wohl deshalb nicht finden, weil die Stoßzeitbedingung nicht erfüllt war. Außerdem zeigt sich schon bei sehr kleinen Feldstärken Resonanzabsorption, so daß also Ladungsträger sehr kleiner Massen an einzelnen Stellen der Energieflächen vorhanden zu sein scheinen.

tung des Valenzbandes, also den g-Faktor der Löcher, und über die Spin-resonanz von Störstellen.

Da aber die Valenzbandextrema bereits durch das Kristallfeld auf-gespalten sind in die einfach besetzbaren Bänder vom Symmetrietyp H_4 bzw. H_5, wie durch die Bandberechnungen und die Untersuchungen der p-Bande gezeigt wurde (s. Abschn. 3.2.3 und 3.3.3), ist kein Spinresonanz-signal freier Löcher zu erwarten, da die Löcher komplementären Spin-verhaltens an verschiedenen Punkten der Brillouin-Zone lokalisiert sind, nämlich in den Punkten H und H^* (Fig. 19). Spinresonanzübergänge sind aber „direkt", sie sind also zwischen Eigenfunktionen mit verschiedenem k verboten.

Resonanzexperimente wurden von *Datars* u. Mitarb. [117] mit Mikrowellen von 35 GHz (ca. 9 mm) ausgeführt bei 1,5 bis 77° K an Proben mittlerer Dotierung (einige 10^{16} cm^{-3}). Sie finden eine schwache, breite Resonanz bei 12,2 kG, was einem g-Faktor von 2,00 entspricht. Die Proportionalität der Arbeitsfrequenz zum Resonanzfeld B, sowie das Verschwinden der Resonanz, wenn das statische und das Mikrowellen-magnetfeld parallel sind, sehen die Autoren als Beweis dafür an, daß es sich um eine paramagnetische Resonanz handelt. Vermutlich rührt diese Resonanz von geometrischen oder chemischen Störstellen her. Die starke paramagnetische Zunahme der magnetischen Suszeptibilität beim Schmelzen von Selen und Tellur deutet ja ebenfalls auf magnetische Momente gestörter Bindungen hin (s. S. 11 sowie [11]). Auch hier wären weitere Experimente erforderlich, insbesondere an reinen Proben mit großen Defektkonzentrationen.

3.4.4 Magnetoabsorption an der Bandkante

3.4.4.1 Übersicht

Wegen der Anisotropie des Tellurs sind magnetooptische Experimente für eine große Anzahl von relativen Orientierungen der magnetischen Feldrichtung B, des elektrischen Feldes E bzw. der Ausbreitungsrichtung S der Lichtwelle möglich. Um möglichst übersichtliche Verhältnisse zu erhalten, betrachten wir dabei nur solche Orientierungen, bei denen die Feldvektoren B und E, die optische Achse c und die Ausbreitungsrichtung S zueinander senkrecht bzw. parallel stehen (Tab. 23, [35]).

Viele Experimente zeigen (z. B. Cyclotronresonanz [115], Fig. 59), daß die Flächen konstanter Energie rotationssymmetrisch zur c-Achse sind. Je nachdem, wie das Feld orientiert ist, erhält man verschiedene Cyclotronresonanzfrequenzen, die man insbesondere, wenn im einfach-sten Fall die Flächen konstanter Energie durch Rotationsellipsoide beschrieben werden, durch kombinierte Massen beschreiben kann gemäß

$$\frac{1}{m_{\perp n}} + \frac{1}{m_{\perp p}} \qquad \text{bei } B \parallel c \tag{77}$$

und

$$\frac{1}{(m_{\perp} m_{\parallel})_n^{1/2}} + \frac{1}{(m_{\perp} m_{\parallel})_p^{1/2}} \qquad \text{bei } B \perp c . \tag{78}$$

Den spektralen Verlauf der Absorptionskonstanten erhält man wieder aus (39), wobei jetzt sowohl das Matrixelement M als auch die kombinierte Zustandsdichte D durch das Magnetfeld gegenüber dem feldfreien Fall abgeändert sein können. Vor allem hat die starke Häufung der Zustände in der Nähe der Landau-Niveaus eine periodische Änderung der Absorptionskonstanten zur Folge.

Für die direkt erlaubten Übergänge bei Polarisation $E \perp c$ ist das Matrixelement von k und B unabhängig. Damit ist der Verlauf von $K \cdot \hbar\omega$ wieder unmittelbar ein Abbild der kombinierten Zustandsdichte

$$K(B, \omega) \cdot \hbar\omega$$

$$\sim \hbar\omega_c \sum_n |M_0|^2 \left[\hbar\omega - E_g - \hbar\omega_c \left(n + \frac{1}{2} \right) \pm \frac{\mu_B}{2} (g_n \pm g_p) B \right]^{-1/2} . \tag{79}$$

Entsprechend der Auswahlregel $\Delta k = 0$ für die direkt erlaubten Übergänge, werden hierbei nur Zustände mit gleichem k_z und aus Landau-Niveaupaaren gleicher Quantenzahl n kombiniert, also $\Delta n = 0$.

ω_c setzt sich dabei je nach Feldorientierung aus den effektiven Massen zusammen nach (77) oder (78).

Die Auswahlregeln für die möglichen Kombinationen der Zweige verschiedener Spinquantenzahlen werden analog zum normalen Zeemann-Effekt durch die Orientierung des E-Vektors bestimmt: Dipolübergänge mit einem elektrischen Moment $\perp B$ gehen aus Zweigen verschiedener Spinquantenzahl hervor. Beobachtet man also transversal mit linear polarisiertem Licht $E \perp B$, so findet man Absorptionsmaxima für $\Delta m = \pm 1$; und in (79) tritt die Summe der g-Faktoren auf; beobachtet man longitudinal, so erhält man mit unpolarisierter Strahlung ebenfalls Maxima für $\Delta m = \pm 1$, bei Verwendung von zirkular polarisiertem Licht dagegen findet man je nach Umlaufsinn nur die Kombination

$$\Delta m = + 1 \quad \text{bzw.} \quad \Delta m = - 1 .$$

Dipolübergänge mit einem elektrischen Moment $\parallel B$ sind Kombinationen ohne Änderung der Spinorientierung. Bei transversaler Beleuchtung mit linear polarisiertem Licht $E \parallel B$ findet man also Absorptionsmaxima für $\Delta m = 0$, in (79) tritt die Differenz der g-Faktoren auf. Für die erlaubte Kante sind somit die Fälle Nr. 1–6 der Tab. 23 zu unterscheiden.

Tabelle 23.

Übergang	B, c	B, E		Proben-orientierung	$K(B, \omega)$ (ohne Spin)	Kombinationen der g-Faktoren	Kombinationen der eff. Massen	Nr.
$E \perp c$ erlaubt	$B \parallel c$	$B \perp E$	$(10\bar{1}0)$	$\vec{B}$, $\vec{E}$, $\vec{S}$	1 Serie Oscillationen $\Delta n = 0$	$\pm (g_n + g_p)_\perp$ $\Delta m = \pm 1$	$\dfrac{1}{m_{n\perp}} + \dfrac{1}{m_{p\perp}}$	1
			(0001)	$\vec{E}$, $\vec{S}$, $\vec{B}$				2
	$B \perp c$	$B \perp E$	$(10\bar{1}0)$	$\vec{E}$, $\vec{S}$, $\vec{B}$	1 Serie Oscillationen $\Delta n = 0$	$\pm (g_n + g_p)_{\perp \parallel}$ $\Delta m = \pm 1$	$\dfrac{1}{(m_\perp \cdot m_\parallel)_n^{1/2}}$	3
			(0001)	$\vec{B}$, $\vec{E}$, $\vec{S}$			$+ \dfrac{1}{(m_\perp \cdot m_\parallel)_p^{1/2}}$	4
		$B \parallel E$	$(10\bar{1}0)$	$\vec{B}$, $\vec{E}$, $\vec{S}$	1 Serie Oscillationen $\Delta n = 0$	$\pm (g_n - g_p)_{\perp \parallel}$ $\Delta m = 0$	$\dfrac{1}{(m_\perp \cdot m_\parallel)_n^{1/2}}$	5
			(0001)	$\vec{B}$, $\vec{E}$, $\vec{S}$			$+ \dfrac{1}{(m_\perp \cdot m_\parallel)_p^{1/2}}$	6
$E \parallel c$ verboten	$B \parallel c$	$B \parallel E$	$(10\bar{1}0)$	$\vec{B}$, $\vec{E}$, $\vec{S}$	2 Serien Oscillationen $\Delta n = \pm 1$ und 1 Serie Stufen $\Delta n = 0$	$\pm (g_n + g_p)_\perp$ $\Delta m = \pm 1$ $\pm (g_n - g_p)_\perp$ $\Delta m = 0$	$\dfrac{1}{m_{n\perp}} + \dfrac{1}{m_{p\perp}}$ $m_{n\perp}, m_{p\perp}$	7
	$B \perp c$	$B \perp E$	$(10\bar{1}0)$	$\vec{B}$, $\vec{E}$, $\vec{S}$	2 Serien Oscillationen $\Delta n = \pm 1$ und 1 Serie Stufen $\Delta n = 0$	$\pm (g_n - g_p)_{\perp \parallel}$ $\Delta m = 0$ $\pm (g_n + g_p)_{\perp \parallel}$ $\Delta m = \pm 1$	$\dfrac{1}{(m_\perp \cdot m_\parallel)_n^{1/2}}$ $+ \dfrac{1}{(m_\perp \cdot m_\parallel)_p^{1/2}}$ $(m_\perp \cdot m_\parallel)_{n,p}^{1/2}$	8

Für die direkt verbotenen Übergänge bei der Polarisation $E \parallel c$ ist das Übergangsmatrixelement nicht mehr von k und B unabhängig. Wie bei der Beschreibung der verbotenen Kante ohne Magnetfeld entwickelt man $M(k)$ nach Potenzen von k bis zur 1. Ordnung [s. Abschn. 3.3.2.1, (41)]. Man hat nun zwei Fälle zu unterscheiden: den longitudinalen Beitrag der k_z-Komponente ($B \parallel z$) und den transversalen Beitrag.

Im longitudinalen Fall ergibt die Kombination von Zuständen gleicher Quantenzahl ($\Delta n = 0$) ein nur von k_z abhängiges Matrixelement, unabhängig vom Magnetfeld. Der spektrale Verlauf dieses Beitrags zur Absorptionskonstanten hat dann die Form

$$K(\boldsymbol{B}, \omega) \cdot \hbar\omega$$

$$\sim \hbar\omega_c \sum_n |M_1|_z^2 \left[\hbar\omega - E_g - \hbar\omega_c \left(n + \frac{1}{2} \right) \pm \frac{\mu_B}{2} (g_n \pm g_p) B \right]^{+1/2} . \tag{80}$$

Dies ist eine Serie äquidistanter Stufen der Form $(\hbar\omega - E_n)^{1/2}$, die sich zu einem monoton anwachsenden Verlauf von $K(\boldsymbol{B}, \omega)$ überlagern. Der Beitrag der Spinentartung entspricht dem bei der erlaubten Kante.

Beim transversalen Beitrag werden durch das Magnetfeld Zustände mit ungleichen Quantenzahlen der Landau-Niveaus kombiniert. Im einfachsten Fall ($\Delta n = \pm 1$) setzt sich dieser Beitrag zur Absorptionskonstante zusammen aus je einer Serie Oscillationen für $\Delta n = +1$ bzw. $\Delta n = -1$,

$$K(\boldsymbol{B}, \omega) \cdot \hbar\omega$$

$$\sim (\hbar\omega_c)^2 \cdot \sum_n \left\{ (n+1) |M_{+1}|^2 \cdot \left[\hbar\omega - E_g - \hbar\omega_c(n+1) - \hbar\omega_n \right. \right.$$

$$\left. \pm \frac{\mu_B}{2} (g_n \pm g_p) B \right]^{-1/2} + n |M_{-1}|^2 \left[\hbar\omega - E_g - \hbar\omega_c(n+1) - \hbar\omega_p \tag{81} \right.$$

$$\left. \left. \pm \frac{\mu_B}{2} (g_n \pm g_p) B \right]^{-1/2} \right\},$$

die gegenüber dem erlaubten Fall (79) um $\hbar\omega_n$ bzw. $\hbar\omega_p$ verschoben sind. Bei Spinentartung werden die möglichen Kombinationen wieder durch die Orientierung des $\boldsymbol{E}$-Vektors zum Magnetfeld bestimmt. Da $\Delta n = \pm 1$ ist, muß man nun beachten, daß die Auswahlregeln für die Kombination von Bahn- und Spinquantenzahl gelten. Dadurch sind die Auswahlregeln komplementär zu denen des erlaubten Übergangs. Für den Fall des Tellurs ergeben sich dadurch drei weitere Möglichkeiten (Nr. 7, 8 in Tab. 23): eine für die Orientierung $\boldsymbol{B} \parallel c$ und zwei für $\boldsymbol{B} \perp c$. In beiden Fällen setzt sich die Absorptionskonstante aus dem longitudinalen Beitrag ($\Delta n = 0$) und dem transversalen Beitrag ($\Delta n = \pm 1$) zusammen.

Wenn die Cyclotronresonanzenergie $\hbar\omega_c$ viel größer ist als die Excitonenbindungsenergie E_{ex} – bei Tellur also oberhalb ca. 10 kG – kommen zu der Absorptionsstruktur bei angelegtem Magnetfeld infolge der Landau-Niveauübergänge der freien Elektronen und Löcher unter Umständen noch symmetrische Linien, die Übergängen der Elektronen in die jedem Landau-Niveau vorgelagerten gebundenen Excitonenniveaus entsprechen [118]. Mit einer Auflösung beider Absorptionsbeiträge kann beim Tellur nicht gerechnet werden. Doch erklärt das Auftreten der Excitonenlinien z. B. einen oscillierenden spektralen Absorptionsverlauf, dort, wo nur Stufen zu erwarten sind.

Untersucht man die Feldabhängigkeit der spektralen Lage der Absorptionsstrukturen, so kann man durch Extrapolation auf $B = 0$ sehr genau die Energielücke E_g bestimmen, da sowohl die Landau-Aufspaltung (73) als auch die Pauli-Aufspaltung (74) linear von B abhängen.

Mißt man mit linear polarisiertem Licht, so findet man immer eine Aufspaltung der Absorptionslinien um den Spinterm, d. h. beispielsweise gemäß $\pm \dfrac{\mu_B}{2}(g_n \pm g_p)\,B$. Bei Experimenten mit zirkular polarisiertem Licht dagegen erhält man je nach Umlaufsinn nur eine um $\dfrac{\mu_B}{2}(g_n \pm g_p)\,B$ zu höheren oder niederen Energien verschobene Serie von Landau-Übergängen. Beim Tellur wären diese Experimente für die Orientierung 2, 4 und 6 möglich, doch sind sie bisher noch nicht durchgeführt worden.

Besonders interessant wäre außerdem die Kombination von 4 und 6, da im einen Fall wegen $\Delta m = \pm 1$ die Summe und im anderen Fall wegen $\Delta m = 0$ die Differenz der g-Faktoren auftritt, also an einer einzigen Probe der g-Faktor für Valenz- und Leitungsband getrennt bestimmt werden könnte. Das wäre gerade beim Tellur von besonderer Bedeutung, um die theoretischen Vorstellungen von der Spinstruktur des Valenzbandes zu prüfen, nach denen keine Pauli-Aufspaltung des Valenzbandes zu erwarten ist (s. Abschn. 3.2.3). Denn da die Bänder bereits durch das Kristallfeld aufgespalten sind, ist nicht nur keine Spinresonanz zu erwarten, sondern eine genauere Untersuchung der Spinstruktur der Eigenfunktionen ergibt sowohl in „H" als auch in „H^*" für die Eigenfunktionen der Symmetrie H_4 bzw. H_5 im oberen und unteren Valenzbandzweig eine gleiche Mischung der beiden Spinanteile (s. [80]), so daß für alle vier Möglichkeiten der gleiche g-Faktor zu erwarten ist. Es ist also weder eine Aufspaltung der Zustandsdichten zwischen den Punkten H und H^* eines Zweiges im Magnetfeld zu erwarten, noch eine Aufspaltung oder energetische Verschiebung der p-Bande (s. Abschn. 3.4.5). Ebenso ist kein Pauli-Paramagnetismus der Löcher zu erwarten (s. Abschn. 3.6). Die Bestimmung der g-Faktoren aus Spektren des Falls 7 und 8 bestätigen bereits dieses Bild (s. w. u.).

Da die magnetooptischen Strukturen nur bei guter Erfüllung der Stoßzeitbedingungen (75), (76) zu erwarten sind, ist in Fig. 60 ihr Einfluß auf die Landau-Struktur dargestellt (*Winzer* [36]), wie er sich theoretisch ergibt, wenn man sie als Dämpfung durch eine phänomenologische Relaxationszeit τ beschreibt. Im verbotenen Übergang erhält man eine starke Erhöhung der Absorption, vor allem auch vor der Bandkante. Für die Oscillationen der erlaubten Übergänge erhält man, wegen der unsymmetrischen Verteilung der Zustandsdichte um die Landau-Niveaus, bei der Verbreiterung durch die Dämpfung eine Verschiebung der Absorptionsmaxima zu höheren Energien um $\hbar/(\sqrt{3} \cdot \tau)$.

Bei der Zusammenstellung der Fälle der Tab. 23 wurde nur zwischen der Orientierung $\parallel$ und $\perp$ zur c-Achse unterschieden. Tatsächlich muß man aber noch zwischen der zweizähligen kristallographischen x-Richtung und der y-Richtung unterscheiden (s. Fig. 1). Eine Drehung der

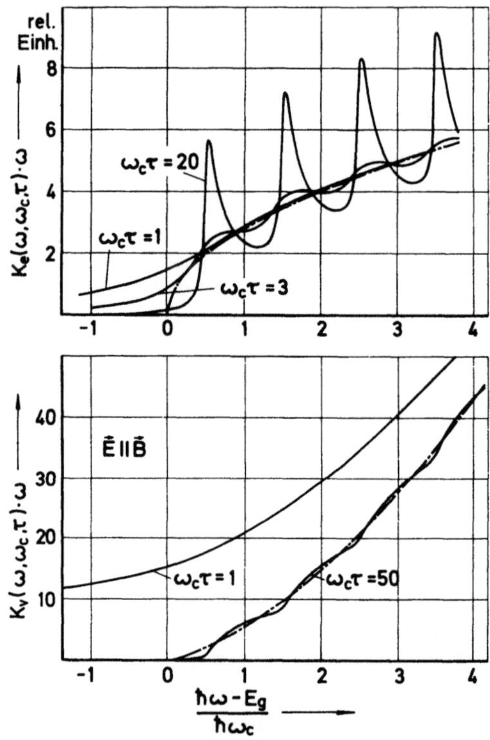

Fig. 60a u. b. Theoretisch zu erwartender Verlauf der Absorption an der Bandkante bei Verbreiterung durch Stoßzeit-Dämpfung (aus [36]). a direkt erlaubter Übergang. b direkt verbotener Übergang. $\cdots\cdots$ Verlauf ohne Stoßzeitverbreiterung und Magnetfeld, ——— Verlauf mit Stoßzeitverbreiterung und Magnetfeld. Die Kurve $\omega_c\tau = 1$ ist dem Verlauf bei Stoßzeitverbreiterung im magnetfeldfreien Fall ähnlich

Proben um die y-Achse – oder eine entsprechende Feldumkehr – kann eine Änderung der Spektren zur Folge haben, eine Drehung um die x-Achse jedoch nicht. Tatsächlich ist dieser Einfluß beobachtet worden (Fig. 66). Diese Symmetrie-Eigenschaft für die Zuordnung der Absorptionsmaxima auszunutzen, wurde aber bisher noch nicht versucht!

3.4.4.2 Experimentelle Ergebnisse

Die ersten magnetooptischen Untersuchungen wurden von *Rigaux* u. Mitarb. [119] mitgeteilt. Inzwischen wurden Messungen folgender Fälle der Tab. 23 mitgeteilt: Fall 1 von [94], Fall 5 von [35], Fall 7 von [35, 93], Fall 8 von [35]. Die in [35] gewählten Orientierungen gestatten zusammen eine vollständige Bestimmung des Massentensors der Elektronen und Löcher und des g-Tensors der Elektronen. Über Messungen im longitudinalen Feld wurde noch nicht berichtet.

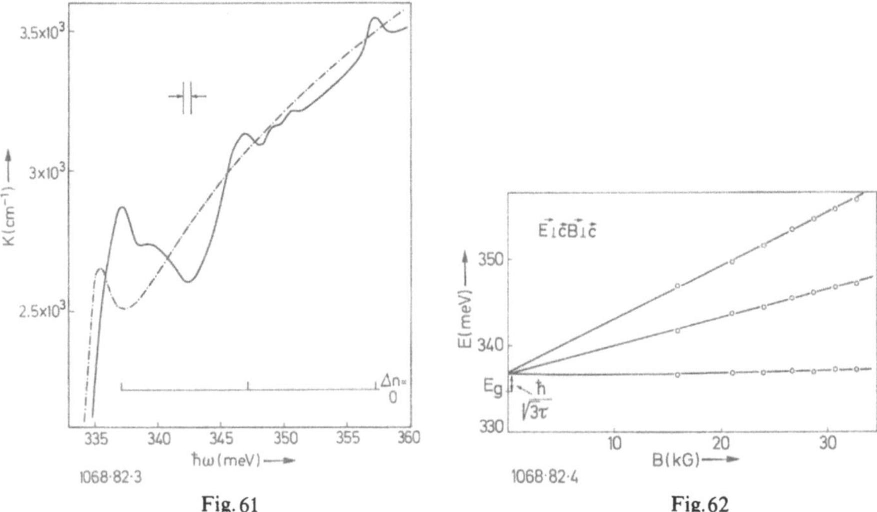

Fig. 61   Fig. 62

Fig. 61. Magnetoabsorptionsspektrum der Bandkante $E \perp c$ (aus [35]). - - - - - $B = 0$, ———— $B = 32\,\mathrm{kG}$ ($B \perp c$, $B \parallel E$; Tab. 23, Fall 5)

Fig. 62. Feldabhängigkeit der Magnetoabsorptionslinien der Fig. 61, mit Stoßzeitkorrektur (aus [35])

Experimentell unterscheiden sich die magnetooptischen Messungen der erlaubten Übergänge wesentlich von denen der verbotenen Übergänge. Denn wegen der starken Absorption der erlaubten Übergänge müssen die Messungen an extrem dünnen Proben (ca. 10 µm Dicke) durchgeführt werden, so daß sie immer stärkere Strukturstörungen haben und damit die Stoßzeitbedingung schlechter erfüllen als die Proben für die verbotenen Übergänge mit ca. 1 mm Dicke.

In den Fig. 61 und 62 ist das Absorptionsspektrum des Falles 5 angegeben bzw. die Extrapolation auf E_g, in Fig. 63 und 64 das gleiche für den Fall 7 und in Fig. 65 das Spektrum des Falles 8 (tranversales Magnetfeld).

Im verbotenen Spektrum (Fall 7) sind drei Linien einer Serie mit der Auswahlregel $\Delta n = -2$ zugeordnet. Diese Deutung wurde bereits von *Rigaux* [93] angenommen. Das deutliche Auftreten dieser Linien ist wieder ein Hinweis darauf, daß die Beschreibung des verbotenen Übergangs durch eine Entwicklung des Matrixelements nach Potenzen von *k*

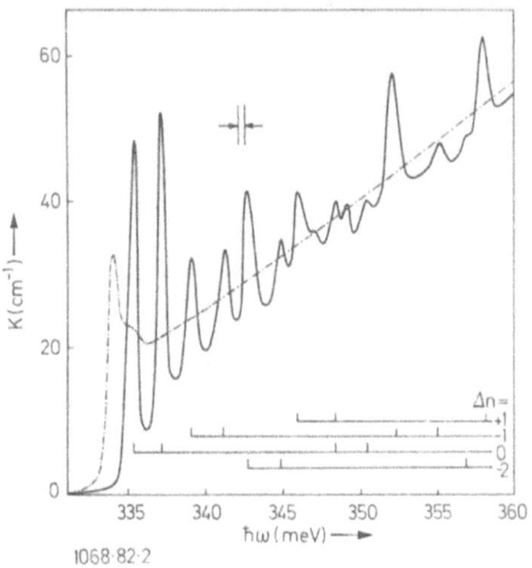

Fig. 63. Magnetoabsorptionsspektrum der Bandkante $E \parallel c$ (aus [35]). $-\cdots-\cdots-$ $B = 0$, ———— $B = 32\,\mathrm{kG}$ ($B \parallel c$, $B \parallel E$; Tab. 23, Fall 7)

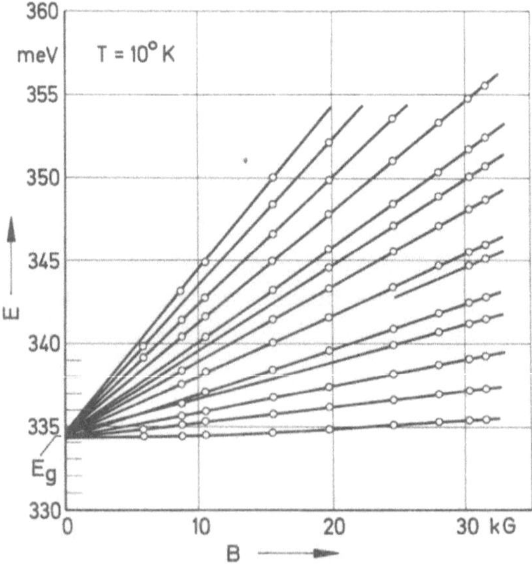

Fig. 64. Feldabhängigkeit der Magnetoabsorptionslinien der Fig. 63 (aus [35])

bis zur 1. Ordnung unzureichend ist (s. a. [35]). Außerdem ist die magnetooptische Struktur der Kante bei Polarisation $E \parallel c$ eine Bestätigung dafür, daß hier – wenigstens bei tiefen Temperaturen – indirekte Übergänge keine wesentliche Rolle spielen.

Die aus diesen Messungen folgenden Werte für die Energielücke, die effektiven Massen und g-Faktoren sind in Tab. 24 zusammengestellt. Sie sind Eigenschaften des Tellurs bei tiefen Temperaturen (10° K) und geringen Ladungsträgerkonzentrationen (einige 10^{14} cm^{-3}).

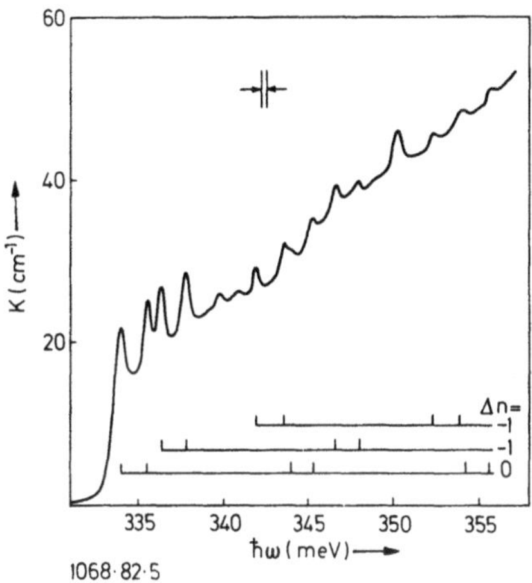

Fig. 65. Magnetoabsorptionsspektrum der Bandkante $E \parallel c$ ($B = 33,1$ kG, $B \perp c$, $B \perp E$; Tab. 23, Fall 8) (aus [35])

Die Extrapolation der Energielücke gibt für beide Polarisationsrichtungen mit hoher Genauigkeit den gleichen Wert. Damit ist die Annahme, daß beide Male die Übergänge zwischen den gleichen Valenz und Leitungsbandzweigen stattfinden und der Dichroismus allein aus der Anisotropie des Matrixelementes kommt, bewiesen. Die Löchermassen stimmen gut mit den Cyclotronmassen überein. Für die Elektronenmassen erhält man allerdings erstaunlich kleine Werte. Dies steht im Gegensatz zu Messungen von Transportgrößen an eigenleitenden Proben (s. Abschn. 4.6.2), die allerdings immer bei hohen Temperaturen (oberhalb 300° K) durchgeführt werden mußten.

Mit der Excitonenmasse von 0,053 m_0 (s. S. 84) dagegen stimmen die geringen Elektronenmassen besser überein. Die Excitonenmasse wird vorwiegend durch die leichteren Massen festgelegt. Aus den Massen der Tab. 24 erhält man nach (51) für die Excitonenmasse 0,030 m_0, sie ist also von der gleichen Größenordnung wie die gemessene.

Für die Spinaufspaltung erhält man sowohl im Fall 7 ($B \parallel c$) als auch im Fall 8 ($B \perp c$) für die Serien $\Delta n = 0$ und $\Delta n = \pm 1$ die gleichen Werte, obwohl einmal die Summe und einmal die Differenz der g-Faktoren eingeht. Wir sehen dies als Bestätigung dafür an, daß das Valenzband keine Spinaufspaltung zeigt. Der gemessene g-Faktor ist also der des Leitungsbandes, das im Punkte H aus einem im magnetfeldfreien Fall zweifach entarteten Zweig der Symmetrie H_6 besteht.

Tabelle 24. *Magnetoabsorptionsmessungen*

Energielücke

	Polarisation	
	$E \parallel c$	$E \perp c$
E_g	$334{,}6 \pm 0{,}3$ meV	$334{,}5 \pm 0{,}5$ meV

effektive Massen

	transversal $\dfrac{m_\perp}{m_0}$	longitudinal $\dfrac{m_\parallel}{m_0}$	$\dfrac{m_\parallel}{m_\perp}$		
Löcher	$0{,}113 \pm 0{,}01$	$0{,}258 \pm 0{,}08$	$2{,}28$	[35]	Magnetoabsorption
	$0{,}115$	—	—	[122]	
	$0{,}109 \pm 0{,}008$	$0{,}264 \pm 0{,}008$	$2{,}42$	[115]	Cyclotronresonanz
Elektronen	$0{,}037 \pm 0{,}05$	$0{,}059 \pm 0{,}01$	$1{,}58$	[35]	Magnetoabsorption
	$0{,}038$	—	—	[122]	

g-Faktor

	$B \parallel c$	$B \perp c$
g_n	$11{,}2 \pm 1$	$7{,}0 \pm 1$

Für beide Spektren des verbotenen Übergangs (Fall 7 und 8) wurde vor allem bei schwachen Magnetfeldern eine starke Richtungsabhängigkeit beobachtet, wenn man die relative Lage des Magnetfeldes zu der zweizähligen x-Achse (polare Achse, Fig. 1) ändert, die senkrecht zur Ausbreitungsrichtung steht. Dabei vertauschen immer je nach Feldorientierung paarweise Linien ihre Stärke, die durch Spinaufspaltung auseinander hervorgegangen sind. Ein Beispiel zeigt Fig. 66.

3.4.5 Magnetoabsorption der p-Bande

Die Landau- und Pauli-Aufspaltung der Bandzweige läßt sich ebenso bei Übergängen zwischen den oberen und unteren Valenzbandzweigen durch Absorptionsmessungen beobachten, wenn im obersten Valenz-

bandzweig („2") genügend viele freie Plätze vorhanden sind, wenn also
eine *p*-Bande auftritt (s. Abschn. 3.3.3). Die *p*-Bande ist am stärksten bei
hohen Löcherkonzentrationen. Leider erfüllen aber gerade die hochdotierten Proben die Stoßzeitbedingung schlecht. Auf die Möglichkeit,
Magnetooscillationen der *p*-Bande zu beobachten, wurde von *Korovin*

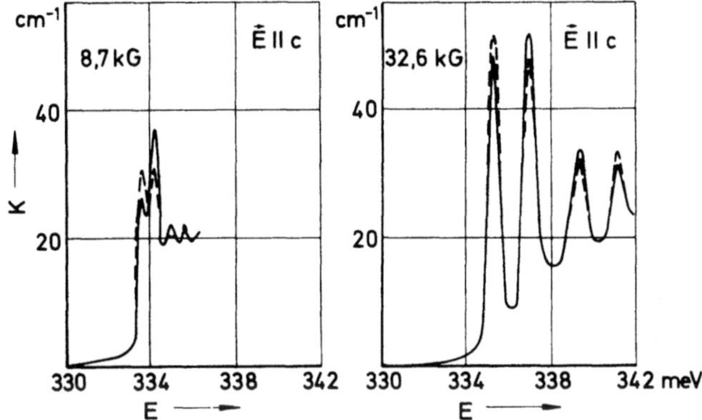

Fig. 66. Änderung des Magnetoabsorptionsspektrums (Tab. 23, Fall 7), beim Umpolen des
Feldes entsprechend einer Vertauschung der polaren *x*-Achse. Linien-Dublets, die durch
Spin-Aufspaltung entstehen, vertauschen ihre Stärke (aus [36])

u. Mitarb. [120] hingewiesen. Über Experimente wurde von *Hardy*
u. Mitarb. berichtet [112].

Diese Absorptionsmessungen wurden an reinen Proben mit Löcherkonzentrationen von einigen $10^{14}\,\mathrm{cm^{-3}}$ bei 4° K durchgeführt. Die
Orientierung der Felder war $E \parallel c, B \perp c, B \perp E$.

Deutet man die Oscillationen allein durch Übergänge zwischen
Landau-Niveaus mit der Auswahlregel $\Delta n = 0$, so gilt für die Abstände
der Oscillationen dieser Serie

$$\Delta E = \hbar\omega_c = \hbar eB \left\{ \frac{1}{(m_\perp m_\parallel)_1^{1/2}} - \frac{1}{(m_\perp m_\parallel)_2^{1/2}} \right\}, \tag{82}$$

wenn man die Bänder wieder durch rotationsellipsoidische Energieflächen und parabolische $E(\mathbf{k})$-Abhängigkeit beschreibt. Da hier Übergänge zwischen zwei Bandmaxima vorliegen, geht in (82) die Differenz
der reziproken Massen und nicht wie bei den Valenzband-Leitungsband-
Übergängen die Summe ein (78). Je nachdem, ob im unteren Bandzweig
die Cyclotronmassen kleiner oder größer sind als im oberen Bandzweig,
erhält man die Oscillationen bei höherer bzw. niedrigerer Energie als
E_g. E_g liegt aber im Absorptionsmaximum (s. Abschn. 3.3.3).

Die Experimente zeigen für $B \perp c$ Oscillationen bei Energien oberhalb des Maximums (Fig. 67). Aus der Feldabhängigkeit der spektralen Lage der Oscillationen (Fig. 68) ergibt sich für die Massendifferenz

$$\frac{1}{(m_\perp m_\parallel)_1^{1/2}} - \frac{1}{(m_\perp m_\parallel)_2^{\;1/2}} = \frac{1}{0,1\,m_0} \; .$$

Setzt man für m_2 die Löchermassen der Tab. 24 ein, so erhält man für den tieferen Zweig $(m_\perp m_\parallel)_1^{1/2} = 0,063\,m_0$, bzw. $(m_\perp m_\parallel)_1^{1/2} = 0,4\,(m_\perp m_\parallel)_2^{1/2}$.

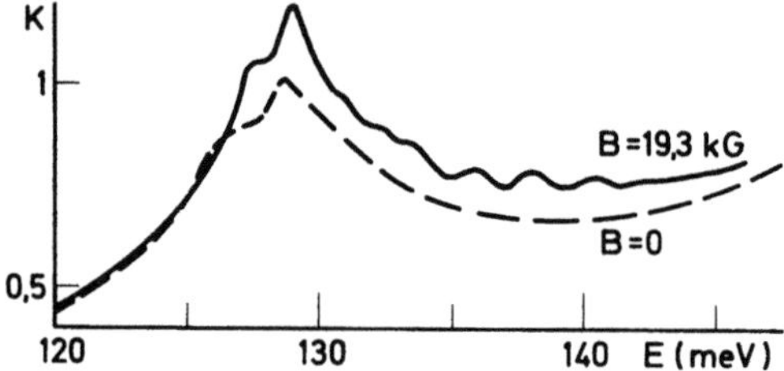

Fig. 67. Magnetoabsorptionsspektrum der p-Bande ($E \parallel c$, $B \perp c$, $T = 4°$ K (aus [112]). Neben den Magnetooscillationen zeigen die Spektren reinster Proben mit (———) und ohne (- - - - - -) Magnetfeld zwei Maxima (s. S. 110).

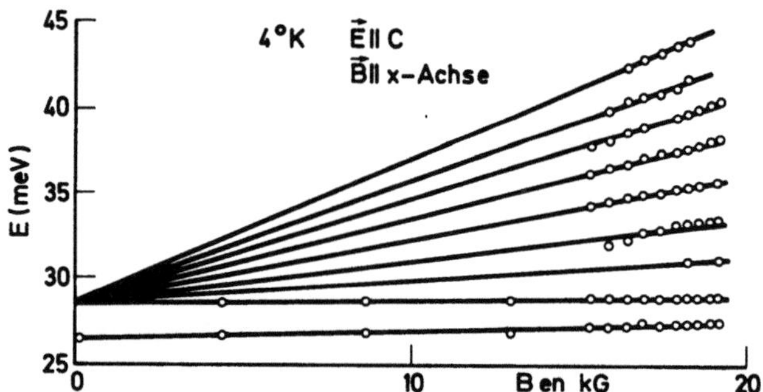

Fig. 68. Feldabhängigkeit der Magnetoabsorptionslinien der Fig. 67 (aus [112])

Dieses Ergebnis ließe sich am ehesten mit der Deutung der p-Bande durch einen M_1-Punkt (Abschn. 3.3.3, S. 110) vereinbaren. Da dann aber für die transversalen Massen $m_1 < m_2$ gefordert würde, müßten aber auch bei der Orientierung $B \parallel c$ die Oscillationen oberhalb E_g liegen. Messungen für diese Orientierung und genauere theoretische Überlegungen über den Verlauf der kombinierten Zustandsdichte für die p-Bande wären erforderlich. Dabei wäre auch der ebenfalls von *Hardy* u. Mitarb. beobachtete Satellit der p-Bande im magnetfeldfreien Fall zu berücksichtigen, der durch Feinheiten des Bandverlaufs im oberen Valenzbandmaximum gedeutet werden soll.

3.5 Shubnikov-de Haas-Effekt

Während die bisher besprochenen magnetooptischen Effekte sich nur an reinen Proben beobachten ließen, erlaubt die Untersuchung der magnetischen Widerstandsänderung an Proben mit einem entarteten Löchergas Aussagen über die Valenzbandparameter bei höheren Löcherkonzentrationen. Bei genügend hohen Magnetfeldern und genügend tiefen Temperaturen zeigt die Leitfähigkeit Oscillationen, den Shubnikov-de Haas-Effekt.

Beim entarteten Elektronen- oder Löchergas liefern vorwiegend die Elektronen in der Nähe der Fermikante einen Beitrag zur Leitfähigkeit.

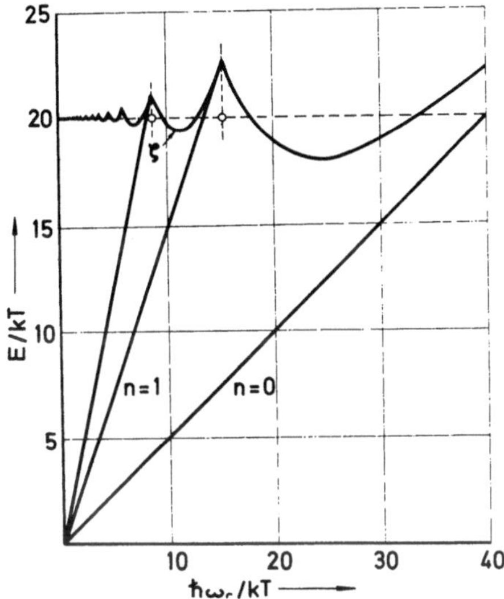

Fig. 69. Verlauf der feldabhängigen Fermi-Energie und der Energie der Landau-Niveaus. Die Abszisse ist mit $\omega_c = eB/m$ linear in B (aus [122])

Die Zustände im Band ziehen sich aber unter dem Einfluß des Magnetfeldes auf die Landau-Niveaus zusammen. Da sich die energetische Lage der Landau-Niveaus selbst linear mit dem Feld verschiebt, gibt es immer bei den Magnetfeldern einen starken Beitrag zum Widerstand, bei denen ein Landau-Niveau mit seiner erhöhten Zustandsdichte durch das Fermi-Niveau ζ „taucht". Wegen der inhomogenen Verteilung der Zustände über die Energieskala ist auch die Lage des Fermi-Niveaus etwas vom Magnetfeld abhängig (Fig. 69).

Man erhält für die Folge der Magnetfelder mit extremaler Leitfähigkeit die Bedingung

$$\zeta = \hbar\omega_c \left(\frac{1}{2} + n \right). \tag{83}$$

Zwei Extrema folgen also aufeinander mit der Periode

$$\Delta\left(\frac{1}{B}\right) = \frac{\hbar e}{\zeta m^*}\,. \tag{84a}$$

Bei komplizierteren Bändern, die nicht durch eine effektive Masse beschrieben werden können, ist die Periode der Oscillationen durch die extremalen Querschnitte A_{extr} der Fermifläche senkrecht zur Feldrichtung festgelegt.

$$\Delta\left(\frac{1}{B}\right) = \frac{2\pi e}{\hbar}\cdot\frac{1}{A_{\mathrm{extr}}}\,. \tag{84b}$$

Bei sphärischen Energieflächen und parabolischen Bändern wäre dieser Querschnitt

$$A = 2\pi m^* \zeta/\hbar^2\,.$$

Desto „unschärfer" die Fermikante ist, d. h. also desto höher die Temperatur ist, desto weniger ausgeprägt sind die Oscillationen der Leitfähigkeit. Gerade diese Erscheinung nützt man aber aus, um die Cyclotronmassen zu bestimmen. Denn aus der Periode der Oscillationen kann man zwar unmittelbar nach (84) den Querschnitt A der Fermifläche und deren Anisotropie bestimmen, eine Cyclotronmasse jedoch nur, wenn man die Fermienergie bzw. die Konzentration zusammen mit den Zustandsdichten kennt.

Eine Theorie für den genauen Leitfähigkeitsverlauf für Streuung an akustischen Phononen bei vorwiegender Streuung zwischen den Landau-Niveaus wurde von *Adams* u. Mitarb. [121] angegeben. In der für die Verhältnisse des Tellurs gültigen Näherung [122] ergibt sie

$$\frac{\Delta\sigma}{\sigma_0} = -\frac{5}{\sqrt{2}}\left(\frac{\hbar\omega_c}{\zeta}\right)^{1/2}\cdot\frac{2\pi^2 kT/\hbar\omega_c}{\sinh 2\pi^2 kT/\hbar\omega_c}$$
$$\cdot\cos\left(\frac{2\pi\zeta}{\hbar\omega_c}-\frac{\pi}{4}\right)\exp\left(-\frac{2\pi}{\omega\tau}\right). \tag{85}$$

Die ersten Experimente wurden von *Braun* u. Mitarb. [123, 124] unternommen. Die Experimente müssen bei sehr hohen Magnetfeldern (bis 200 kG) durchgeführt werden. Diese wurden im Impulsbetrieb durch Luftspulen erzeugt. Es wurden Proben mit Löcherkonzentrationen zwischen 10^{17} und einigen 10^{18} cm^{-3} bei 2,1 und 4,2° K untersucht. Die Autoren erhalten folgende Ergebnisse [122]: Die Fermifläche ist innerhalb der Meßgenauigkeit rotationssymmetrisch zur trigonalen Achse.

Das ergab sich aus Messungen, bei denen das Magnetfeld senkrecht zur c-Achse der Probe gedreht wurde. Für die Orientierung $\boldsymbol{B}\perp c$ läßt sich die Fermifläche nicht mehr durch ein Rotationsellipsoid beschreiben, da sich dann die Lage der Oscillationen mit $\sin^2 \vartheta$ ändern müßte [$\vartheta = \,< (\mathbf{B}, c)$]. Bei $\vartheta \approx 30°$ weichen aber die Meßpunkte stark von diesem Verlauf ab (Fig. 70).

Eine mögliche Deutung der Experimente wäre eine Fermifläche mit einer hyperbolischen Einschnürung am Äquator (Fig. 71) ähnlich einer

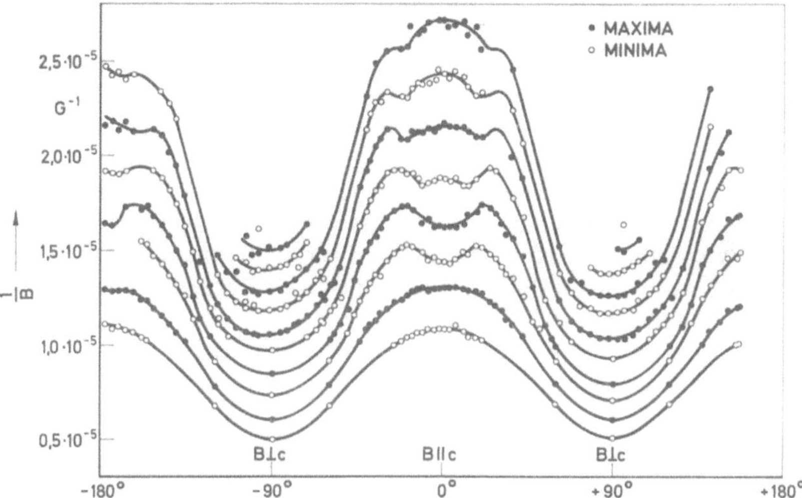

Fig. 70. Winkelabhängigkeit der Magnetooscillationen des elektrischen Widerstandes beim Drehen des Feldes in einer (2$\overline{1}\overline{1}$0)-Ebene (y-z-Ebene der Fig. 29; aus [122])

„Hantel". Für die Anisotropie der Cyclotronmassen bzw. der Flächen A ergeben die Messungen

$$\frac{A_{\mathbf{B}\perp c}}{A_{\mathbf{B}\|c}} = 2{,}36 \,.$$

Aus der Abnahme der Amplitude der Widerstandsoscillationen beim Erwärmen von 2,1 auf 4,2° K wurden nach (85) die beiden Cyclotronmassen

$$\mathbf{B} \| c \quad m_\perp = (0{,}11 \pm 0{,}03)\,m_0 \quad \text{und} \quad \mathbf{B} \perp c \quad m_{\|\perp} = (0{,}25 \pm 0{,}04)\,m_0$$

$$\text{bzw.} \quad \frac{m_{\|\perp}}{m_\perp} = 2{,}36$$

bestimmt.

Innerhalb der Meßgenauigkeit konnte keine Konzentrationsabhängigkeit der Massen beobachtet werden.

Für die Stoßzeiten ergab sich an einer Probe mit einer Löcherkonzentration von $1,5 \cdot 10^{18}$ cm^{-3} bei

$$B \parallel c \qquad \tau_\perp = 3,3 \cdot 10^{-13}\ \text{s}$$

und bei

$$B \perp c \qquad \tau_{\parallel\perp} = 2 \left(\frac{1}{\tau_\perp} + \frac{1}{\tau_\parallel} \right)^{-1} = 3,5 \cdot 10^{-13}\ \text{s}.$$

Die Stoßzeiten sind also fast isotrop.

Neuere Messungen von *Braun* u. Mitarb. [125] in statischen Magnetfeldern bis 150 kG scheinen dieses Bild von der hantelförmigen Fermifläche zu bestätigen. Denn da eine Hantel im Gegensatz zum Rotationsellipsoid zwei extremale Querschnitte hat, müßte man bei einer hantelförmigen Fermifläche auch zwei Perioden von Widerstandsoscillationen erwarten. Tatsächlich zeigen die statischen Messungen mit ihrer höheren Auflösung für $B \parallel c$ eine Überlagerung zweier verschiedener Perioden. Die vorher angegebenen Ergebnisse, der weniger auflösenden Impulsmessungen muß man dann für die Orientierung $B \parallel c$ als Mittelwert dieser beiden Perioden auffassen.

Für die Orientierung $B \perp c$ ergeben auch die statischen Messungen nur eine Periode. Diese entspricht einer Cyclotronmasse

$$m_{\parallel\perp} = (0,21 \pm 0,01)\, m_0\,.$$

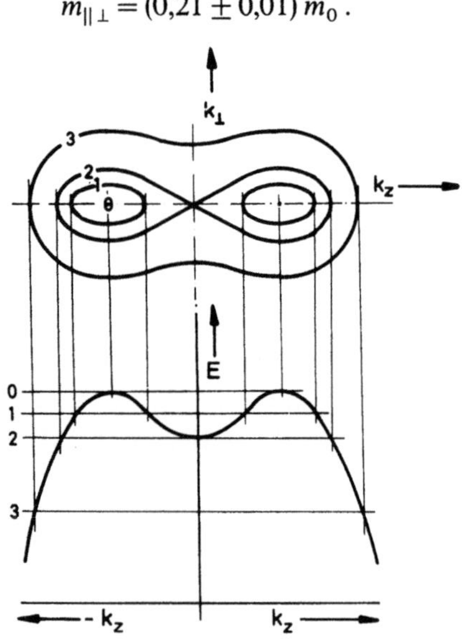

Fig. 71. Entstehung einer „hantel"-förmigen Energiefläche durch das Verschmelzen zweier Ellipsoide, die zwei etwas in Richtung P aus dem Punkte H verschobenen Valenzbandextrema entsprechen

Vergleicht man die so bestimmten Massen mit den an reinsten Proben bestimmten (Tab. 24), so findet man zwar gute Übereinstimmung für die transversalen Massen, die gemischten für $B \perp c$ dagegen sind aber viel größer, nämlich $0,25\, m_0$ bzw. $0,21\, m_0$ gegenüber $\sqrt{m_\perp \cdot m_\parallel} = 0,171\, m_0$ für die reinen Proben.

Diese Diskrepanz läßt sich nun etwa erklären, wenn man für den Valenzbandverlauf wieder die Annahme macht, daß das Maximum etwas aus H in Richtung der P-Achse verschoben ist (s. a. S. 110). Bei Proben geringer Löcherkonzentration sind nur diese leicht verschobenen Extrema entleert. Wirksam sind dann 4 Ellipsoide bzw. "Valleys", die alle wegen der bereits mehrfach besprochenen Spinaufspaltung des Valenzbandes nur einfach besetzbar sind. Desto höher die Löcherkonzentration wird, desto größer werden die Ellipsoide. Diese berühren bzw. durchdringen sich dann und bilden eine hantelförmige Energiefläche (Fig. 71). Dieser hantelförmige Fermikörper ist nun symmetrisch um den Punkt H der Brillouin-Zone angeordnet, er ragt also an jeder Ecke H bzw. H^* nur mit einem Sechstel in die Brillouin-Zone hinein. Jetzt verhält sich also das Valenzband des Tellurs wie ein Halbleiter mit nur 2 "Valleys", die wieder nur einfach besetzbar sind. Will man also die Cyclotronmassen m_c an schwach und stark dotierten Proben vergleichen, so ist dies für den Fall $B \parallel c$ direkt möglich, für den Fall $B \perp c$ muß man dagegen die doppelte Cyclotronmasse der reinen Proben mit der stark dotierten vergleichen, da der Fermikörper bei hohen Dotierungen ja aus 2 Ellipsoiden der reinen Proben hervorgegangen ist. Man erhält dann

$$
\begin{array}{lll}
& \text{aus schwach,} & \text{aus stark dotierten Proben} \\[4pt]
B \parallel c: & m_\perp = 0,113\, m_0, & m_\perp = 0,11\, m_0, \\[6pt]
B \perp c: & 2m_{\parallel\perp} = 0,342\, m_0, & m_{\parallel\perp} = 0,25\, m_0, \\[6pt]
& \dfrac{2m_{\parallel\perp}}{m_\perp} = 3,0 & \dfrac{m_{\parallel\perp}}{m_\perp} = 2,4 \\[10pt]
& (2m_\parallel = 0,52\, m_0, & m_\parallel = 0,58\, m_0).
\end{array}
$$

Ähnliches gilt für die Zustandsdichtemassen: Beschreibt man die Zustandsdichten auch bei nicht parabolischem Bandverlauf durch eine Zustandsdichtemasse m_D analog zu einem sphärischen Bandvalley, so erhält man bei l einfach besetzbaren Valleys pro Brillouin-Zone

$$
D(E) = \frac{l}{4\pi^2} \left(\frac{2m_D}{\hbar^2} \right)^{3/2} (E - E_{\text{max}})^{1/2} . \tag{86}
$$

Bei $T = 0$ folgt daraus für die Lage des Ferminiveaus ζ im Valenzband bei einer Löcherkonzentration p

$$
\zeta = (6\pi^2)^{2/3} \frac{\hbar^2}{2m_D} \left(\frac{p}{l} \right)^{2/3} . \tag{87}
$$

Für die Konzentrationsabhängigkeit der Periode $\Delta\left(\dfrac{1}{B}\right)$ der Widerstandsoscillationen folgt daraus mit (84)

$$\Delta\left(\frac{1}{B}\right) = \frac{\hbar e}{m_c}\cdot\frac{1}{\zeta} = \frac{2e}{(6\pi^2)^{2/3}\hbar}\cdot\frac{m_D}{m_c}\left(\frac{l}{p}\right)^{2/3}. \tag{88}$$

Hiernach ergeben die Messungen (Fig. 72), wenn man für $l = 2$ annimmt

$$\boldsymbol{B}\,\|\,c: \quad \frac{m_D}{m_\perp} = 2{,}20 \quad \text{und} \quad B\perp c: \quad \frac{m_D}{m_{\|\perp}} = 0{,}93$$

bzw. $m_D = 0{,}235\,m_0$.

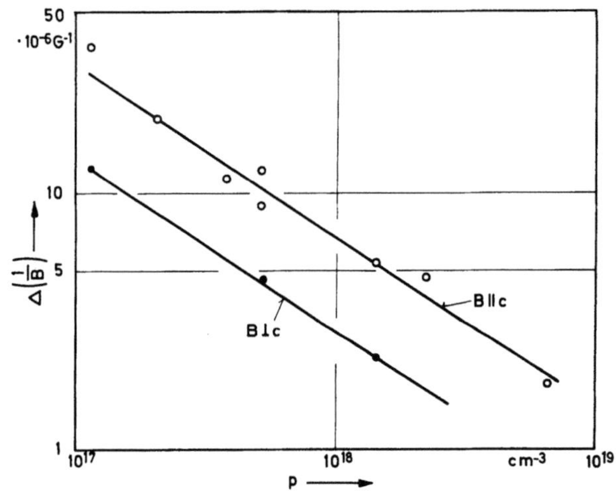

Fig. 72. Konzentrationsabhängigkeit der Periode $\Delta(1/B)$ der Magnetooscillationen des elektrischen Widerstandes. Die Geraden verlaufen $\sim p^{-2/3}$, wie nach (88) zu erwarten ist (nach [122])

Im Rahmen der Meßgenauigkeit ist bei den dynamischen Messungen keine Konzentrationsabhängigkeit von m_D zu beobachten. Wenn die Konzentrationsabhängigkeit der Löcher aber durch die Überlappung der Valleys bei hochdotierten Proben kommt, so ist sie aber auch erst bei sehr viel niedrigeren Konzentrationen zu erwarten, zumal m_D bereits eine Größe ist, die über alle Anisotropie gemittelt ist (Für $\boldsymbol{B}\,\|\,c$ jedoch sind die Ergebnisse wieder nur Mittelwerte, da sie aus den weniger aufgelösten Impulsmessungen gewonnen wurden.)

Will man diesen Wert für m_D der hochkonzentrierten Proben mit dem der reinen Proben vergleichen, so muß man berücksichtigen, daß nun die

Zustände nicht mehr in 2, sondern in 4 Valleys vorliegen. Wenn man also bei reinen Proben rotationsellipsoidische Energieflächen annimmt, so ist Übereinstimmung mit dem m_D der hochdotierten Proben nur für die Größe

$$(2)^{2/3} \sqrt[3]{m_\perp^2 \cdot m_\parallel} = 0{,}236\, m_0$$

zu erwarten. Die Übereinstimmung ist ausgezeichnet. Wir halten deshalb diese Ergebnisse der magnetischen Experimente an hochdotierten Proben für ein wichtiges Argument für die Annahmen einer „Feinstruktur" in der Nähe des Valenzbandmaximums gemäß Fig. 71*.

Jüngere Messungen von *Guthmann* u. Mitarb. [126] bestätigen die Meßergebnisse von *Braun* u. Mitarb.

Abschließend weisen wir darauf hin, daß alle Versuche, irgendwelche Feinheiten der Magnetowiderstandsmessungen durch eine Pauli-Aufspaltung zu erklären, gescheitert sind [122]. Wenn das Valenzband aber durch die Spinbahnkopplung bereits aufgespalten ist und sowohl im Punkte H als auch H^* die Energiewerte die gleiche Magnetfeld-Abhängigkeit haben (s. Abschn. 3.4.4.1), so ist dies auch nicht zu erwarten!

3.6 Die magnetische Suszeptibilität

Eine weitere Möglichkeit, die Landau- und Pauli-Aufspaltung zu untersuchen, bietet die Messung des Suszeptibilitätsbeitrags der freien Ladungsträger.

Diese läßt sich durch relativ einfache Ausdrücke beschreiben, wenn die thermischen Energien kT im Kristall größer sind als die Größenordnung der magnetischen Energie der Elektronen $\mu_B B$, auch soll die durch die Stöße verursachte energetische Unschärfe $\hbar/\tau$ der magnetischen Niveaus nicht viel größer sein als kT. Denn dann ergibt die Mittelung über die Beiträge aller Elektronen eine magnetische Suszeptibilität, die in erster Näherung nicht mehr von den Stoßprozessen abhängt. Diese

---

* Neueste Messungen des Shubnikov-de Haas-Effekts von *Dubinskaya* u. Mitarb. [177] zeigen bei Temperaturen von 0,1° K bereits Magnetooscillationen an Proben mit Konzentrationen $< 10^{17}$ cm^{-3}. Trägt man die Periode $\Delta(1/B)$ der Oscillationen gemäß Fig. 72 auf, so liegen die Werte für die Orientierung $B \parallel c$ auf der gleichen Gerade wie in Fig. 72. Für die Orientierung $B \perp c$ dagegen fallen nur die Werte für Konzentrationen $> 10^{17}$ cm^{-3} mit der von *Braun* u. Mitarb. gemessenen Geraden der Fig. 72 zusammen, für die Konzentrationen $< 10^{17}$ cm^{-3} liegen die Werte aber auf einer nach oben verschobenen Geraden. Das paßt genau zu unserem Bild der verschmelzenden Valleys, das bei geringen Konzentrationen vier Valleys und bei hohen zwei Valleys fordert.

Bestimmt man dagegen die Valleyzahl aus den neueren Messungen von *Braun* u. Mitarb. durch Vergleich des Volumens des Fermikörpers und der aus dem Halleffekt ermittelten Löcherkonzentration, so erhält man bei hohen Konzentrationen auch die Valleyzahl 4, was bei einfach besetzbaren Valleys bedeuten würde, daß sie auf der P-Achse liegen müßten [178]. Eine endgültige Entscheidung ist also noch nicht möglich.

Grenzbedingungen

$$\mu_B B \ll kT \,, \tag{89}$$

$$\frac{\hbar}{\tau} \lesssim kT \tag{90}$$

lassen sich meistens gut erfüllen (z. B. bei $100°$ K mit $B < 10^6$ G und $\tau > 10^{-13}$ s). Es liegt hier also gerade der entgegengesetzte Grenzfall schwacher Felder und hoher Temperaturen vor im Vergleich zu den vorher besprochenen magnetischen Resonanz- und Oscillationseffekten. Werden die Grenzbedingungen nicht erfüllt, so erhält man eine größere, stark von der Stoßzeit abhängige Suszeptibilität bzw. Oscillationen der Suszeptibilität, den de Haas-van Alphen-Effekt. Dieser wurde aber in Tellur noch nicht beobachtet.

Der Nachteil der Untersuchung einer so pauschalen Größe wie eben der magnetischen Suszeptibilität bei höheren Temperaturen ist es, daß ausschließlich ihr quantitativer Wert, allenfalls noch ihre Temperatur- und Konzentrationsabhängigkeit zu einer weiteren Diskussion herangezogen werden können. Bei den Oscillations- und Resonanzeffekten dagegen wurde weniger die Größe der Effekte weiter ausgewertet, sondern vielmehr wurde aus der Periode der Oscillationen oder der spektralen Lage der Resonanzen unmittelbar die Energie der Pauli- oder Landau-Aufspaltung bestimmt. Aus diesem Grunde stellt eine Auswertung der Suszeptibilitätsmessungen eigentlich sehr viel höhere Anforderungen an eine Theorie sowie an die Meßgenauigkeit, zumal da die Trägersuszeptibilität nur einige Prozent der Gittersuszeptibilität beträgt. Man bestimmt sie aus der Differenz der Meßergebnisse von reinen und dotierten Proben. Das ist überhaupt nur möglich, weil die Gittersuszeptibilität keine sehr strukturempfindliche Größe ist. Es setzt außerdem voraus, daß der Einbau der Störstellen keine zusätzlichen magnetischen Momente liefert und die Gittersuszeptibilität durch den Einbau nicht verändert wird. Das ist aber keineswegs gesichert, da Trägerkonzentrationen $> 10^{17}\,\mathrm{cm}^{-3}$ erforderlich sind, um den Beitrag überhaupt meßbar zu machen.

Für die Extremfälle eines stark entarteten bzw. eines Boltzmann-Elektronengases der Konzentration N erhält man für den Beitrag des Pauli-Paramagnetismus zur Volumensuszeptibilität

$$\chi_P = 4\pi \left(\frac{\mu_B}{2} g\right)^2 \cdot \begin{cases} D(\zeta) & \text{entartet} \tag{91} \\ N/kT & \text{nicht entartet} \,, \tag{92} \end{cases}$$

und für den Beitrag des Landau-Diamagnetismus

$$\chi_L = -4\pi \frac{\mu_B^2}{3} \left(\frac{m_0}{m_c}\right)^2 \cdot \begin{cases} D(\zeta) & \text{entartet} \tag{93} \\ N/kT & \text{nicht entartet} \,. \tag{94} \end{cases}$$

Die Anisotropie von χ kommt in dieser Näherung allein durch die des g-Faktors bzw. der Cyclotronresonanzmassen m_c.

Alle älteren Messungen der magnetischen Suszeptibilität des Tellurs wurden nur an schwach dotierten Proben [127, 128] oder an höher dotierten, doch polykristallinen Proben [129] ausgeführt. Aus diesen Messungen kann deshalb praktisch nur die Gittersuszeptibilität bestimmt werden, für die die Autoren übereinstimmend finden

$$\chi/4\pi = -1{,}85 \cdot 10^{-6} \qquad \text{(s. a. Fig. 4)}\,.$$

Erst neuere Messungen von *Schlabitz* [130] erlauben eine kritische Untersuchung der Suszeptibilitätsänderung beim Dotieren. Von *Schlabitz* wurden nach der Faraday-Methode mit sehr hoher Genauigkeit an Einkristallproben mit Löcherkonzentrationen zwischen 10^{14} und 10^{18} cm^{-3} beide Komponenten des Suszeptibilitätstensors (13) gemessen, und zwar bei Temperaturen zwischen 4 und 300° K.

Die Gittersuszeptibilität ist bis auf einige Prozent Abweichung isotrop. Das ist auch für den diamagnetischen Beitrag zu erwarten, da er vorwiegend von den Rumpfelektronen herrührt. Die erhöhte Meßgenauigkeit zeigte aber für alle Proben und beide Orientierungen ein diamagnetisches Maximum der Suszeptibilität zwischen 50 und 100° K (Fig. 73, 74). Von *Schlabitz* wird vermutet, daß dieses Maximum durch einen paramagnetischen Beitrag der Valenzelektronen verursacht wird, der monoton zunimmt mit abnehmender Valenzband-Leitungsband-Energielücke. Da diese aber bei 50–100° K ebenfalls ein Maximum hat (Fig. 38), wird bei dieser Temperatur der Diamagnetismus am wenigsten durch den paramagnetischen Beitrag kompensiert*.

Da nur unterhalb 300° K gemessen wurde, geben die Messungen nur den Beitrag der Löcher. Für die Orientierung $H \perp c$ zeigte sich eine monotone Zunahme des Diamagnetismus mit der Löcherkonzentration (Fig. 73). Für die Orientierung $H \parallel c$ (Fig. 74) dagegen zeigt sich diese Monotonie nicht.

Dieses Ergebnis ist überraschend. Denn wenn man wieder von der Vorstellung ausgeht, daß das Valenzband im Extremum bereits aufgespalten ist und die Energieeigenwerte im Punkte H und H^* die gleiche Magnetfeld-Abhängigkeit haben, so ist für die Löcher im Tellur kein Pauli-Paramagnetismus zu erwarten.

Für die Anisotropie der Suszeptibilität freier Ladungsträger erhält man dann – unabhängig vom Entartungszustand –

$$\frac{\chi_{H\parallel c}}{\chi_{H\perp c}} = \left(\frac{m_{\parallel\perp}}{m_\perp}\right)^2 = \frac{m_\parallel}{m_\perp}\,. \qquad (95)$$

---

* Wegen dieses Beitrages s. a. [131].

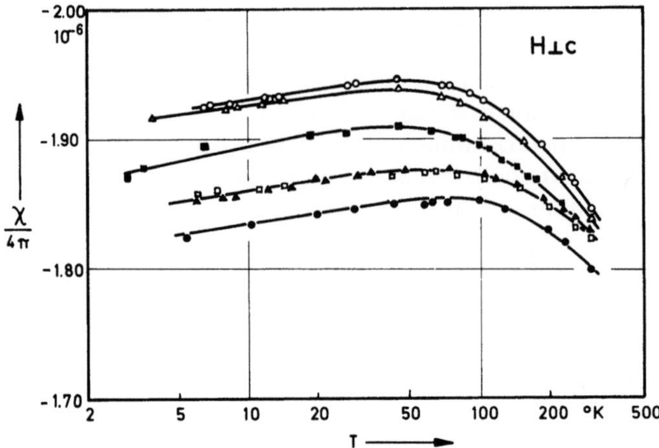

Fig. 73. Magnetische Volumensuszeptibilität ($H \perp c$) verschieden dotierter Proben (nach [130]).

○ $7 \cdot 10^{18}$ cm^{-3} ▲ $5 \cdot 10^{16}$ cm^{-3}
△ $4 \cdot 10^{18}$ cm^{-3} Löcherkonzentration   □ $4 \cdot 10^{16}$ cm^{-3} Löcherkonzentration
■ $7 \cdot 10^{17}$ cm^{-3} ● $4 \cdot 10^{14}$ cm^{-3}

Da aber alle anderen Experimente für die transversale Masse kleinere Werte ergeben als die longitudinale $m_{\parallel}$ bzw. die gemischte $m_{\parallel \perp} = (m_{\parallel} \cdot m_{\perp})^{1/2}$, wäre also gerade für $H \parallel c$, je nachdem was man für ein Anisotropieverhältnis annimmt, ein 2–6 mal so großer Beitrag zu erwarten als für $H \perp c$. Diese Diskrepanz durch einen anisotropen g-Faktor zu

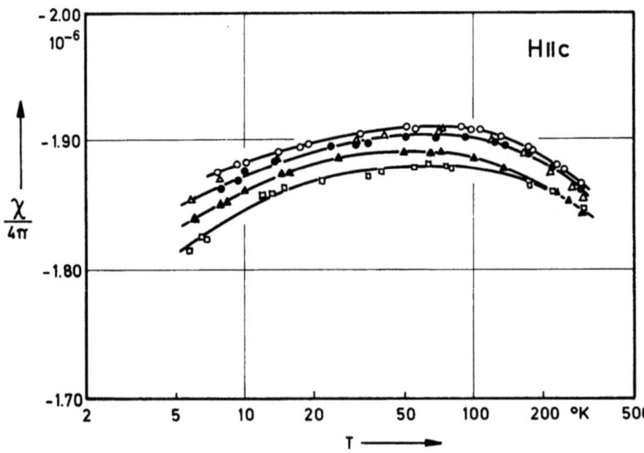

Fig. 74. Magnetische Volumensuszeptibilität ($H \parallel c$). Löcherkonzentration wie in Fig. 73 (nach [130])

erklären, bleibt auch unbefriedigend. Wenn man die Annahme gleicher Feldabhängigkeit der Energieeigenwerte fallen ließe, so wäre Pauli-Paramagnetismus durch Umbesetzungen zwischen den Valleys in H bzw. H^* möglich. Damit wäre aber nur die Anisotropie gedeutet und nicht die fehlende Monotonie in der Konzentrationsabhängigkeit.

Es muß deshalb ein weiterer konzentrationsabhängiger Beitrag angenommen werden, der z. B. durch eine Änderung der Gittereigenschaften durch den Einbau der Antimonacceptoren verursacht werden könnte. Daß so ein Einfluß besteht, lassen auch andere Experimente vermuten (s. Abschn. 3.3.2.5).

Obwohl ein solcher Beitrag natürlich bei beiden Orientierungen einen Einfluß haben sollte, wollen wir für die Orientierung $H \perp c$ aus der Ladungsträgersuszeptibilität effektive Massen abschätzen, da sich für diese Orientierung eben eine deutliche Konzentrationsabhängigkeit mit der richtigen Monotonie gezeigt hat.

Da der Suszeptibilitätsbeitrag unterhalb $100°$ K fast temperaturunabhängig ist, beschreiben wir ihn, dem Entartungsfall entsprechend, nach (93). Mit (86) und (87) erhält man dann

$$\chi_L = -4\pi \cdot \frac{\mu_B^2}{3} \left(\frac{m_0}{m_c}\right)^2 \cdot \frac{(6\pi^2)^{1/3}}{2\pi^2\hbar^2} \, m_D l^{2/3} p^{1/3}, \tag{96}$$

wobei l die Zahl der einfach besetzbaren Valleys bzw. das Produkt aus der Zahl der Valleys und der Besetzungszahl ist. Nach den Überlegungen des vorherigen Abschnitts ist also $l = 2$ zu erwarten (zwei einfach besetzbare Valenzbandvalleys pro Brillouin-Zone).

Zur Abtrennung des Trägerbeitrags wurde in Fig. 75 die gesamte Suszeptibilität über $p^{1/3}$ aufgetragen. Die Extrapolation $p \to 0$ ergibt dann die Gittersuszeptibilität. Die Meßpunkte liegen oberhalb ca. 10^{17} cm^{-3} auf Geraden und zeigen kaum eine Temperaturabhängigkeit. Aus der Steigung dieser Konzentrationsabhängigkeit erhält man sofort das Produkt

$$\frac{m_D}{m_0} \cdot \frac{1}{3} \left(\frac{m_0}{m_c}\right)^2 = 1,90 \left(= \frac{1}{3} \cdot \frac{m_0}{(m_\perp m_\parallel^2)^{1/3}} \right).$$

Nimmt man für die Zustandsdichte den direkt aus dem Shubnikov-de-Haas-Effekt bestimmten Wert von $m_D = 0,235 \, m_0$ an (s. S. 134), so erhält man für die Cyclotronmasse bei $H \perp c$

$$m_{\parallel\perp} = 0,203 \, m_0,$$

die ca. 20% kleiner ist als die aus den Shubnikov-de Haas-Messungen bestimmte Masse von $m_{\parallel\perp} = 0,252 \, m_0$, also recht gut übereinstimmt. Eine scheinbar zu kleine Masse bedeutet, daß der Diamagnetismus stärker als erwartet ist.

Macht man keine Annahmen über die Zustandsdichtemasse, so folgt aus den Messungen (bei Beschreibung mit rotationselliptischen Energieflächen) lediglich der Mittelwert

$$(m_\perp \cdot m_\parallel^2)^{1/3} = 0{,}175\, m_0 \,,$$

der mit dem entsprechenden aus den Shubnikov-de Haas-Massen berechneten Wert von $0{,}34\, m_0$ erwartungsgemäß schlechter übereinstimmt.

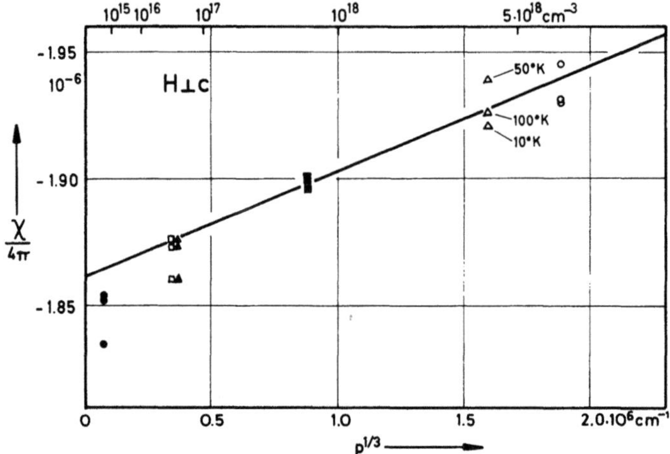

Fig. 75. Abtrennung der Trägersuszeptibilität vom Gitterbeitrag durch Extrapolation auf $p = 0$ gemäß (96) (nach [130])

Anmerkung: Schließt man das Auftreten des Pauli-Paramagnetismus der Löcher nicht aus, so kann man das unregelmäßige Verhalten der Suszeptibilität für die Orientierung $H \parallel c$ vielleicht auch mit folgender Annahme verstehen: Pauli- und Landau-Magnetismus kompensieren sich zufällig fast, also $g_\perp^2/4 \approx m_0^2/3\, m_{c\,\perp}^2$.

g-Faktor und effektive Massen sind aber für die Orientierung $H \parallel c$ stärker strukturempfindlich, da hier vor allem die Kopplung zwischen den Ketten eingeht, die ebenfalls strukturempfindlicher ist als die Kopplung innerhalb der Ketten. Es liegt dann nur am Probenindividuum, ob gerade der Pauli- oder der Landau-Beitrag überwiegt.

Zusammenfassend kann man also sagen, daß eine mit anderen Vorstellungen konsistente Massenbestimmung aus den Suszeptibilitätsmessungen noch nicht möglich ist, da eben offensichtlich noch ein anisotroper, konzentrationsabhängiger Beitrag zur Gittersuszeptibilität bzw. einer Störstellensuszeptibilität auftritt, den abzutrennen bisher noch nicht gelungen war! Vielleicht könnten hier Messungen Aufschluß geben an Proben, die mit anderen Acceptorelementen als gerade Antimon dotiert sind.

4. Freie Ladungsträger und Transportgrößen

4.1 Übersicht

Auch die Transportgrößen des Tellurs geben weitere wichtige Informationen über die Bandparameter, obwohl die Deutung dieser Eigenschaften nicht mehr so unmittelbar möglich ist, wie z. B. bei den magneto-optischen Effekten, da die Transportgrößen immer durch eine Mittelung über weite Teile der Bänder zustande kommen. Ähnlich wie bei der statischen magnetischen Suszeptibilität bleibt zum Vergleich mit irgendwelchen Theorien nur die Größe der Transporteigenschaft und ihre Temperaturabhängigkeit. Etwas unmittelbarere Informationen dagegen gibt die Anisotropie der Eigenschaften.

Sehr viel günstiger ist dies bei der Untersuchung der „dynamischen Leitfähigkeit", d. h. der komplexen Leitfähigkeit bei Mikrowellen und Ultrarotfrequenzen, da hier gerade wieder die Frequenzabhängigkeit weitere wichtige Informationen gibt.

Sehr wenig bekannt sind im Tellur die Eigenschaften der Elektronen. Denn da der Einbau von Donatoren noch nicht gelungen ist, kann der Elektronenbeitrag zu den Transporteigenschaften nur im Misch- bzw. Eigenleitungsbereich studiert werden, d. h. also nur bei erhöhter Temperatur und bei gleichzeitiger Mitwirkung von Löchern vergleichbarer Konzentrationen. Da aber die Löchereigenschaften – wie noch erläutert wird – selbst stark temperatur- und konzentrationsabhängig sind, ist eine Abtrennung des Elektronenbeitrages durch geeignete Differenzbildung zwischen den Eigenschaften eigenleitender und störleitender Proben problematisch.

Neben dem Versuch, aus den Transporteigenschaften auf die Bandparameter des Valenz- und Leitungsbandes zu schließen, muß außerdem versucht werden, zu entscheiden, welche Streumechanismen im Tellur wirksam sind.

Schließlich wird der Einfluß der Gitterdefekte auf die Trägerkonzentration untersucht werden müssen, vor allem also die Eigenschaften der „thermischen Acceptoren".

4.2 Die phänomenologischen Größen

Die tensorielle Struktur der Leitfähigkeit bzw. des Widerstandes, der Hallkonstanten, der magnetischen Widerstandsänderung sowie der Thermokraft wurde bereits in Abschn. 1.6 angegeben. Zur besseren Übersicht sind in Tab. 25 die wirksamen isothermen Tensorkomponenten angegeben für rein transversale bzw. longitudinale Orientierung des Magnetfeldes B und der Stromdichte j zu den Hauptkristallrichtungen x, y, z [Fig. 29; x: Flächennormale zu $(2\overline{1}\overline{1}0)$ usw., Tensorindex: 1; y: Flächen-

Tabelle 25. *Magnetowiderstandstensor und Probenorientierung*

Probe	longitudinale Widerstandsänderung	transversale Widerstandsänderung	Halleffekt	quadratischer Halleffekt		
j_x (x-Proben)	$\varrho_{11}+\varrho_{1111}B_x^2$	$\varrho_{11}+\varrho_{1122}B_y^2$ $\varrho_{11}+\varrho_{1133}B_z^2$	—	—	—	$\dfrac{E_x}{j_x}$
	—	—	R_3B_z	0	0	$\dfrac{E_y}{j_x}$
	—	—	$-R_1B_y$	0	0	$\dfrac{E_z}{j_x}$
j_y (y-Proben)	$\varrho_{11}+\varrho_{1111}B_y^2$	$\varrho_{11}+\varrho_{1122}B_x^2$ $\varrho_{11}+\varrho_{1133}B_z^2$	—	—	—	$\dfrac{E_y}{j_y}$
	—	—	$R_1B_x+\varrho_{2311}B_x^2$	$-\varrho_{2311}B_y^2$	0	$\dfrac{E_z}{j_y}$
	—	—	$-R_3B_z$	0	0	$\dfrac{E_x}{j_y}$
j_z (z-Proben)	$\varrho_{33}+\varrho_{3333}B_z^2$	$\varrho_{33}+\varrho_{3311}B_x^2$ $\varrho_{33}+\varrho_{3311}B_y^2$	—	—	—	$\dfrac{E_z}{j_z}$
	—	—	R_1B_y	0	0	$\dfrac{E_x}{j_z}$
	—	—	$-R_1B_x+\varrho_{2311}B_x^2$	0	$-\varrho_{2311}B_y^2$	$\dfrac{E_y}{j_z}$

normale zu (01$\bar{1}$0) usw., Index: 2; z: c-Achse, Flächennormale zu (0001), Index: 3]. Zur Unterscheidung nennen wir die Proben später entsprechend x-, y- oder z-Proben. In diesen einfachen Anordnungen kann man von den je 2 Widerstands- und Hallkoeffizienten sowie 8 Magnetowiderstandskoeffizienten an zwei geeignet kontaktierten Proben alle messen außer den Koeffizienten $\varrho_{1123} = \varrho_{1213}$ und $\varrho_{2323} = \varrho_{1313}$. Diese kann man kombiniert mit anderen Koeffizienten bei schräg zu den Kristallachsen orientiertem Magnetfeld messen oder direkt in einer Anordnung für den planaren Halleffekt.

Zur Messung der Anisotropie des Halleffekts eignen sich vor allem x-Proben. Denn diese Anisotropie ist sehr strukturempfindlich und muß deshalb auf jeden Fall an einem Probenindividuum gemessen werden.

Die Magnetowiderstandskoeffizienten ϱ_{1123} und ϱ_{2311} treten bei voller hexagonaler Symmetrie (z. B. Punktgruppe 622) nicht auf. Sie sind deshalb z. B. ein Kriterium dafür, ob die Transporteigenschaften mit rotationsellipsoidischen Valleys erklärt werden können. Denn wenn Rotationsellipsoide mit der Symmetrieachse parallel zur c-Achse vorliegen, so müssen auch die Transporteigenschaften die höhere Symmetrie der Rotationsellipsoide zeigen.

Die Koeffizienten ϱ_{1123} und ϱ_{2311} vertauschen ihre Vorzeichen, wenn man vom Linksschrauben-Kristall zum Rechtsschrauben-Kristall übergeht.

Alle Transportgrößen sind unterhalb Zimmertemperatur stark strukturempfindlich. Will man tellurspezifische Eigenschaften untersuchen und interessiert man sich nicht unmittelbar für das defektinduzierte Verhalten, so darf man nur Meßergebnisse verwenden, die an sehr sorgfältig präparierten Proben gewonnen wurden bzw. an Proben, deren Defekte durch langsames Tempern wieder ausgeheilt wurden (s. a. Abschn. 1.7.4). Dieser starke Einfluß ausheilbarer Defekte auf die Transportgrößen wurde vor allem von *Parfenev* u. Mitarb. [38] untersucht. Insbesondere konnte gezeigt werden, daß defektarme Proben bei tiefen Temperaturen nur eine schwache Anisotropie des Halleffektes von $R_3/R_1 = 1,1$ zeigen. Wir werden deshalb hier vorwiegend über Messungen berichten, die an defektarmen Proben gewonnen wurden. Außerdem hat sich immer wieder gezeigt, daß defektreiche Proben mit starker Hallanisotropie auch makroskopisch nicht mehr die Symmetrie der Punktgruppe 32 besitzen. Denn mißt man an x-Proben das transversale Hallfeld E_y bzw. E_z, so ändert sich dessen Betrag beim Umpolen des Magnetfeldes [132]. Und zwar nimmt die Abweichung monoton mit wachsendem Magnetfeld B_z bzw. B_y zu. Es existiert also ein Magnetowiderstandskoeffizient ϱ_{1233} bzw. ϱ_{1322}, wie sie gleichzeitig nur in triklinen Kristallen vorkommen können. Da die untersuchten Kristalle aber kristallographisch sonst keine Symmetriestörungen zeigen, nehmen wir an, daß dieser Effekt von

Inhomogenitäten herrührt, also von verspannten oder deformierten Bereichen. In so einem Falle sind diese Erscheinungen aber nur spezifisch für die untersuchten Proben!

4.3 Die Mischleitung im Zweiträgermodell

Zunächst soll versucht werden, die Transporteigenschaften des Tellurs im Rahmen eines Zweiträgermodells durch je eine Sorte Löcher und Elektronen zu beschreiben, allerdings soll dabei zugelassen werden, daß das Beweglichkeitsverhältnis $b = \mu_n/\mu_p$ der Elektronen- bzw. Löcherbeweglichkeiten temperaturabhängig ist. Diese Annahme ist immer dann notwendig, wenn man im betrachteten Temperaturbereich erwarten muß, daß zur Beweglichkeit verschiedene Streumechanismen beitragen.

Ein temperaturabhängiges Beweglichkeitsverhältnis würde auch den für eigenleitendes Tellur typischen Hallumkehrpunkt bei 520° K erklären. Wir werden jedoch erst später untersuchen, wieweit bei diesen Temperaturen die Beschreibung des Tellurs durch ein Zweiträgermodell sinnvoll ist.

Im Zweiträgermodell setzen sich die phänomenologischen Größen Leitfähigkeit σ und Halleffekt R aus 4 zunächst unabhängigen mikroskopischen Größen zusammen, nämlich aus den beiden Trägerkonzentrationen p und n und den Beweglichkeiten μ_p und μ_n bzw. μ_p und b.

$$\sigma = e\mu_p(p + nb),\tag{97}$$

$$R = \frac{s}{e} \cdot \frac{p - nb^2}{(p + nb)^2}\tag{98}$$

(s: vom Streuprozeß abhängiger Mittelungsfaktor).

Nur im Falle der Störleitung mit $p \gg n$ gelingt es, aus einem Meßwertpaar die mikroskopischen Größen der Majoritätsträger zu bestimmen, d. h. im Falle des Tellurs also ausschließlich der Löcher.

Die Elektroneneigenschaften wurden auf zwei voneinander unabhängige Weisen bestimmt: durch den Vergleich mischleitender und eigenleitender Proben [133] und durch den Vergleich störleitender und eigenleitender Proben [134].

4.3.1 Der Vergleich mischleitender und eigenleitender Proben

Im Zweiträgermodell vereinfachen sich (97) und (98) durch die Eigenleitungsbedingung $n_i = p_i$ zu

$$\sigma_i = e\mu_{pi}p_i(1 + b_i),\tag{99}$$

$$R_i = \frac{s}{e} \cdot \frac{1}{p_i} \cdot \frac{1 - b_i}{1 + b_i}.\tag{100}$$

Aus dem Halleffekt (98) einer mischleitenden und dem (100) einer eigenleitenden Probe erhält man zusammen mit dem Massenwirkungsgesetz

$$p_i^2 = n \cdot p \tag{101}$$

und der Annahme

$$b_i \approx b , \tag{102}$$

daß das Beweglichkeitsverhältnis sich zwischen Misch- und Eigenleitungsfall noch kaum unterscheidet, für jede Temperatur bei gegebenem

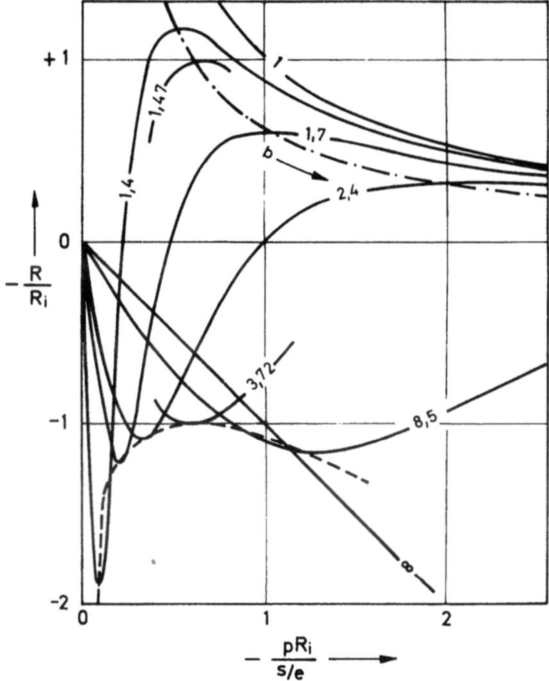

Fig. 76. Abhängigkeit der Hallkonstanten mischleitender Proben von der Löcherkonzentration, geeignet auf die Eigenleitung normiert. Parameter: Beweglichkeitsverhältnis $b = \mu_n/\mu_p$. Die Kurven sind die Lösung der drei Gln. (100, 101, 102) (nach [133]). $-\cdot-\cdot-\cdot$ Ortskurve der Maxima des Verhältnisses $-R/R_i$, $-------$ Ortskurve der Minima des Verhältnisses $-R/R_i$

b einen eindeutigen Zusammenhang zwischen R und p. Er ist in Fig. 76 dargestellt, geeignet auf R_i normiert.

Solange die Halleffekte eigenleitender und mischleitender Proben verschiedene Vorzeichen haben − also bei Tellur $R_i < 0$, $R > 0$ − gestattet der Vergleich des Halleffekts eines solchen Probenpaares scharfe Aussagen über b zu machen, da zu jedem b das Verhältnis $-R/R_i$ der Hallkonstanten beschränkt ist. Denn da sich b nur schwach mit der Temperatur ändert, R in der Nähe des Nulldurchgangs dagegen sehr, kann man wegen des extremalen Verhaltens von $-R/R_i$ eines Probenpaares aus dem absoluten Wert dieses Maximums b bestimmen (Fig. 77). Je nach Dotierung liegt das Maximum bei anderen Temperaturen, so daß man mit einer genügend großen Zahl verschieden dotierter Proben den

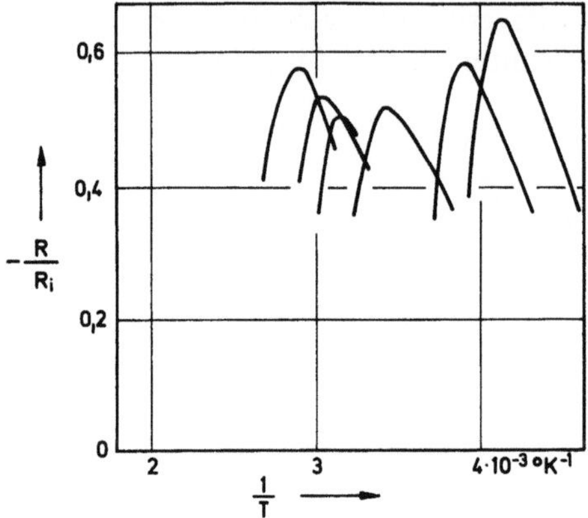

Fig. 77. Gemessene Hallverhältnisse $-R/R_i$ verschiedener mischleitender Proben (nach [133])

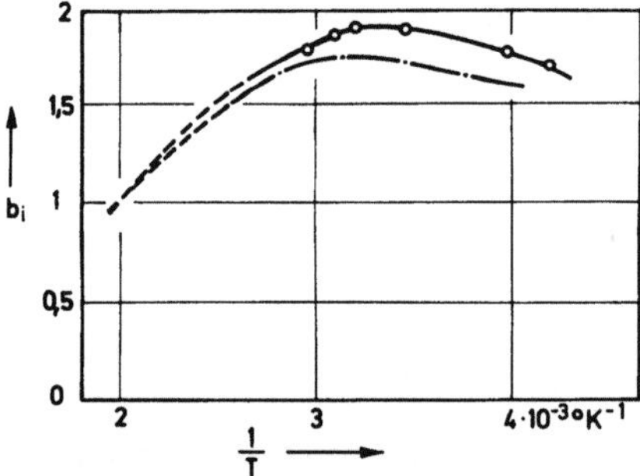

Fig. 78. Temperaturgang des Beweglichkeitsverhältnisses $b = \mu_n/\mu_p$ (nach [133]). ——— bestimmt aus den Messungen der Fig. 77 gemäß Fig. 76, - - - - - - bestimmt aus der Extrapolation der Störleitung (Abschn. 4.3.2)

Temperaturverlauf von b bestimmen kann (Fig. 78). Bei diesem Verfahren sind keinerlei Annahmen über Störstellenerschöpfung oder Temperaturabhängigkeit von b gemacht, was bei Tellur auch unzulässig wäre. Außerdem verlangt der Vergleich zweier Hallkonstanten nur die schwache Forderung $b \approx b_i$ und nicht etwa die stärkere Bedingung $\mu_p \approx \mu_{pi}$. Ist der Verlauf von $b(T)$ bekannt, so erhält man sofort aus (99, 100) den Temperaturgang von $p_i = n_i$, μ_{pi}, μ_{ni}, wenn man noch den gemessenen

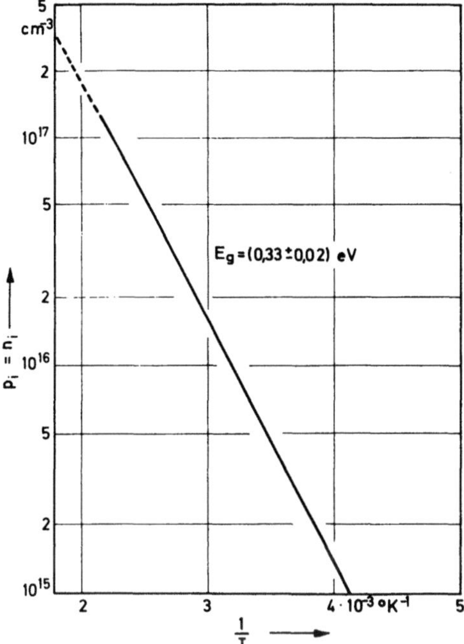

Fig. 79. Eigenleitungskonzentration von Tellur. Aus dem gemessenen Verlauf erhält man nach (104) eine Energielücke von $E_g = 0{,}33$ eV (nach [133])

Verlauf $\sigma_i(T)$ hinzunimmt (Fig. 79, 80). Die zugrunde gelegten Meßwerte $R_i(T)$ und $\sigma_i(T)$ sind dabei aus Messungen an vielen verschiedenen Kristallen gemittelt worden (Fig. 81). Zwischen ca. 200 und 500° K zeigt dabei die Leitfähigkeit unabhängig von der Temperatur die Anisotropie $\sigma_3/\sigma_1 = 1{,}9$, die Hallkonstante dagegen ist innerhalb der Meßgenauigkeit richtungsunabhängig. Aus diesen Beobachtungen folgt sofort, daß b isotrop ist und $(\mu_\parallel/\mu_\perp)_p = (\mu_\parallel/\mu_\perp)_n = 1{,}9$.

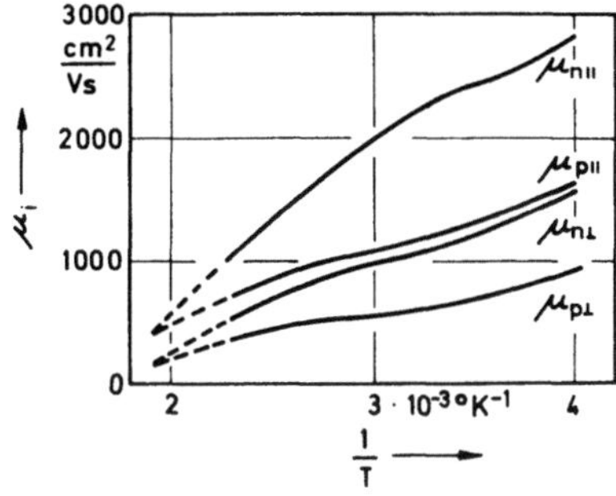

Fig. 80. Eigenleitungsbeweglichkeit von Tellur (nach [133])

10*

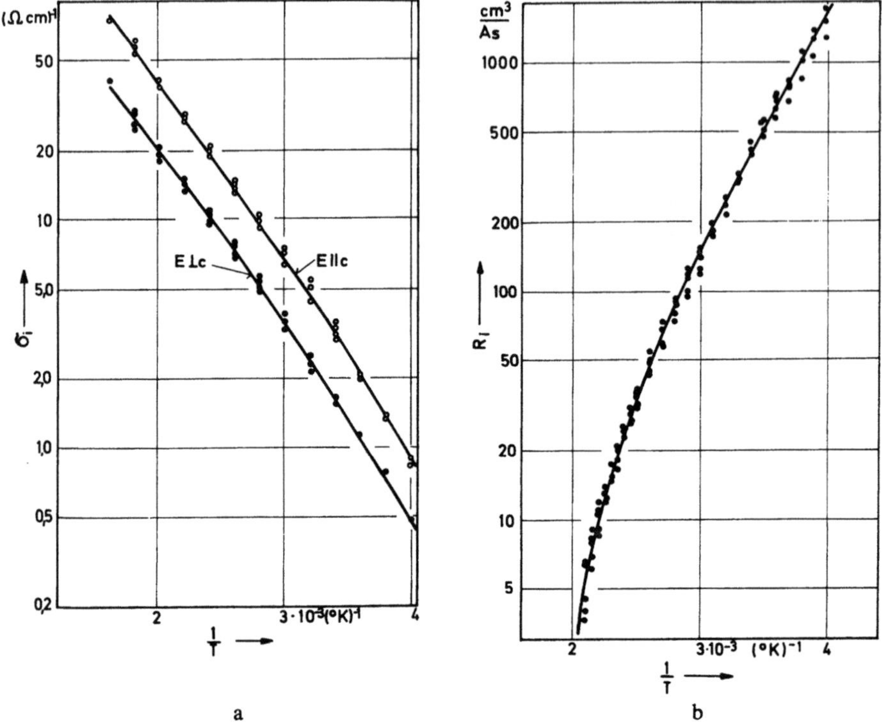

a   b

Fig. 81a u. b. Aus Messungen an mehreren eigenleitenden Proben gemittelte Transportgrößen. a Leitfähigkeit. b Hallkonstante

4.3.2 Der Vergleich störleitender und eigenleitender Proben

Messungen an störleitenden Proben zeigen eine starke Zunahme
der Streuung $1/\mu_p$ mit der Löcherkonzentration (Fig. 82). Da sich dieses
Streuverhalten gut durch die lineare Beziehung

$$\frac{1}{\mu_p} = \frac{1}{\mu_{pi}} + \frac{p}{\mu^*} \tag{103}$$

beschreiben läßt, kann die Beweglichkeit auf den Fall geringer Löcherkonzentration $p \to 0$ extrapoliert werden. Nimmt man diesen Wert als
Eigenleitungsbeweglichkeit μ_{pi} der Löcher an, so kann man aus dem so
bestimmten Verlauf $\mu_{pi}(T)$ nach $R_i\sigma_i = \mu_{pi} \cdot s \cdot (1 - b_i)$ wieder den Verlauf
von $b_i(T)$ ermitteln. Dieses so ganz unabhängig bestimmte Ergebnis
stimmt gut mit dem an den mischleitenden Proben bestimmten überein
(Fig. 78).

Das eben besprochene Verfahren läßt sich bis zu solchen Temperaturen anwenden, wie noch genügend viele verschiedene hochdotierte

Proben vorliegen, um die Extrapolation durchzuführen, d. h. etwa bis 400° K. Zu tiefen Temperaturen hin ist es durch das Einsetzen der Störleitung begrenzt. Das vorher besprochene Verfahren wird dadurch begrenzt, daß die Störleitungskonzentration so niedrig sein muß, daß im Eigenleitungsbereich noch $R_i < 0$ ist, also 2 Hallinversionspunkte auftreten. Im Bereich des oberen Hallumkehrpunktes bei 520° K ergeben beide Verfahren keine Aussagen mehr. Im Umkehrpunkt selbst folgt aus dem Zweiträgermodell trivialerweise $b = 1$ (100). Da wir annehmen, daß der Hochtemperatur-Hallumkehrpunkt eigenleitender Tellurproben durch Löcher verursacht wird, werden wir erst später noch einmal auf ihn eingehen.

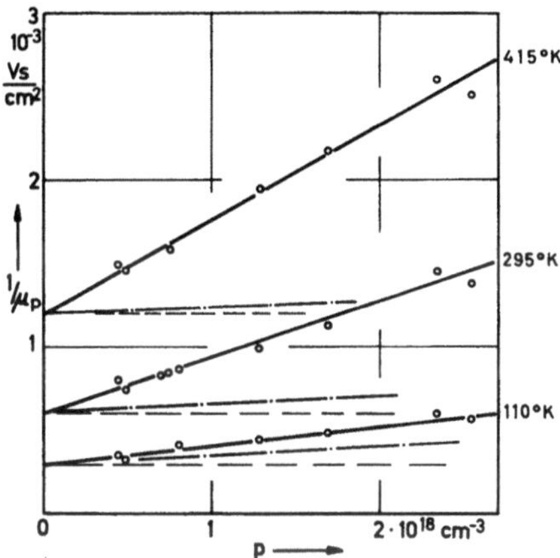

Fig. 82. Konzentrations- und Temperaturabhängigkeit der Streuung $1/\mu_\parallel$ störleitender Tellurproben (aus [134]). ———— Gesamtstreuung, - - - - - nach (103) extrapolierte Eigenleitungsstreuung, - · - · - · - · - theoretisch zu erwartende Conwell-Weisskopf-Streuung

4.3.3 Die Eigenleitung

Außer den noch zu besprechenden Messungen der Leitungsabsorption der freien Elektronen (Abschn. 4.6.2.2), sind die so bestimmten mikroskopischen Transportparameter die einzigen Angaben über das Leitungsband bei höheren Temperaturen. Bei Heliumtemperaturen liegen die magnetooptisch bestimmten Cyclotronmassen der Elektronen vor (Tab. 24). Um die abgetrennten Eigenleitungsparameter zu prüfen, vergleichen wir die Eigenleitungskonzentrationen (Fig. 79) mit einem nichtentarteten Modellhalbleiter mit parabolischen Bändern, der durch die Energielücke E_g und die Zustandsdichtemassen m_{Dn} bzw. m_{Dp} bestimmt wird. Für die Eigenleitungskonzentration gilt dann

$$p_i = \frac{\sqrt{2\pi}}{4\pi^2} \cdot \frac{(kT)^{3/2}}{\hbar^3} (l_n^{2/3} m_{Dn} \cdot l_p^{2/3} m_{Dp})^{3/4} \exp\left(-\frac{E_g}{2kT}\right), \quad (104)$$

worin l_n und l_p wieder das Produkt aus Anzahl der Valleys und deren Besetzungsgrad bedeuten. Bei einer minimalen Energielücke in H und einer Valenzbandaufspaltung sollte man für $l_n = 2 \cdot 2$ und für $l_p = 2 \cdot 1$ erwarten (s. Abschn. 3.5).

Aus dem Verlauf der Eigenleitungskonzentrationen der Fig. 79 folgt danach für Temperaturen um 300° K

$$E_g = (0,33 \pm 0,02)\,\text{eV}$$

und

$$m_{Dn} \cdot m_{Dp} = 0,059\,m_0^2$$

bei Eigenleitungskonzentrationen von einigen $10^{16}\,\text{cm}^{-3}$.

Die Energielücke stimmt gut mit den optisch bestimmten Werten überein (Fig. 38).

Zur Diskussion der Zustandsdichtemassen bestimmen wir m_{Dn} einmal mit der bei tiefen Temperaturen aus dem Shubnikov-de Haas-Effekt hergeleiteten Zustandsdichtemasse des Valenzbandes $m_{Dp} = 0,235$ (s. S. 134) und zum anderen mit der aus der dynamischen Leitfähigkeit hergeleiteten Masse $m_{Dp} = 0,46\,m_0$ (Abschn. 4.6.2.1). Im ersten Fall erhält man $m_{Dn} = 0,25\,m_0$, im zweiten Fall $m_{Dn} = 0,13\,m_0$. In beiden Fällen erhält man also sehr viel größere Werte, als man im Vergleich zu dem aus den magnetooptischen Messungen berechneten Wert von $m_{Dn} = 0,043\,m_0$ erwarten sollte (Tab. 24). Besser ist die Übereinstimmung mit dem aus der Leitungsabsorption bestimmten Wert von $m_{\perp n} = 0,27\,m_0$ (s. S. 182).

4.4 Die Störleitung

Der Untersuchung der Störleitung des Tellurs wurden sehr viele Arbeiten gewidmet, zumal unterhalb Raumtemperatur sehr bald alle Proben p-leitend werden.

Das Studium der Transportkoeffizienten sollte hier, wo nur eine Trägersorte vorliegt, am ehesten Klarheit über die Streumechanismen im Tellur geben. Auffallend ist vor allem die starke Strukturempfindlichkeit der Leitfähigkeit, d. h. also der Beweglichkeit, der Hallanisotropie und aller der Koeffizienten der magnetischen Widerstandsänderung, die nur im trigonalen Fall auftreten dürfen, doch im hexagonalen Fall verschwinden müßten.

4.4.1 Die Anisotropie

Während – sowohl bei eigenleitenden als auch bei störleitenden Proben – oberhalb Zimmertemperatur der Halleffekt schwacher Magnetfelder keine Anisotropie zeigt und die Leitfähigkeitsanisotropie konstant bleibt, tritt bei tiefen Temperaturen eine starke Änderung der Anisotropien auf.

Die Anisotropien können sowohl durch Gestalt und Lage der Valleys verursacht werden als auch durch die Anisotropie der Stoßzeiten (Impulsrelaxationszeit).

Obwohl gerade bei stark anisotropen Energieflächen für die Streuung innerhalb einzelner Valleys und beispielsweise für Streuung an ionisierten Störstellen oder polaren optischen Phononen anisotrope Streuung zu erwarten ist [135], wurde immer wieder versucht, die Anisotropien allein durch Eigenschaften der Energieflächen zu erklären. Das beruht wohl auf den theoretischen Schwierigkeiten einer allgemeinen Beschreibung anisotroper Streuung ohne allzu spezielle Annahmen über den Streumechanismus. Nur von *Rothkirch* [136] wurde versucht, die Transportkoeffizienten für das Tellur mit einer anisotropen Streuzeit zu beschreiben, die den Symmetrieeigenschaften der Punktgruppe 32 genügt.

Alle anderen Versuche einer Beschreibung mit isotroper Streuung dagegen führen zu schiefliegenden rotationsellipsoidischen Valleys, die um Punkte geringer Symmetrie liegen, z. B. der Versuch einer Deutung durch ein 6-Ellipsoid-Modell von *Nussbaum* [137] oder eines 12-Ellipsoid-Modells von *Rigaux* [138]. Denn ein Modell, bei dem die Rotationsachse parallel zur trigonalen Achse liegt, ergibt weder eine Hallanisotropie noch eine longitudinale Widerstandsänderung. Beides wird aber im Tellur beobachtet. Die Annahme schiefliegender Ellipsoide steht aber im Widerspruch zu anderen Experimenten, aus denen sowohl für reine als auch hochdotierte Proben gefolgert werden muß, daß die Energieflächen durch Rotationskörper gebildet werden müssen (s. Abschn. 3.4.2 und 3.5).

Da aber *Parfenev* u. Mitarb. [139] zeigen konnten, daß die Hallanisotropie nur wenig von 1 abweicht, wenn nur dafür gesorgt ist, daß die untersuchten Proben genügend defektarm sind, wurden von diesen Autoren die Koeffizienten zunächst ungenau durch ein Modell beschrieben mit rotationselliptischen Energieflächen parallel zur trigonalen Achse, aber isotroper Streuung. Die daraus folgende Massenanisotropie $(m_\perp/m_\parallel)_p = 1{,}25$ stimmt aber nicht überein mit den anderen Experimenten (z. B. magnetooptische Experimente $m_\parallel/m_\perp \approx 2{,}3$, Abschnitt 3.4, 3.5).

Um nun den Einfluß der Massenanisotropie $m_\parallel/m_\perp$ und der Stoßzeitanisotropie auf die Transportkoeffizienten zu erläutern, schließen wir uns im wesentlichen der Untersuchung von *Rothkirch* an.

Die Stoßzeit τ wird als Funktion des Wellenzahlvektors k angesetzt und Separierbarkeit in einen isotropen Energieterm E^γ angenommen und in einen energieunabhängigen anisotropen Term h. Dieser Term wird nach den Kugelflächenfunktionen entwickelt, die den Symmetrieeigenschaften des Tellurs genügen. Durch trigonometrische Funktionen ausgedrückt erhält man so für die Stoßzeit

$$\tau(\boldsymbol{k}) = E^{\gamma} \cdot h_0 (1 + \alpha \cos^2 \vartheta + \beta \sin 3\varphi \sin^3 \vartheta) \,, \tag{105}$$

worin ϑ der Polarwinkel und φ der Azimutalwinkel von $\boldsymbol{k}$ ist. α ist dann ein Maß für die Abweichung der longitudinalen Stoßzeit $\tau_{\parallel}$ gegenüber der transversalen $\tau_{\perp}$. β ist ein Maß für die Abweichung der transversalen Stoßzeit von der Rotationssymmetrie.

Die Transportkoeffizienten lassen sich dann durch gebrochene Funktionen der Polynome in α und β^2 darstellen. In Tab. 26 ist die wesentliche Struktur für die Koeffizienten ϱ der Widerstandstensoren

$$E_i = \varrho_{ij} j_j + \varrho_{ijk} j_j B_k + \varrho_{ijkl} B_k B_l \tag{106}$$

zusammengestellt, indem ihre Proportionalität zu den Koeffizienten eines rotationselliptischen Massentensors $m_1 = m_2 = m_{\perp}$, $m_3 = m_{\parallel}$ angegeben ist und aus welchen Potenzgliedern das Polynom im Zähler der Widerstandskoeffizienten gebildet wird*.

Man sieht z. B. wieder, daß die Massenanisotropie noch keine Hallanisotropie verursachen kann, oder daß eine longitudinale Widerstandsänderung nur durch nicht-isotrope Streuung verursacht werden kann, insbesondere im Falle ϱ_{3333} sogar nur durch Abweichungen von der Rotationssymmetrie ($\beta^2 \neq 0$). Da β in alle Ausdrücke für die ϱ nur als Quadrat eingeht, genügen bei diesem Grad der Entwicklung alle ϱ-Tensoren sogar hexagonaler Symmetrie, so daß die Koeffizienten ϱ_{1123}, ϱ_{2311} identisch verschwinden müssen [s. a. (17), S. 31].

Zum Vergleich sind in Tab. 26 auch noch die ausführlichen Ausdrücke bei isotroper Streuung angegeben, so wie sie von *Parfenev* u. Mitarb. [139] angegeben wurden. Die Mittelwerte für τ bedeuten dabei

$$\langle \tau^{\nu} \rangle = \frac{\displaystyle\int \tau^{\nu} E^{3/2} \frac{\partial F}{\partial E} \, \mathrm{d}E}{\displaystyle\int E^{3/2} \frac{\partial F}{\partial E} \, \mathrm{d}E} \,, \tag{107}$$

worin F die energieabhängige Verteilungsfunktion ist.

Ein deutlicher Hinweis auf die Notwendigkeit, die Transportprozesse mit einer anisotropen Streuung beschreiben zu müssen, ist die Tatsache, daß die transversalen Widerstandsänderungen ϱ_{1122}, ϱ_{1133} nur etwa doppelt so groß sind wie die longitudinale ϱ_{1111}, die bei isotroper Streuung verschwinden müßte.

---

* Ausgenommen für ϱ_{ii}; hier ist das Polynom im Nenner gemeint; der Zähler ist konstant. – Einzelheiten entnehme man [136].

Tabelle 26. *Widerstandstensor und Stoßzeitanisotropie*

	$\sim$	const	α	$\alpha\beta^2$	β^2	τ isotrop	Werte nach [139] 77° K
$\varrho_{11} = \dfrac{1}{\sigma_{11}}$	m_1	$+$	$+$	0	0	$\dfrac{m_1}{e^2 p \langle\tau\rangle}$	$2{,}88$
$\varrho_{33} = \dfrac{1}{\sigma_{33}}$	m_3	$+$	$+$	0	0	$\dfrac{m_3}{e^2 p \langle\tau\rangle}$	$1{,}4$ $\bigg\}\Omega\,\text{cm}$
$\varrho_{132} = R_1 = -\dfrac{\sigma_{132}}{\sigma_{11}\sigma_{33}}$	1	$+$	$+$	0	$+$	$\dfrac{1}{ep}\dfrac{\langle\tau^2\rangle}{\langle\tau\rangle^2}$	$1{,}68$
$\varrho_{123} = -R_3 = -\dfrac{\sigma_{123}}{\sigma_{11}^2}$	1	$+$	$+$	0	$+$		$1{,}86$ $\bigg\}10^4\,\dfrac{\text{cm}^3}{\text{As}}$
$\varrho_{1111} = -\dfrac{\sigma_{1111}}{\sigma_{11}^2}$	$\dfrac{1}{m_3}$	0	$+$	$+$	$+$	0	$\dfrac{\varrho_{1111}}{\varrho_{11}} = 4{,}8$
$\varrho_{3333} = -\dfrac{\sigma_{3333}}{\sigma_{33}^2}$	$\dfrac{m_3}{m_1^2}$	0	0	$+$	$+$	0	$\dfrac{\varrho_{3333}}{\varrho_{33}} = 1{,}6$
$\varrho_{1122} = -\dfrac{\sigma_{1122}}{\sigma_{11}^2} - \dfrac{\sigma_{132}^2}{\sigma_{11}^2\sigma_{33}}$	$\dfrac{1}{m_3}$	$+$	$+$	$+$	$+$	$\dfrac{1}{m_3}$	$\dfrac{\varrho_{1122}}{\varrho_{11}} = 9{,}7$
$\varrho_{1133} = -\dfrac{\sigma_{1133}}{\sigma_{11}^2} - \dfrac{\sigma_{123}^2}{\sigma_{11}^3}$	$\dfrac{1}{m_1}$	$+$	$+$	$+$	$+$	$\dfrac{1}{m_1}$	$\dfrac{\varrho_{1133}}{\varrho_{11}} = 9{,}5$
$\varrho_{3311} = -\dfrac{\sigma_{3311}}{\sigma_{33}^2} - \dfrac{\sigma_{132}^2}{\sigma_{11}\sigma_{33}^2}$	$\dfrac{1}{m_1}$	$+$	$+$	$+$	$+$	$\dfrac{1}{m_1}$	$\dfrac{\varrho_{3311}}{\varrho_{33}} = 20{,}0$
$\varrho_{1123} = -\dfrac{\sigma_{1123}}{\sigma_{11}^2}$	0	0	0	0	0	0	$\dfrac{\varrho_{1123}}{\varrho_{11}} = 0{,}4$
$\varrho_{2311} = -\dfrac{\sigma_{2311}}{\sigma_{11}\sigma_{33}}$	0	0	0	0	0	0	$\dfrac{\varrho_{2311}}{\varrho_{33}} = 0$
$\varrho_{2323} = -\dfrac{\sigma_{2323}}{\sigma_{11}\sigma_{33}} - \dfrac{1}{2}\dfrac{\sigma_{132}\sigma_{123}}{\sigma_{11}^2\sigma_{33}}$	$\dfrac{1}{m_1}$	$+$	$+$	$+$	$+$	$-\dfrac{1}{2m_1}$	$\dfrac{2\varrho_{2323}}{\varrho_{11}+\varrho_{33}} = -2{,}7$

For the collision-time block the τ isotrop column carries the common factor $\cdot\dfrac{1}{p}\left\{\dfrac{\langle\tau^3\rangle}{\langle\tau\rangle^2} - \dfrac{\langle\tau^2\rangle^2}{\langle\tau\rangle^3}\right\}$ and the Werte column carries the common factor $10^{-10}\,\mathrm{G}^{-2}$.

Die Hallanisotropie ist ein schlechteres Kriterium, da die Hall-konstante nur schwach von α und β^2 beeinflußt wird, so daß die Anisotropie immer nahe bei 1 liegt.

Natürlich kann eine Abweichung der Energieflächen vom Rotationsellipsoid ebenfalls longitudinale Widerstandsänderungen und die Hallanisotropie hervorrufen, also z. B. fehlende Rotationssymmetrie der Äquatorialschnitte oder nicht elliptische Meridionalschnitte (etwa wie in Fig. 71).

Langbein [140] hat in einer allgemeinen Betrachtung den Einfluß dieser Anisotropien untersucht, ohne spezielle Annahmen über den Streumechanismus machen zu müssen. Er findet

1. um so stärkere longitudinale Widerstandsänderung, desto stärkere Anisotropien der Streuwahrscheinlichkeiten oder der Energieflächen in der Schnittebene senkrecht zum Magnetfeld vorliegen;

2. stets eine *Erhöhung* des Halleffekts durch Anisotropien des Streumechanismus. Und zwar ist die Abweichung von $R = 1/ep$ in schwachen Feldern um so größer, desto stärker die Anisotropie der Streuwahrscheinlichkeit oder der Energieflächen ist in einer Schnittebene senkrecht zum Magnetfeld. Mit zunehmender Feldstärke konvergiert die Erhöhung gegen $1/ep$. Im Bereich gleicher Stoßfrequenz $1/\tau$ und Cyclotronfrequenz $\frac{e}{m} \cdot B$ kann die Hallanisotropie sich umkehren.

Diese Regeln enthalten auch die Ergebnisse von [136].

Durch die Abnahme des Halleffektes bei starken Magnetfeldern lassen sich wahrscheinlich auch die Beobachtungen von *Zimmermann* u. Mitarb. [141] qualitativ verstehen, daß die Hallinversionstemperatur T_{inv} der Mischleitung in starken Magnetfeldern anwächst (Fig. 83). Denn beim Verschwinden des Halleffekts in der Mischleitung kompensieren sich ja gerade die Hallbeiträge der beteiligten Trägersorten. Desto größer im Mittel der Hallfeldbeitrag pro Minoritätsträger ist, desto kleiner ist die zur Kompensation erforderliche Minoritätsträgerkonzentration, desto niedriger ist also die Inversionstemperatur.

Wenn nun im Tellur die Elektronen wesentlich kleinere Cyclotronmassen haben als die Löcher, so setzt der Bereich „starker Magnetfelder"* für die Elektronen bei kleineren Feldern ein als für die Löcher. Der gegenüber dem Sättigungswert extrem starker Magnetfelder überhöhte Hallbeitrag der Elektronen wird abgebaut und der Inversionspunkt verschiebt sich zu höheren Temperaturen, bei denen n und p weniger

---

* Ein „extrem starkes Magnetfeld" bedeutet hier, daß das Elektron mindestens einen geschlossenen Umlauf im k-Raum zwischen 2 Stößen ausführen kann, beim „starken Magnetfeld" liegen die zwischen zwei Stößen überstrichenen k-Vektoren auf einem bereits deutlich gekrümmten Kurvenabschnitt.

verschieden sind. Daß dabei $T_{\mathrm{inv}}(R_3) > T_{\mathrm{inv}}(R_1)$ ist, könnte daran liegen, daß der Äquatorialschnitt durch die Leitungsbandvalleys isotroper ist als der Meridionalschnitt.

Da die Transportkoeffizienten, die von den verschiedenen Autoren mitgeteilt werden, sehr verschieden sind, haben wir in Tab. 26 nur Werte von *Parfenev* u. Mitarb. [139] zusammengestellt. Denn diese wurden an besonders defektarmen Proben gewonnen und charakterisieren deshalb das Tellur wohl am ehesten.

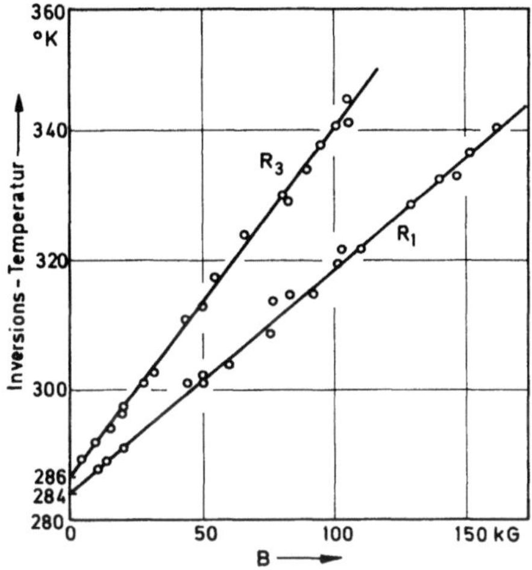

Fig. 83. Magnetfeldabhängigkeit des Hallinversionspunktes störleitender Proben (nach [141])

4.4.2 Beweglichkeit und Streumechanismus

Neben der Frage nach der Ursache der Anisotropie der Transportkoeffizienten bleibt die nächste Frage, durch welche Streumechanismen die Transportgrößen – also vor allem die Beweglichkeit – beschrieben werden können.

Zunächst wird ein starker Beitrag daher kommen, daß die Gitterdefekte als Streuzentren wirken. Da dieser Beitrag durch sorgfältige Präparation und geeignetes Tempern aber unterdrückt werden kann und da noch keine geeigneten Theorien zur Beschreibung eines solchen Streumechanismus vorliegen, wollen wir diesen Beitrag nicht weiter besprechen. Auf jeden Fall nehmen wir aber an, daß dieser Beitrag auch durch zusätzliche Streuzentren verursacht wird und nicht nur durch eine Änderung der Gitterparameter infolge innerer Spannungen.

Die starke Konzentrationsabhängigkeit der Streuung legt weiter einen Beitrag der ionisierten Störstellen nahe (Conwell-Weisskopf-

Streuung). Es wird sich aber zeigen, daß dieser Beitrag nur bei reinen Proben eine Rolle spielt.

Wenn aber andererseits, wie im 3. Kapitel vermutet wurde, die effektiven Massen wegen Feinheiten der Bandstruktur stark vom Auffüllungsgrad der Bänder abhängen (Fig. 71), muß schon deshalb eine Konzentrationsabhängigkeit der Beweglichkeiten erwartet werden.

Schließlich bleibt die Streuung an Phononen. Wegen des starken Dipolmoments der optischen Gitterschwingungen (Abschn. 2.3) und wegen der Piezoelektrizität des Tellurs (Abschn. 2.6) sind aber nicht nur von den Prozessen Beiträge zu erwarten, bei denen die Elektron-Phonon-Kopplung über die Deformationspotentiale erfolgt (meist als „Streuung an akustischen Phononen" bezeichnet), sondern auch von der Streuung an polaren optischen Phononen (Polaronenstreuung) und von der piezoelektrischen Streuung.

4.4.2.1 *Die Streuung an ionisierten Störstellen*

In Fig. 82 wurde die starke Konzentrationsabhängigkeit der Beweglichkeit dargestellt: sie ließ sich gemäß (103) beschreiben. Da aber diese Streuung nicht nur mit der Konzentration, sondern auch mit der Temperatur zunimmt, kann sie nicht durch Streuung an ionisierten Störstellen verursacht werden. Denn bei Temperaturerhöhung werden die Ladungsträger wegen ihrer höheren thermischen Geschwindigkeit weniger gestreut. Überhaupt ist im Tellur nur sehr schwache Conwell-Weisskopf-Streuung zu erwarten. Da sie eine Streuung am Coulombfeld der ionisierten Störstellen ist, wird sie wegen der hohen elektrischen Polarisierbarkeit des Tellurs und wegen der starken Abschirmung durch freie Ladungsträger ebenso abgeschirmt wie z. B. die früher besprochene Elektron-Loch-Coulomb-Wechselwirkung mit der geringen Excitonenbindungsenergie (Abschn. 3.3.2.1).

Gerade der Abschirmeffekt hat zur Folge, daß bei geringen Temperaturen die monotone Zunahme der Streuung mit abnehmender Temperatur und zunehmender Störstellenkonzentration ihre Monotonie umkehrt. Als Folge davon wird im Tellur die Conwell-Weisskopf-Beweglichkeit μ_{cw} nie viel kleiner als ca. 10^4 cm^2/Vs, so daß ihr Beitrag zur Gesamtbeweglichkeit nach

$$\frac{1}{\mu} = \frac{1}{\mu_{\text{Phonon}}} + \frac{1}{\mu_{cw}} + \frac{1}{\mu_{\text{Defekte}}} \tag{108}$$

im allgemeinen vernachlässigt werden kann, außer bei sehr geringen Temperaturen und Acceptorkonzentrationen. Zur Veranschaulichung wurde die Beweglichkeit infolge der Streuung an ionisierten Störstellen in Fig. 84 für ein Tellurmodell berechnet. Hierzu wurde die Formel von *Brooks* und *Herring* [142] zugrunde gelegt, die die Abschirmung mitberücksichtigt

mit
$$\mu_{cw} = 2^{15/2} \pi^{1/2} \frac{\varepsilon_0^2 \varepsilon_r^2 (kT)^{3/2}}{m^{*\,1/2} e^3 N_i} \left(\ln(1+\gamma) - \frac{\gamma}{1+\gamma} \right)^{-1}$$
$$\gamma = \frac{24 \varepsilon_0 \varepsilon_r m^* (kT)^2}{N_e \hbar^2 e^2},$$
(109)

wobei N_i die Konzentration der ionisierten Störstellen und N_e die Konzentration der freien Ladungsträger bedeutet.

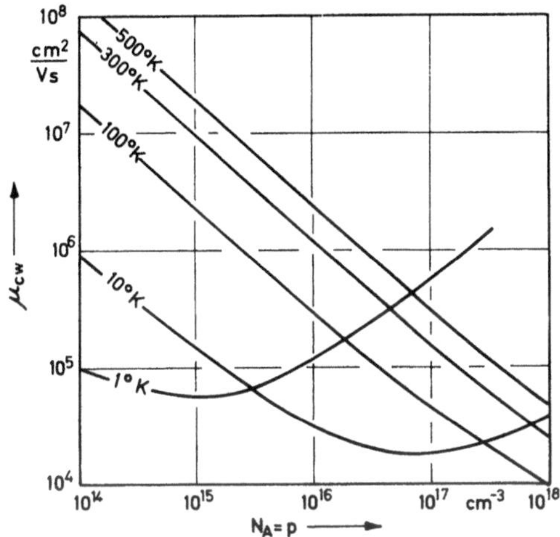

Fig. 84. Beweglichkeit bei Streuung an ionisierten Störstellen. Theoretischer Verlauf (109) berechnet für ein Tellurmodell. In hochkonzentrierten Proben nimmt die Beweglichkeit bei tiefen Temperaturen wieder zu, da die Störstellen abgeschirmt werden

In Fig. 82 sind die Beiträge der Conwell-Weisskopf-Streuung zur Streuung eigenleitender Proben eingetragen. Man sieht wieder, daß sie keinen wesentlichen Beitrag liefert und somit das Streuverhalten hochdotierter Proben nicht erklärt.

Ein Beispiel für das deutliche Auftreten der Streuung an ionisierten Störstellen gibt Fig. 85. Diese Kurven, die an extrem defektarmen Proben gewonnen wurden [143], zeigen bei sehr tiefen Temperaturen und nicht zu hohen Konzentrationen den charakteristischen Abfall der Beweglichkeit bei Temperaturerniedrigung.

Von *Dubinskaya* u. Mitarb. [144] wurde nun im Fall überwiegender Streuung an ionisierten Störstellen unter der Annahme schwacher Entartung die Streuzeitanisotropie berechnet. Sie wird vor allem durch die

Anisotropie der Dielektrizitätskonstanten verursacht, für die die Autoren allerdings den Ultrarotwert benutzt haben, der eine um etwa 10 % kleinere Anisotropie ergibt als die hier zutreffende statische Dielektrizitätskonstante. In Anlehnung an die von *Mendum* u. Mitarb. [114] bestimmten Cyclotronmassen mit einer Anisotropie $m_\parallel/m_\perp = 2{,}1$ erhalten die Autoren gemäß

$$\frac{\mu_\parallel}{\mu_\perp} = \frac{\tau_\parallel}{\tau_\perp} \cdot \frac{m_\perp}{m_\parallel}$$

bei 4° K und einer Löcherkonzentration von 10^{14} cm^{-3} eine Beweglichkeitsanisotropie von $\mu_\parallel/\mu_\perp = 1{,}21$ und eine Stoßzeitanisotropie von

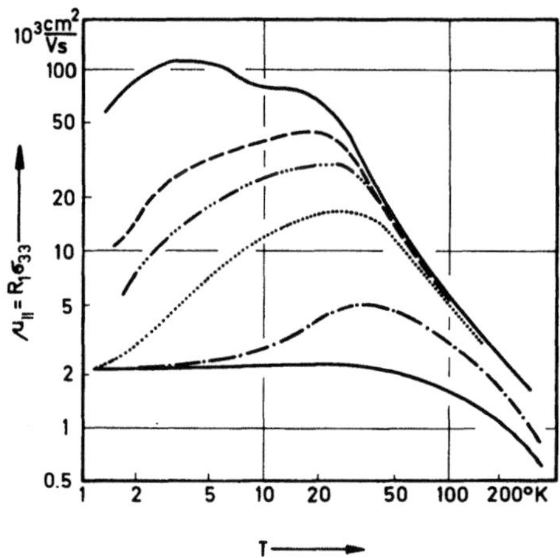

Fig. 85. Tieftemperaturbeweglichkeit verschieden dotierter Tellurproben. Reine Proben zeigen bei tiefen Temperaturen die Beweglichkeitsabnahme infolge Streuung an ionisierten Störstellen. Löcherkonzentrationen s. Fig. 86a (nach [143])

$\tau_\parallel/\tau_\perp = 2{,}3$. Das stimmt überein mit der Tieftemperaturleitfähigkeitsanisotropie $\sigma_{33}/\sigma_{11} = 1{,}3 \pm 0{,}1$ [139] und auch ungefähr mit der aus den Cyclotronresonanzmessungen bestimmten Stoßzeitanisotropie von $\tau_\parallel/\tau_\perp \approx 3$ (s. S. 115).

4.4.2.2 Die Konzentrationsabhängigkeit der Transportgrößen

Die starke Abhängigkeit der effektiven Massen vom Auffüllungsgrad des Valenzbandes infolge einer schwachen Verschiebung der Extrema in der Brillouin-Zone vom Punkte H in Richtung der P-Achse, wie sie im 3. Kapitel vermutet wurde, erklärt wohl auch einige Anomalien der Transportgrößen. Außerdem deuten auch die Messungen der dynamischen Leitfähigkeit (Abschn. 4.6.2.1) auf eine Abnahme der effektiven Massen bei Temperaturerniedrigung bzw. eine Zunahme bei Konzentrationserhöhung hin. Schließlich lassen sich auch die Thermokraftmessungen durch eine konzentrations- und temperaturabhängige Zustandsdichte-Masse deuten (Abschn. 4.7.1).

Diese veränderlichen Massen können neben den Feinheiten der Bandstruktur im Extremum auch durch nicht-parabolische Bänder verursacht werden, was ja bei den z. T. sehr flach verlaufenden Bändern (Fig. 30a) auch zu erwarten ist.

Die veränderlichen Massen aber durch eine Umproportionierung der Löcher zwischen Bandzweigen verschiedener Krümmung zu erklären, ist höchstens für sehr hohe Temperaturen möglich – etwa im Bereich des oberen Hallumkehrpunktes. Denn da das Valenzbandextremum offensichtlich beim Punkte H liegt (Abschn. 3) ist der nächste Valenzbandzweig erst 0,1 eV tiefer zu finden. In diesem wären dann aber selbst bei 500° K erst weniger als 10 % der Elektronenplätze entleert!

Durch die Zunahme der Löchermassen mit Konzentration und Temperatur kann man das Streuverhalten der Fig. 82 verstehen. Denn so wie die Beweglichkeit schon in der Beschreibung durch das einfachste Modell mit einer mittleren freien Weglänge l und Stoßzeit τ für ein Boltzmanngas nach

$$\mu \approx \frac{e}{\sqrt{3kT}} \frac{l}{\sqrt{m^*}} \tag{110}$$

eine Abnahme bei zunehmender Masse zeigt, so ergeben alle genaueren Modellrechnungen, daß im Ausdruck für die Beweglichkeit die effektive Masse im Nenner steht (z. B. Deformationspotentialstreuung $\mu \sim m^{*-5/2}$, Conwell-Weisskopf-Streuung $\mu \sim m^{*-1/2}$, Polaronenstreuung $\mu \sim m^{*-3/2}$, z. B. [145]).

Baumgart u. Mitarb. [134, 146] haben speziell versucht, die Temperatur- und Konzentrationsabhängigkeit der Zustandsdichtemassen aus der Thermokraft zu bestimmen (s. Abschn. 4.7.1, Fig. 101) und konnten so im Modell der Deformationspotentialstreuung mit $\mu \sim m^{*-5/2}$ $\cdot\, T^{-3/2}$ die Zunahme der Streuung in Fig. 82 quantitativ beschreiben.

Das Verhalten bei sehr tiefen Temperaturen wurde vor allem von *Shalyt* u. Mitarb. [143, 147] untersucht. Besonders unterhalb 5° K finden sie Anomalien des Halleffekts an Proben mit Löcherkonzentrationen $< 10^{16}$ cm^{-3}: eine starke Zunahme des Halleffekts und eine ausgeprägte Änderung der Anisotropie beim Abkühlen unter 5°K, sowie eine starke Zunahme des Halleffekts bei abnehmendem Magnetfeld (Fig. 86). Proben mit Konzentrationen $> 10^{16}$ cm^{-3} zeigen diese Anomalien nicht. Diese Beobachtungen stimmen nun damit überein, daß optische Messungen die Aufspaltung der p-Bande (s. S. 110) auch nur an Proben mit Konzentrationen $< 10^{16}$ cm^{-3} zeigen. Das ist vielleicht ein Hinweis darauf, daß

beide Effekte, die galvanomagnetischen und die optischen, dadurch verursacht werden, daß die Extrema etwas außerhalb H liegen und erst bei
den höheren Konzentrationen zu einem gemeinsamen Valley verschmelzen (Fig. 71). Eine quantitative Deutung der Effekte wurde noch nicht
versucht, zumal sie in diesem Bereich schwacher Entartung wahrscheinlich auch nur durch numerische Rechnungen eines speziellen Modells
möglich wären!

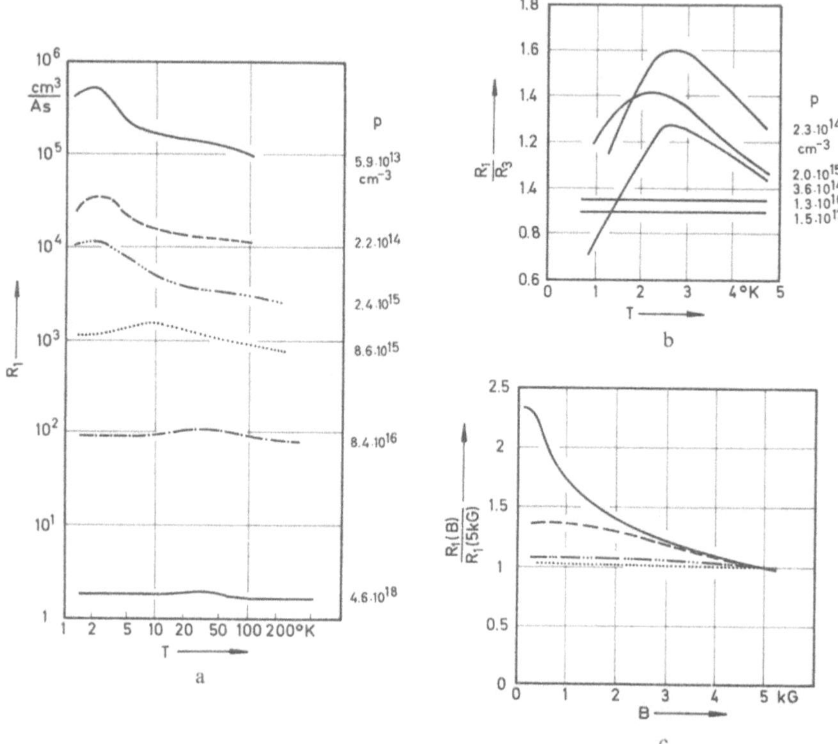

Fig. 86a–c. Anomalien des Halleffekts reiner, defektarmer Proben im Vergleich zu hochdotierten Proben bei tiefsten Temperaturen (nach [143]). a Hallkonstante. b Hallanisotropie.
c Feldabhängigkeit (Löcherkonzentrationen wie in a)

4.4.2.3 Die Polaronenstreuung

Weil die Beweglichkeiten in defektarmen Proben zwischen ca. 50
und 400° K etwa gemäß $\mu \sim T^{-3/2}$ von der Temperatur abhängen, haben
mehrere Autoren geschlossen, daß in diesem Bereich eine Deformationspotentialstreuung an akustischen Phononen überwiegt. Diese Über-
legung ist aber nicht ganz schlüssig, denn eine Beweglichkeit $\sim T^{-3/2}$
kann man wegen der komplizierten Struktur des Phononenspektrums

überhaupt nicht erwarten. Denn nicht nur an die akustischen Phononen ist eine Deformationspotentialkopplung der Elektronen zu erwarten, die dann zu einer Streuung führt, sondern auch an die Phononen der 6 optischen Zweige. Deren Debye-Temperaturen liegen alle relativ niedrig. Bis zu einer charakteristischen Temperatur von ca. 200° K überstreicht man auf der Energieskala ständig Bereiche erhöhter Phononenzustandsdichten (Fig. 26). Eine einfache thermische Phononenanregungsfunktion kann man also nicht erwarten und infolgedessen auch keinen Verlauf $\mu \sim T^{-3/2}$. Hinzu kommt noch die vermutete Zunahme der effektiven Massen mit der Temperatur.

Eine quantitative Abschätzung der Deformationspotentialstreuung ist nicht möglich, da die Deformationspotentiale der einzelnen Bänder noch nicht bekannt sind. Eine Entscheidung aus der Größe oder dem Temperaturgang der Streuung zu fällen über die Art der Streuung, gelingt also hier nicht. Der Verlauf ungefähr gemäß $\mu \sim T^{-3/2}$ scheint sich mehr zufällig aus der Überlagerung aller Effekte zu ergeben.

Umgekehrt zeigt aber eine Abschätzung der Streuung an polaren optischen Phononen (Polaronenstreuung), daß infolge des starken Dipolmoments der optischen Gitterschwingungen ein Beitrag zu erwarten ist, der die Größe der experimentell gefundenen Streuung erreicht.

Die Abschätzung des Beitrags dieser Kopplung an Phononen erfolgt durch die Polaronen-Kopplungskonstante β, die die Energieabsenkung eines Elektronenzustandes mit der Energie $\hbar\Omega$ des polaren optischen Phonons vergleicht. Die Struktur der Konstante β kann man auf folgende Weise plausibel machen*: Ein Elektron gräbt sich in einem Medium der Dielektrizitätskonstanten ε eine Potentialmulde, deren Polarisationsenergie im Abstand $|r - r_0|$ vom Elektron durch

$$\Phi(r) \cdot e = -\frac{1}{4\pi\varepsilon} \cdot \frac{e^2}{|r - r_0|}$$

gegeben ist.

Diese Polarisationsenergie zerfällt in zwei Beiträge: der erste Anteil ist die Polarisation der Elektronenhülle, die dem betrachteten Elektron adiabatisch folgt und bereits durch die Näherung der effektiven Massen bzw. die Ultrarot-Dielektrizitätskonstante berücksichtigt ist. Uns interessiert hier nur der zweite Anteil, der mit einer Deformation des Gitters verknüpft ist. Diesen Anteil erhält man, wenn man von der Gesamt-

---

* Eine genaue Begründung findet man in der von *Appel* [148] gegebenen zusammenfassenden Darstellung aller bisherigen theoretischen und experimentellen Arbeiten über Polaronen, die uns freundlicherweise vor dem Erscheinen vom Autor zur Verfügung gestellt wurde!

energie den rein elektronischen Anteil abzieht

$$\Phi_{\text{Polaron}}(r) \cdot e = -\frac{1}{4\pi} \cdot \frac{e^2}{|r - r_0|} \left(\frac{1}{\varepsilon_\infty} - \frac{1}{\varepsilon_s} \right).$$

Für die Reichweite der Potentialmulde nehmen wir etwa die Wellenlänge der Elektronen, die die gleiche Energie wie das longitudinale Phonon $\hbar\Omega$ hat

$$\frac{1}{|r - r_0|} \approx |k| = \left(\frac{2m^*}{\hbar^2} \cdot \hbar\Omega \right)^{1/2}.$$

Die gesamte „Eingrabungsenergie" W ist dann die Hälfte des so abgeschätzten Potentialwalls. Durch Vergleich mit der Phononenenergie folgt dann für die Kopplungskonstante

$$\beta = \frac{W}{\hbar\Omega} = \beta_0 \left(\frac{m^*}{m_0} \right)^{1/2} \tag{111}$$

mit

$$\beta_0 = \frac{e^2}{8\pi} \left(\frac{2m_0}{\hbar^2} \right)^{1/2} \left(\frac{1}{\varepsilon_\infty} - \frac{1}{\varepsilon_s} \right) \frac{1}{(\hbar\Omega)^{1/2}}. \tag{61}$$

Dieser Ausdruck wurde bereits in Abschn. 3.3.2.3, S. 94, benutzt.

Um für Tellur diese Kopplungskonstante anzugeben, macht die Ungewißheit über die Größe der effektiven Massen Schwierigkeiten. Nehmen wir für die Löchermassen reiner Proben um 300° K den Wert $m_\parallel \approx m_\perp \approx 0,4\, m_0$ an, so wie er aus der dynamischen Leitfähigkeit folgt (Abschn. 4.6.2.1), und bestimmen die Kopplungskonstante für ein elektrisches Feld $E \perp c$ durch das Dipolmoment der Mode Γ_3'' bzw. für $E \parallel c$ durch Γ_2 (Tab. 15), so erhalten wir

$$E \perp c: \quad \beta_{p\perp} = 0,45\, (m_\perp/m_0)^{1/2} = 0,29\,,$$
$$E \parallel c: \quad \beta_{p\parallel} = 0,34\, (m_\parallel/m_0)^{1/2} = 0,21\,.$$

Diese Werte sind mehr als doppelt so groß wie die der meisten Verbindungshalbleiter [148]! Die Polaronenmasse $m_{\text{Polaron}} \approx m^*(1 + \beta/6)$ ist allerdings nur ca. 5 % größer als die Löchermasse! Für die hier vorliegende relativ schwache Kopplung wurde die Beweglichkeit von *Fröhlich* bzw. *Howarth* u. Mitarb. berechnet. Im Temperaturbereich $\Theta \approx T$, der uns hier interessiert, erhält man ([148], Formel 8.13)

$$\frac{1}{\mu} = \beta \cdot k\Theta \cdot \frac{3\pi^{1/2}m^*}{4e\hbar} \cdot \frac{1}{f(\Theta/T)}$$

mit

$$f(\Theta/T) = \frac{\chi(\Theta/T) \cdot (\exp(\Theta/T) - 1)}{(\Theta/T)^{1/2}}. \tag{112}$$

$\chi(\Theta/T)$ ist zwischen $\Theta/T = 0 \ldots 5$ von der Größenordnung 1. Die genauen numerischen Werte findet man z. B. in [149]. Die nach (112) berechnete Polaronenstreuung der Löcher ist in Fig. 87 im Vergleich zur gemessenen Streuung dargestellt. Die berechnete Streuung ist bei tiefen Temperaturen größer als die gemessene. Das kann nun entweder daran liegen, daß für

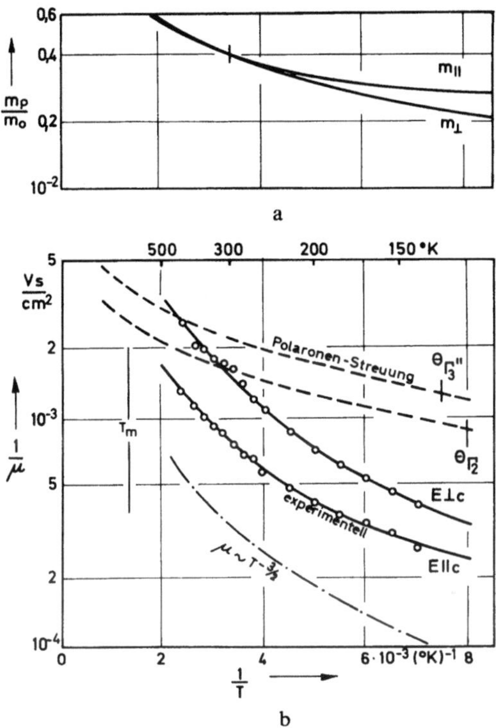

Fig. 87. Polaronen-Streuung. - - - - - - nach (112) für ein Tellurmodell berechnet, ――――― experimentell bestimmte Löcherstreuung $1/\mu_p$ (s. a. Fig. 80), θ charakteristische Temperatur der optischen Phononenzweige, T_m Schmelztemperatur von Tellur. Im oberen Teil der Figur (a) sind die temperaturabhängigen Löchermassen angegeben, für die nach (112) die Polaronenstreuung mit den experimentellen Kurven übereinstimmen würden

diesen quantitativen Vergleich die Streutheorie überfordert wird oder aber daran, daß die effektiven Massen mit der Temperatur abnehmen. Zum Beispiel würde eine Abnahme der transversalen Massen von ca. $0,5\,m_0$ bei 500° K auf ca. $0,2\,m_0$ bei 120° K bereits den stärkeren Abfall etwa $\sim T^{-3/2}$ zu tieferen Temperaturen hin erklären (Fig. 87a).

Die Anisotropie der Polaronenstreuung der Löcher ergibt $\mu_{\parallel}/\mu_{\perp} = 1,35$, wie man auch bei tiefen Temperaturen experimentell findet. Wenn allerdings bei tiefen Temperaturen $m_{\parallel} > m_{\perp}$ wird, worauf ja alle Experimente hindeuten, so müßte sich die Anisotropie umkehren in $\mu_{\parallel}/\mu_{\perp} < 1$. Das Beweglichkeitsverhältnis von Elektronen und Löchern $b = \mu_{\parallel}/\mu_{\perp} = 1{,}9$ dagegen ließe sich mit $\mu \sim m^{*\,-3/2}$ zwanglos erklären, wenn man für die Elektronenmasse den aus der dynamischen Leitfähigkeit bestimmten Wert $m_{n\perp} = 0{,}27\,m_0$ einsetzt; für die extrem kleinen magnetooptisch bestimmten Massen gelingt es dagegen nicht (Tab. 24).

Außer diesen Versuchen, aus dem Verhalten der Beweglichkeit nachzuweisen, daß die Träger an polaren optischen Phononen gestreut werden, geben nun auch noch andere Experimente hierzu Hinweise:

Von *Mashovets* u. Mitarb. [150] wurde die Magnetophononresonanz nachgewiesen: Wenn eine Kopplung der Ladungsträger an Phononen aus Zweigen geringer Dispersion stattfindet, so beobachtet man in starken Magnetfeldern immer dann eine Resonanz der magnetischen Widerstandsänderung, wenn die Cyclotronfrequenz ω_c oder ihre Obertöne gleich der entsprechenden Phononenfrequenz werden. Die Magnetooscillationen des Widerstandes haben dann eine Periode von

$$\Delta\left(\frac{1}{B}\right) = \frac{e}{m^*\Omega}\,. \tag{113}$$

Dieser Effekt tritt in nichtentarteten Halbleitern auf. Er ist besonders ausgeprägt in der Umgebung der Debye-Temperatur dieser Phononen. Tatsächlich finden die Autoren für $\boldsymbol{B}\parallel c$ eine ausgeprägte Serie und für $\boldsymbol{B}\perp c$ eine schwache. Die Serie für $\boldsymbol{B}\parallel c$ mit

$$\Delta\left(\frac{1}{B}\right) = 7\cdot 10^{-6}\,\mathrm{G}^{-1}$$

bei 77° K ergibt mit den Frequenzen der Γ_2- oder Γ_3''-Mode eine transversale Löchermasse von $m_{\perp} \approx 0{,}15\,m_0$, was den magnetooptisch bestimmten Massen entspricht. Genauere Untersuchungen dieses Effekts sind noch erforderlich, doch bestätigen diese Experimente jetzt schon das Mitwirken der optischen Phononen.

Ein weiterer Hinweis sind Experimente mit „heißen Löchern" an Tellur von *Nimtz* u. Mitarb. [151], die ergaben, daß sich der Aufheizmechanismus der Löcher im elektrischen Feld am besten durch das Modell der Streuung an polaren optischen Phononen beschreiben läßt (Näheres s. Abschn. 4.4.2.5).

Wegen seiner geringen Symmetrie zeigt Tellur als Folge seines starken Dipolmoments bei Gitterdeformation auch Piezoelektrizität (Abschn. 2.6). Eine Untersuchung von *Zook* [152] zeigte aber, daß die dadurch verursachte piezoelektrische Streuung etwa eine Größenordnung schwächer ist als die experimentell gefundene Gesamtstreuung, so daß eine Abtrennung dieses Beitrages wohl kaum zu erwarten ist.

4.4.2.4 Die Acceptoren

Die untersuchten störleitenden Proben wurden meistens mit Elementen der V. Gruppe, und zwar bevorzugt mit Antimon, dotiert. Alle Autoren beobachten an diesen Proben, wenn sie hochdotiert sind, keine Änderungen des Halleffekts beim Abkühlen bis zu etwa 1° K hin (z. B. Fig. 86a). Die Löcherkonzentration ist also weitgehend temperaturunabhängig, ein Einfrieren der Störstellen wird nicht beobachtet. Bereits im Abschnitt über die Bandkante in hochdotierten Proben (Abschn. 3.3.2.5) hatten wir erläutert, warum sich dieser Effekt nicht durch eine sehr geringe Ionisierungsenergie von einigen meV erklären läßt. Vielmehr vermuteten wir, daß die Acceptorniveaus ca. 20 meV tief im Valenzband liegen. Nur so eine Konfiguration kann erklären, warum sich die Löcherkonzentration bzw. die Hallkonstante hochdotierter Proben beim Übergang von der Entartung zur Nichtentartung, wenn die Fermikante durch den Bandrand taucht, kaum ändern.

Weitere große Bedeutung kommt im Tellur den „thermischen Acceptoren" zu, die vor allem von *Link* u. Mitarb. untersucht wurden [2]. Schreckt man Tellurproben von hoher Temperatur genügend schnell ab, so erhält man zusätzliche Löcher, deren Konzentration um so größer ist, desto heißer die abgeschreckte Probe war [153]. Es ist so gelungen bis zu ca. 10^{17} cm^{-3} Acceptoren zu erzeugen. Die Eigenschaften dieser als Acceptoren wirkenden Gitterdefekte deuten darauf hin, daß es sich um die Gitterleerstellen handelt, deren Hochtemperatur-Gleichgewichtskonzentration eingefroren wird. Die freien Tellurbindungen an den Kettenenden sättigen sich mit freien Elektronen ab und bilden so Acceptoren. Für die Abhängigkeit der Acceptorkonzentrationen von der Abschrecktemperatur finden die Autoren [154]

$$N_{\mathrm{A}} = 7 \cdot 10^{24}\ \mathrm{cm}^{-3} \cdot \exp\left(-\frac{0,8\ \mathrm{eV}}{kT}\right). \tag{114}$$

Die Bildungsenthalpie der Leerstellen wäre dann etwa 0,8 eV, was vergleichbar ist mit den früher abgeschätzten Bindungsenergien (Tab. 2). Bei Raumtemperatur beträgt demnach die Leerstellenkonzentration ca. 10^{11} cm^{-3}. Da andererseits der Defektüberschuß bereits bei Zimmertemperatur ausheilt, kann man also die von allen Autoren beobachtete Restkonzentration von ca. 10^{14} cm^{-3} Acceptoren nicht durch diese Defekte erklären.

Nur wenn man von sehr hohen Temperaturen aus abschreckt, bleibt die Acceptorkonzentration hinter der nach (114) zurück. Das wird aber dadurch erklärt, daß bei den hohen Konzentrationen die Defekte zu schnell wieder rekombinieren.

Bei ca. 550° K müßte nach (114) die Defektkonzentration N_{A} die Eigenleitungskonzentration n_i überschneiden. Damit würde in diesem

Temperaturbereich die Eigenleitungsbedingung $p_i = n_i$ sehr zugunsten der Löcher gemäß $p = n + N_A$ verschoben sein. Damit hätte man den Hochtemperaturhallumkehrpunkt bei 520° K erklären können.

Neuere Experimente, die wir im nächsten Abschnitt besprechen werden, stellen diese Deutung aber wieder in Frage.

4.4.2.5 Der anomale Hallumkehrpunkt

Alle Proben mit einer Löcherkonzentration $<$ ca. $2 \cdot 10^{17}\,\mathrm{cm}^{-3}$ zeigen bei 520° K im Misch- oder Eigenleitungsbereich einen zweiten „anomalen" Hallumkehrpunkt. Seine Lage bei 520° K ist weitgehend strukturunempfindlich, weshalb man ihn nicht durch individuelle Eigenschaften wie Verunreinigungsgrad oder zufälligen Fehlordnungszustand erklären kann. Vielmehr muß er sich aus der Bandstruktur, der Gitterdynamik oder der Gleichgewichtsfehlordnung des gesunden Kristalls verstehen lassen.

Von den verschiedenen Modellen, die vorgeschlagen wurden, ihn zu erklären, scheinen uns zwei Versuche einer Erklärung aus dem Verhalten der Löcher am wahrscheinlichsten, weil auch die Leitungsabsorption auf eine Änderung der Löchereigenschaften bei hohen Temperaturen hindeutet (Abschn. 4.6.2.1).

Der eine Deutungsversuch ist der im vorherigen Abschnitt besprochene; er beruht auf der zur Eigenleitung zusätzlichen Löchergeneration infolge einer Eigenfehlordnung.

Der andere Vorschlag stammt von *Caldwell* u. Mitarb. [50]. Es wird angenommen, daß bei den hohen Temperaturen die Löcher zwischen dem oberen Valenzband und dem unteren um 0,1 eV abgesenkten umproportioniert werden. Im tieferen Bandzweig müßten die Löcher wesentlich beweglicher sein. Wenn auch die in [50] gegebene quantitative Deutung nicht zutrifft*, da sie auf einem zu einfachen Modell für die p-Bande beruht, so ist sie prinzipiell wohl die wahrscheinlichste. Denn ein Experiment von *Link* u. Mitarb. [155] entscheidet zwischen den beiden Alternativvorschlägen gegen die Fehlordnungsdeutung. Durch Stromwärme wurde ein Kristall in ca. 100 µs von 490 auf 550° K aufgeheizt und dabei der Halleffekt gemessen. Er zeigt die gleiche Vorzeichenumkehr wie bei stationärer Erhitzung. In dieser kurzen Zeit erreicht die Fehlstellengeneration aber erst eine Acceptorkonzentration von 10^{15} bis $10^{16}\,\mathrm{cm}^{-3}$, während für die Hallinversion eine Konzentrationserhöhung auf einige $10^{17}\,\mathrm{cm}^{-3}$ erforderlich wäre. Wir wollen des-

---

* Das Modell hätte vor allem die Konsequenz, daß bei hochdotierten Proben, die bei 520° K noch störleitend sind, weil deren Löcher natürlich genauso umproportioniert werden, der Halleffekt bei 520° K auf den 3–4 fachen Wert ansteigen müßte. Das wird aber nicht beobachtet.

halb die wahrscheinlichere Deutung durch die Umproportionierung näher diskutieren:

Der Halleffekt eines Halbleiters mit 2 Löchersorten und 1 Elektronensorte beträgt

$$R = \frac{s}{e} \cdot \frac{p_1 b_1^2 + p_2 - n b_n^2}{(p_1 b_1 + p_2 + n b_n)^2}, \tag{115}$$

$b_1 = \mu_1/\mu_2, b_n = \mu_n/\mu_2$ (Index 1: unteres Valenzband, 2: oberes Valenzband, n: Leitungsband).

Mit der Eigenleitungsbedingung

$$p_1 + p_2 = n$$

folgt für den Inversionspunkt $R = 0$ die Bedingung

$$b_1^2 = \frac{p_2}{p_1}(b_n^2 - 1) + b_n^2. \tag{116}$$

Die Aufteilung p_1/p_2 der Löcher auf die beiden Bandzweige läßt sich bei Kenntnis der Zustandsdichtemassen berechnen nach

$$\frac{p_1}{p_2} = \left(\frac{m_{D1}}{m_{D2}}\right)^{3/2} \exp\left(-\frac{E_g}{kT}\right). \tag{117}$$

Aus der Form der p-Bande folgte für das Massenverhältnis 0,7 für den Fall, daß die kombinierte Zustandsdichte der beiden Valenzbandzweige ein Sattelpunkt vom Typ eines M_1-Punktes ist, und im Falle eines M_2-Punktes 1,7 (s. S. 110). Aus (116), (117) ergibt das mit der Annahme $b_n = 1.9$ für den Fall des

$$\begin{array}{ccc} & M_1\text{-Punkt} & M_2\text{-Punkt} \\ b_1 = \dfrac{\mu_1}{\mu_2} \quad = & 6,9 & 3,9 \quad . \end{array}$$

Für den Halleffekt stark störleitender Proben würden diese Beweglichkeitsverhältnisse wegen der gleichen Umproportionierung der Löcher bei 520° K eine Überhöhung gegenüber dem Tieftemperaturhalleffekt verursachen von

$$\begin{array}{ccc} & M_1\text{-Punkt} & M_2\text{-Punkt} \\ R(520°\,K)/R(200°\,K) \approx & 2,0 & 1,6 \quad . \end{array}$$

Allerdings darf man die Dichtemassenbestimmung aus dem Verlauf der p-Bande nicht zu genau nehmen!

Dieses Modell von beweglicheren Löchern im tieferliegenden Valenzband wird durch neuere Experimente mit „heißen Löchern" bzw. durch Photoleitungsexperimente noch bekräftigt.

Von *Nimtz* u. Mitarb. [151] wurden bei 77° K Stromspannungs-
messungen mit so kurzen Spannungsimpulsen (unter 100 ns) bzw. Mikro-
wellenfeldern ausgeführt, daß sich keine elektroakustischen Domänen
ausbilden konnten, wie sie von anderen Autoren beobachtet wurden.
Bei Feldstärken von etwa 3 kV/cm tritt ein negativer differentieller
Widerstand auf und die Leitfähigkeit steigt um eine Größenordnung an
(Fig. 88). Die Autoren deuten diese Erscheinung so: Durch das starke
elektrische Feld werden die Löcher beschleunigt, bis die gedriftete Löcher-
gesamtheit so „heiß" ist, daß sie vorwiegend den 0,1 eV tieferen Bandzweig besetzten. Da in diesem die Beweglichkeit viel größer ist als im

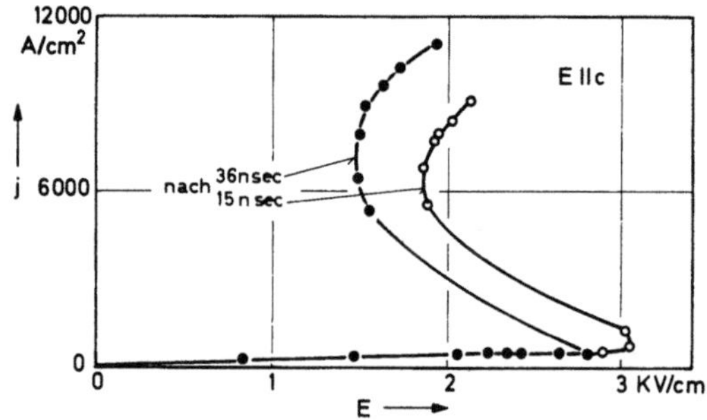

Fig. 88. Strom-Spannungskennlinien von störleitendem Tellur (nach [151]). Oberhalb ca.
3 kV/cm springt die Leitfähigkeit über eine negative differentielle Widerstandskennlinie
auf einen sehr viel größeren Wert. Eventuelle Deutung: Umproportionierung der Löcher in
einen tieferen, beweglicheren Valenzbandzweig. Parameter ist die Zeit, die nach dem An-
legen des Spannungsimpulses vergangen ist

oberen Zweig, ergibt sich bei hohen Feldstärken eine wesentlich größere
Leitfähigkeit. Der wirksame Aufheizmechanismus der Löcher folgt nun
sehr gut dem Modell für Streuung an polaren optischen Phononen, bei
dem für die Parameter des Tellurs für ca. 2,5 kV/cm eine Löchertempera-
tur entsprechend 0,1 eV zu erwarten ist. Das stimmt mit der Durchbruchs-
feldstärke von ca. 3 kV/cm gut überein. Außerdem nimmt das Beweglichkeitsverhältnis von anfangs $\mu_\parallel/\mu_\perp = 1,4$ mit zunehmender Feldstärke ab,
bis es kurz vor dem Durchbruch einen Wert von 0,85 erreicht.

Das entspricht bei Polaronenstreuung einer Massenanisotropie von
ca. $m_\parallel/m_\perp = 2,7$ (Abschn. 4.4.2.3), was gut übereinstimmt mit der bei tiefen
Temperaturen magnetooptisch bestimmten Anisotropie von 2,3–2,4
(Tab. 24).

Diese Experimente mit „heißen" Löchern bekräftigen also nicht nur
die Vorstellung vom Zustandekommen des Hallumkehrpunktes, sondern
auch die, daß die Polaronenstreuung im Tellur einen wesentlichen Beitrag liefert.

Eine weitere Bestätigung liefern schnelle Photoleitungsexperimente von *Miura* u. Mitarb. [156]. Hierbei wurden reine Tellurproben (ca. 10^{15} cm^{-3}) bei 83° K durch Lichtimpulse der Wellenlänge 10,6 μm bestrahlt, die durch einen CO_2-Laser erzeugt wurden. Gleichzeitig mit der Belichtung beobachtet man dann eine etwa 1 μs lang andauernde Leitfähigkeitserhöhung um ca. 10^{-3} bei einer Bestrahlungsleistung von 200 W im Maximum. Durch die 10,6 μm-Photonen werden die Elektronen aus dem unteren Valenzbandzweig kurzzeitig in den oberen angehoben und damit die Löcher in den unteren Zweig umproportioniert. In diesem haben sie eine höhere Beweglichkeit. Wie zu erwarten, ist der Effekt besonders ausgeprägt bei Polarisation $E \parallel c$.

Die Lebensdauer dieser Intervalenzbandübergänge beträgt nur etwa 10^{-11} s. Man wird deshalb nur Kurzzeitexperimente mit diesen photoelektrisch erzeugten Löchern des unteren Valenzbandzweiges ausführen können. Eine merkliche quasistationäre Umproportionierung zugunsten des unteren Zweiges ist leider nicht zu erwarten.

4.5 Die Druckabhängigkeit der Transportgrößen

Die Druckabhängigkeit wurde fast ausschließlich an der Leitfähigkeit untersucht. Und zwar wurden sowohl Experimente mit hydrostatischem Druck als auch unter uniaxialer Druckspannung durchgeführt. Alle Experimente ergeben eine Leitfähigkeitserhöhung, wenn bei der elastischen Verformung die Gitterkonstante c wächst, also bei hydrostatischem Druck oder bei uniaxialer Zugspannung parallel zur c-Achse. Im Eigenleitungsfall ist dieses Verhalten verständlich wegen der Abnahme der Energielücke, die wir bereits in Abschn. 3.3.2.3 besprochen hatten (Tab. 21).

Von *Herrmann* u. Mitarb. [105] wurde der Temperaturgang der Piezowiderstandskoeffizienten π_{1133} und π_{3333} gemessen (d. h. relative Widerstandsänderung von ϱ_{11} bzw. ϱ_{33} pro Druckspannung $-\tau_{33}$).

Aus dem Temperaturverhalten wurde dann der Anteil abgetrennt, der über die druckabhängige Änderung der Eigenleitungskonzentration auf das kombinierte Deformationspotential zurückgeführt werden kann. Dabei wurde angenommen, daß der verbleibende Anteil der Beweglichkeitsänderung temperaturunabhängig ist. Diese Annahme wird auch durch Messungen im Störleitungsbereich bei tieferen Temperaturen bestätigt.

Der restliche Anteil einer druckabhängigen Beweglichkeitsänderung bleibt auch als alleinige Erklärung für die Leitfähigkeitsänderung störleitender Proben, wenn man annimmt, daß bei nicht zu tiefen Temperaturen die Löcherkonzentration druckunabhängig ist.

Das gleiche Ergebnis zeigen Messungen unter hydrostatischem Druck bis zu 8000 atm von *Stuke* u. Mitarb. [157], die auch wieder eine starke Zunahme der Leitfähigkeit unter Druck an störleitenden Proben geben, und bei eigenleitenden Proben eine Zunahme, die etwa doppelt so groß ist, als sich allein durch die Verkleinerung von E_g erklären ließe.

Eine Beweglichkeitsänderung unter Druck könnte sich zurückführen lassen auf eine Druckabhängigkeit entweder der Bandparameter wie effektive Masse oder Deformationspotentiale oder auf mehr gitterdynamische Parameter wie elastische Konstanten oder elektrische Suszeptibilität. Die Druckabhängigkeit der Beweglichkeiten ist aber sehr stark. Andererseits folgt aus anderen Experimenten, daß die effektiven Massen stark mit der Temperatur abnehmen. Da nun eine Erhöhung des hydrostatischen Drucks weitgehend einer Abkühlung entspricht (Abschn. 1.5.2), vermuten wir, daß die Beweglichkeitszunahme überwiegend durch eine Abnahme der effektiven Massen verursacht wird. Ein quantitativer Vergleich ist noch nicht möglich.

Überraschenderweise zeigen die Druckexperimente an eigenleitenden Proben bis 8000 atm [157] innerhalb der Meßgenauigkeit keine Änderung der Leitfähigkeitsanisotropie. Das ist genauso überraschend wie die konstante Anisotropie bei Temperaturänderungen zwischen etwa 250 und 550° K (Fig. 81a) – also auch im Bereich des anomalen Hallumkehrpunktes – oder, daß in diesem Temperaturbereich stör- und eigenleitende Proben die gleiche Anisotropie zeigen!

Wegen der Korrespondenz zwischen Temperaturerniedrigung und Druckerhöhung darf man erwarten, daß durch Erhöhung des hydrostatischen Drucks die Kristallanisotropie abnimmt, das Tellur wird „kubischer" (Abschn. 1.5.2, 1.5.3). Bei etwa 40000 atm verschwindet dann die Energielücke und das Tellur wird metallisch [158, 159]. Bei 56000 atm schließlich wird Tellur unterhalb 3,3° K supraleitend [160].

4.6 Die dynamische Leitfähigkeit

4.6.1 Überblick

Ergänzt man die Messungen „statischer" Transportgrößen wie R_{Hall} und σ noch durch die Messung der „dynamischen" Leitfähigkeit – also Messungen des Frequenzgangs der komplexen Leitfähigkeit $\sigma(\omega)$ –, so erhält man wesentlich mehr Informationen über die Träger. Denn Amplitude und Phase der Relaxationsschwingungen der freien Träger hängen getrennt ab von der trägen Masse m^* der freien Träger und der mittleren Stoßzeit τ. Bei den statischen Größen dagegen gehen sie aber nur gekoppelt über die Beweglichkeit $\mu = e\tau/m^*$ ein. Um abzuschätzen, welche Effekte beim Frequenzgang der Leitfähigkeit $\sigma(\omega)$ zu erwarten sind, verzichten wir auf die statistischen Mittelungsprozesse und betrachten nach dem Vorbild der Drude-Theorie ein „mittleres" Elektron im elektrischen Feld E. Die Ergebnisse unterscheiden sich dann nicht wesentlich von denen der genauen Theorie.

Die Streuprozesse, die die Beschleunigung im E-Feld begrenzen, werden dabei summarisch durch ein Reibungsglied bzw. die Relaxationszeit τ – mittlere Stoßzeit – beschrieben:

$$m^*\ddot{r} + \frac{m^*}{\tau}\,\dot{r} = eE\,. \tag{118}$$

Darin ist $\dot{r}$ dann die mittlere Driftgeschwindigkeit. Die makroskopische Leitfähigkeit σ erhält man aus (118) mit der Trägerdichte N über die Stromdichte

$$j = \sigma E = eN\dot{r}\,.$$

Für das monochromatische E-Feld der Frequenz ω beträgt sie

$$\sigma(\omega) = \frac{e^2 N\tau}{m^*} \cdot \frac{1}{1+i\omega\tau} = \frac{\sigma_0}{1+i\omega\tau} \tag{119}$$

($\sigma_0 = $ Gleichstromleitfähigkeit). Da die Effekte der dynamischen Leitfähigkeit vor allem bei Mikrowellenfrequenzen und im Ultrarot wirksam werden, betrachtet man bei der Messung weniger quasistationäre Ströme und Spannungen, sondern die Ausbreitung elektromagnetischer Wellen und ersetzt deshalb die komplexe Leitfähigkeit (119) durch die komplexe Dielektrizitätskonstante η bzw. die optischen Konstanten

$$\eta = (n - i\kappa)^2 = \varepsilon_l - i\,\frac{\sigma}{\varepsilon_0\omega}\,. \tag{120}$$

ε_l ist dabei der Beitrag der elektrischen Gittersuszeptibilität zur gesamten Dielektrizitätskonstanten. Er ist natürlich in der Nähe seiner Resonanzstellen ebenfalls frequenzabhängig und komplex – also im Bereich der elektronischen Grundabsorption oder in der Umgebung der Reststrahlenbanden. Eine nichtlineare Kopplung zwischen Gitter- und Trägerbeitrag wird nicht berücksichtigt. Allerdings lassen sich solche Effekte – wie etwa eine Beeinflussung der Reststrahlenoscillatoren durch die freien Ladungsträger infolge Abschirmung oder stärkerer Dämpfung bzw. eine besonders starke Streuung der Träger durch das Gitter im Bereich des Reststrahlenoscillators (Polaronenstreuung) – formal in (119), (120) berücksichtigen durch eine geeignete Frequenzabhängigkeit von ε_l und τ.

Mit den üblichen Abkürzungen

$$\text{Plasmafrequenz} \quad \omega_p = \sqrt{\frac{Ne^2}{m^*\varepsilon_l\varepsilon_0}} \qquad \lambda_p = \frac{2\pi c}{\omega_p} \tag{121}$$

und   Stoßfrequenz $\omega_\tau = \dfrac{1}{\tau}$ $\lambda_\tau = \dfrac{2\pi c}{\omega_\tau}$ (122)

erhält man für die Wellenlängenabhängigkeit der komplexen Dielektrizitätskonstanten

$$\eta(\omega) = (n - i\kappa)^2 = \varepsilon_l \left\{ 1 - \frac{\left(\dfrac{\lambda_\tau}{\lambda_p}\right)^2}{1 + \left(\dfrac{\lambda_\tau}{\lambda}\right)^2} \left(1 + \frac{i}{\left(\dfrac{\lambda_\tau}{\lambda}\right)}\right) \right\} \tag{123}$$

und für die Gleichstromleitfähigkeit

$$\sigma_0 = 2\pi c \cdot \varepsilon_l \varepsilon_0 \cdot \frac{\lambda_\tau}{\lambda_p^2}. \tag{124}$$

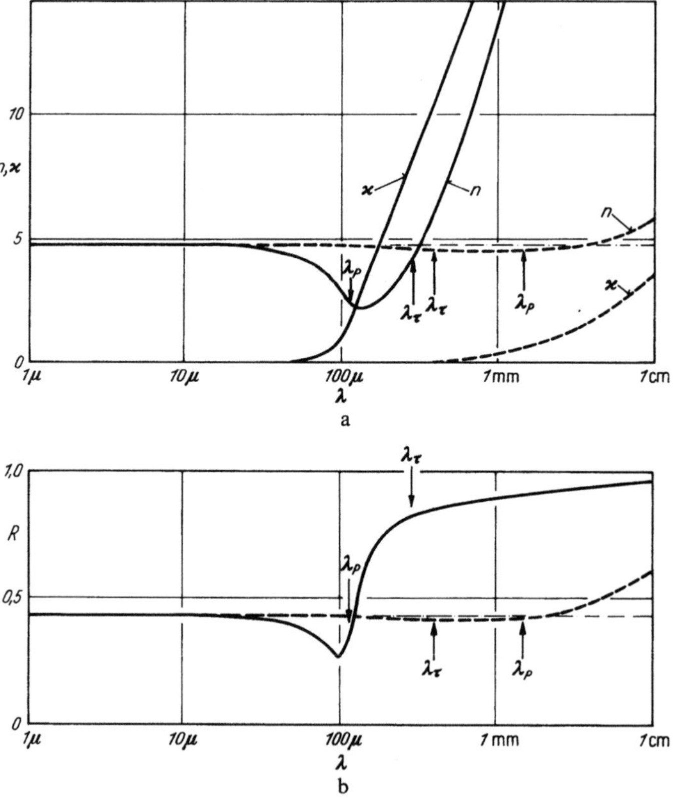

Fig. 89 a–c. Dynamische Leitfähigkeit für ein Tellurmodell ($\varepsilon_l = 23$, $m^* = 0{,}5\,m_0$, ———— $N = 1 \cdot 10^{18}$ cm^{-3}, - - - - - $N = 6 \cdot 10^{15}$ cm^{-3}) (aus [37]). a optische Konstanten n, κ. b Intensitätsreflexionsvermögen R. c Absorptionskonstante K

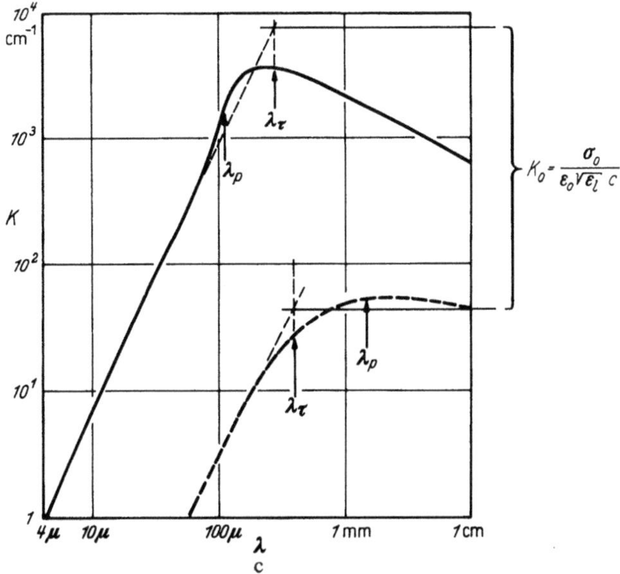

Löst man (123) nach n und κ auf, so erhält man sehr unübersichtliche Doppelwurzeln. Deshalb wurde in der Fig. 89 die Wellenlängenabhängigkeit der optischen Konstanten des Intensitätsreflexionsvermögens

$$R = \frac{(n-1)^2 + \kappa^2}{(n+1)^2 + \kappa^2}$$

und der Absorptionskonstanten $K = 4\pi\kappa/\lambda$ dargestellt für einen Modellhalbleiter, der etwa dem Tellur bei Polarisation $E \perp c$ entspricht ($\varepsilon_l = 23{,}0$ wurde frequenzunabhängig angenommen, $m^* = 0{,}5\,m_0$) [37]. Die Trägerkonzentrationen entsprechen dabei den zwei charakteristischen Fällen $\lambda_\tau < \lambda_p$ ($N = 6 \cdot 10^{15}$ cm^{-3}, etwa Eigenleitung bei 300° K) und $\lambda_p < \lambda_\tau$ ($N = 1 \cdot 10^{18}$ cm^{-3}, starke Störleitung). Wenn bei hohen Konzentrationen $\lambda_p < \lambda_\tau$ ist, wird bei langen Wellen der durch die Trägheit der Elektronen „induktiv" wirkende Beitrag zum Realteil der Dielektrizitätskonstanten größer als der „kapazitive" Beitrag des von ε_l verursachten Verschiebungsstromes. Damit wird der Realteil negativ, so daß der Halbleiter im dämpfungsfreien Fall „total" reflektieren würde. Durch die Dämpfung wird die Totalreflexion etwas unterdrückt. Dieser starke Anstieg des Reflexionsvermögens in der Nähe von λ_p ist die „Plasmakante" (Fig. 89 b).

Im anderen Fall $\lambda_\tau < \lambda_p$ zeigen die optischen Eigenschaften keine ausgeprägten Strukturen.

Untersucht wurde nun dieser Beitrag der freien Ladungsträger zu den optischen Konstanten in verschiedenen Frequenzbereichen, für die übersichtliche Näherungen gelten:

Bei hohen Frequenzen überwiegt in (118) der Trägheitsterm und man sollte erwarten, daß der Einfluß auf die optischen Konstanten vor allem durch die effektiven Massen bestimmt wird. Bei niedrigen Frequenzen überwiegt der Reibungsterm, und die optischen Konstanten sollten vor allem durch die Beweglichkeit $\mu \sim \tau/m^*$ bestimmt werden.

Bei hohen Frequenzen ist aber der Einfluß auf die optischen Konstanten noch sehr schwach, so daß praktisch noch $n = \sqrt{\varepsilon_l}$ gilt. Man weist den Beitrag durch Messung der Absorptionskonstanten K nach, für die in diesem Wellenlängenbereich $\lambda \ll \lambda_\tau$ gilt

$$K = \frac{\sigma}{\varepsilon_0 nc} = \frac{2\pi\varepsilon_l}{n} \cdot \frac{\lambda^2}{\lambda_p^2 \lambda_\tau} \sim \frac{N}{m^{*2}\mu}\lambda^2 \,. \tag{125}$$

Das ist die Drudesche Leitungsabsorption $\sim \lambda^2$. Extrapoliert man den Verlauf $K \sim \lambda^2$ nach langen Wellen hin, so schneidet sie die der Gleichstromleitfähigkeit σ_0 entsprechende Horizontale

$$K_0 = \frac{\sigma_0}{\varepsilon_0 nc} = \frac{2\pi\varepsilon_l}{n} \cdot \frac{\lambda_\tau}{\lambda_p^2} \tag{126}$$

in λ_τ (Fig. 89 c). Das heißt aus der Messung der Wellenlängenabhängigkeit der ultraroten Leitungsabsorption und der Gleichstromleitfähigkeit kann man die Stoßzeit τ bestimmen. Ist z. B. aus der Halleffektmessung auch die Trägerkonzentration N bekannt, so kann man nach (125) aus den Absorptionsmessungen auch die effektiven Transportmassen bestimmen.

Obwohl n in diesem Frequenzbereich noch fast konstant ist, läßt sich der schwache Einfluß der Träger auf den Brechungsindex nachweisen, wenn man nicht n, sondern die Dispersion $dn/d\lambda$ mißt. Das geschieht direkt durch den Faraday-Effekt, da bei ihm auf die beiden zirkularpolarisierten Wellen die optischen Konstanten wirken, die den um die Cyclotronfrequenz ω_c aufgespaltenen Frequenzen $\omega \pm \omega_c$ entsprechen. Eine Dispersion von n zwischen diesen beiden Werten führt dann zu einer spezifischen Drehung V (Verdetsche Konstante)

$$V = - \frac{e}{2m^*c} \cdot \frac{dn}{d\lambda} \cdot \lambda \,. \tag{127}$$

Für den Beitrag der freien Ladungsträger folgt aus (123)

$$V = \frac{e}{2m^*c} \cdot \frac{\varepsilon_l}{n} \left(\frac{\lambda}{\lambda_p}\right)^2 \sim \frac{N}{m^{*2}}\lambda^2 \,. \tag{128}$$

Hier kann man aus der Messung der spezifischen Drehung bei bekannter Trägerkonzentration die effektiven Massen bestimmen, ohne die Stoßzeiten bzw. Beweglichkeiten kennen zu müssen.

An hochdotierten Proben wird dann bei längeren Wellen – jedoch noch immer $\lambda \ll \lambda_\tau$ – die Abnahme des Brechungsindex so stark, daß man sie deutlich an der Abnahme des Reflexionsvermögens beobachten kann. Für die Abnahme des Brechungsindex gilt

$$n = \sqrt{\varepsilon_l - \Delta\varepsilon} \quad \text{mit} \quad \Delta\varepsilon = \varepsilon_l \left(\frac{\lambda}{\lambda_p}\right)^2 \sim \frac{N}{m^*}\lambda^2 \,. \tag{129}$$

Hier kann man aus der Reflexionsabnahme λ_p bestimmen und damit wieder bei bekannter Konzentration die Transportmassen. Diese Methode zur Massenbestimmung wurde an Halbleitern zuerst von *Spitzer* und *Fan* angewandt [161].

Bei sehr langen Wellen mit $\lambda \gg \lambda_\tau$, d. h. also im Mikrowellenbereich, unterscheidet sich der Realteil der dynamischen Leitfähigkeit kaum noch von der Gleichstromleitfähigkeit. Der Imaginärteil von $\sigma(\omega)$ ist aber noch merklich von 0 verschieden und bewirkt auch wieder einen Abbau der Dielektrizitätskonstanten. Aus (119) bzw. (123) folgt hierfür

$$\Delta\varepsilon = \varepsilon_l - \varepsilon = \frac{\sigma_0 \tau}{\varepsilon_0} = \varepsilon_l \left(\frac{\lambda_\tau}{\lambda_p}\right)^2 \,. \tag{130}$$

Aus der Messung des Unterschiedes der Dielektrizitätskonstanten einer reinen und einer dotierten Probe kann man also direkt die Stoßrelaxationszeit bestimmen, wenn man σ_0 kennt. Wegen der obengenannten Bedingung $\sigma_0 \approx \mathrm{Re}\{\sigma(\omega)\}$ kann diese Leitfähigkeitsmessung also auch bei der gleichen Frequenz erfolgen. Die Messung dieses Abbaus der Dielektrizitätskonstanten an Halbleitern wurde zuerst von *Benedict* und *Shockley* vorgeschlagen [162].

Während in erster Näherung nach (130) ε keine Dispersion zeigt, zeigt der Brechungsindex

$$n^2 \approx \frac{\varepsilon_l}{2} \cdot \frac{\lambda_\tau \cdot \lambda}{\lambda_p^2}$$

sehr deutliche Dispersion (Fig. 89a). Auch diese kann man wieder nach (127) durch den Faraday-Effekt nachweisen. Für die spezifische Drehung gilt dann

$$V = -\frac{e}{8m^*c}\sqrt{\frac{\sigma_0 \lambda}{\pi c \varepsilon_0}} = -\frac{e}{2m^*c}\sqrt{\frac{\varepsilon_l}{8}\frac{\lambda_\tau \lambda}{\lambda_p^2}} \,. \tag{131}$$

Hier gelingt es also aus der Messung der Faraday-Drehung, wenn die Gleichstromleitfähigkeit bekannt ist, die Massen zu bestimmen, und zwar genau genommen die Cyclotronmassen.

In Tab. 27 sind alle Effekte noch einmal verglichen. Die Ergebnisse der Messungen dieser Effekte sollen nun im folgenden besprochen werden.

Tabelle 27. *Dynamische Leitfähigkeit, m: Transportmasse, m_c: Cyclotronmasse*

		$\lambda \ll \lambda_\tau$	$\lambda \gg \lambda_\tau$	
Leitungsabsorption		$K = \dfrac{2\pi\varepsilon_l}{n} \cdot \dfrac{\lambda^2}{\lambda_p^2 \lambda_\tau}$		$\sim \dfrac{N}{m^2\mu}$
Kurzwelliger DK-Abbau	Faraday-Effekt	$V = +\dfrac{e}{2m_c c} \cdot \dfrac{\varepsilon_l}{n} \cdot \left(\dfrac{\lambda}{\lambda_p}\right)^2$		$\sim \dfrac{N}{m m_c}$
	Reflexion vor der Plasmak.	$\Delta\varepsilon = \varepsilon_l \left(\dfrac{\lambda}{\lambda_p}\right)^2$		$\sim \dfrac{N}{m}$
Langwelliger DK-Abbau	$\Delta\varepsilon$-Messung		$\Delta\varepsilon = \varepsilon_l \left(\dfrac{\lambda_\tau}{\lambda_p}\right)^2$	$\sim \sigma_0 \cdot \tau$
	Faraday-Effekt		$V = -\dfrac{e}{8m_c c}\sqrt{\dfrac{\varepsilon_l}{8} \dfrac{\lambda_\tau \lambda}{\lambda_p^2}}$	$\sim \dfrac{\sqrt{\sigma_0}}{m_c}$

4.6.2 Leitungsabsorption

4.6.2.1 Störleitungsspektren

An Tellur wurden die ersten Messungen der Leitungsabsorption von *Caldwell* u. Mitarb. [50] und von *Riccius* [163] ausgeführt. Absorptionsspektren störleitender Proben verschiedener Dotierungen sind für die Polarisation $E \perp c$ in Fig. 90 dargestellt [37]. Die Spektren zeigen deutlich die Zunahme der Absorptionskonstante mit der Konzentration. Um die Spektren verschiedener Konzentration besser vergleichen zu können, betrachtet man den Absorptionsquerschnitt Q_p der Träger

$$Q_p = \frac{K_p}{p}. \tag{132}$$

Dieser ist für die gleichen Spektren in Fig. 91 über λ^2 dargestellt.

Die statistisch und quantenmechanisch strengere Behandlung der Leitungsabsorption gibt etwas von (125) abweichende Ausdrücke [142], je nachdem welche Streumechanismen man betrachtet und ob man die induzierte Emission mit berücksichtigt. Diese verändert bei genügend kleinen Photonenenergien bzw. genügend hohen Probentemperaturen – und zwar etwa ab $\hbar\omega < 10\,kT$ – die Gesamtabsorption deutlich.

Streuung an ionisierten Störstellen gibt hier wie bei der Gleichstromleitfähigkeit keinen merklichen Beitrag (s. Abschn. 4.4.2.1).

Für den Fall einer Deformationspotentialstreuung bei Berücksichtigung induzierter Emission ($T > 300°$ K, $\lambda > 5\,\mu$m) erhält man nach *Schmidt* [164] für K die Näherung.

$$K \approx \frac{32}{9\pi} K_{\text{Drude}} = \frac{8}{9\pi^2 c^3 \varepsilon_0} \cdot \frac{1}{n} \cdot \frac{N}{m^{*2}\mu} \cdot \lambda^2. \tag{133}$$

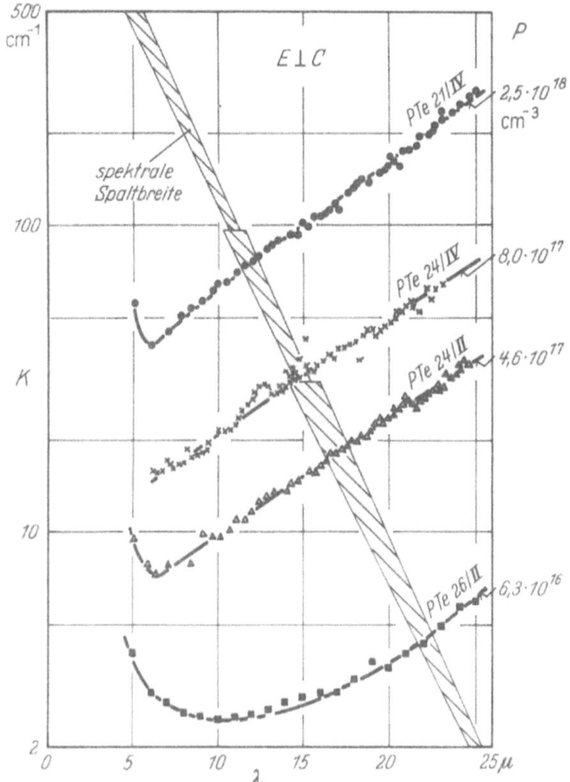

Fig. 90. Leitungsabsorption in störleitendem Tellur, $T = 294°$ K (aus [37])

Da die Spektren der Fig. 91 über mehr als zwei Oktaven recht gut $\sim \lambda^2$ verlaufen, wurde aus ihnen nach (133) die effektive Löchermasse bestimmt. μ und $N = p$ wurden dabei aus Hall- und Leitfähigkeitsmessungen bestimmt.

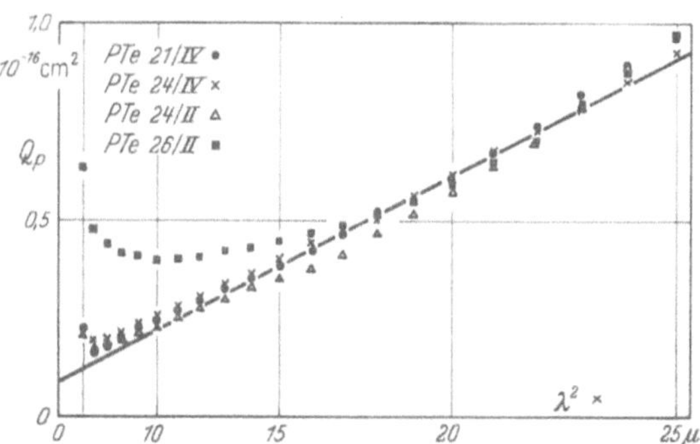

Fig. 91. Löcherabsorptionsquerschnitt ermittelt aus den Spektren der Fig. 90 (aus [37])

In Fig. 91 schneidet die λ^2-Gerade nicht den Nullpunkt. Das wird durch eine konzentrationsabhängige Untergrundabsorption gedeutet, deren Herkunft noch ungewiß ist (s. a. S. 111). Der kurzwellige Anstieg des Absorptionsquerschnitts der am schwächsten dotierten Probe kommt daher, daß für diese Probe bei der Bildung der Absorptionsquerschnitte der störende Einfluß der auslaufenden Bandkante das stärkste relative Gewicht hat.

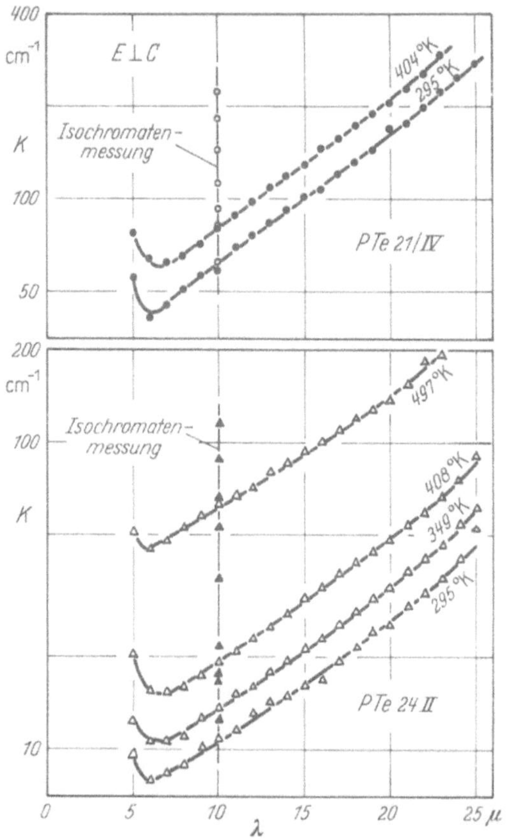

Fig. 92. Leitungsabsorption in störleitendem Tellur, Isothermen (aus [37])

Obwohl die Streuung hochdotierter Proben zunimmt, wie sich aus Gleichstrommessungen ergab, fallen die Absorptionsquerschnitte zusammen. Das bedeutet nach (133) eine Zunahme der Masse mit der Konzentration von $0{,}4 \pm 0{,}02\, m_0$ bei $6{,}3 \cdot 10^{16}\, \text{cm}^{-3}$ bis auf $0{,}5 \pm 0{,}02\, m_0$ bei $2{,}5 \cdot 10^{18}\, \text{cm}^{-3}$.

Eine ähnliche Massenzunahme ergibt sich auch bei Temperaturerhöhung. Absorptionsspektren störleitender Proben bei höheren Temperaturen (Fig. 92) zeigen alle wie erwartet die gleiche Wellenlängen-abhängigkeit, so daß man die Temperaturabhängigkeit der Spektren durch eine einzige Isochromate charakterisieren kann (Fig. 93). Vergleicht man die Temperaturabhängigkeit von $K \sim 1/\mu$ mit der von $\sigma \sim \mu$, so müßte das Produkt

$$K\sigma \sim \frac{p^2}{m^{*\,2}} \sim \frac{1}{m^{*\,2}} \tag{134}$$

horizontal verlaufen, da bei diesen störleitenden Proben, die Konzentration noch nicht temperaturabhängig ist, wie aus Hallmessungen folgt,

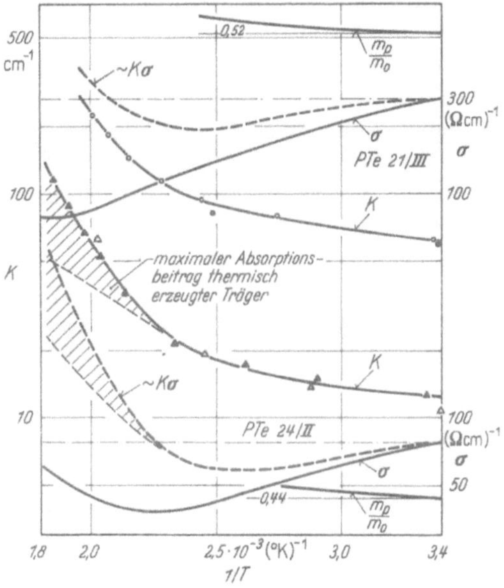

Fig. 93. 10 µm-Isochromaten-Messung der Leitungsabsorption störleitenden Tellurs und die dazugehörige statische Leitfähigkeit (Erläuterungen s. Text; aus [37])

also $p = \text{const}$. Tatsächlich nimmt aber das Produkt bei Temperatur-erhöhung zunächst ab (Fig. 93), was nach (134) wieder eine Zunahme der Massen bedeutet. Bei höheren Temperaturen steigt $K\sigma$ wieder an. Das läßt sich nur z. T. durch die allmählich einsetzende thermische Erzeugung zusätzlicher Elektronen deuten, wie man aus den gleich zu besprechenden Absorptionsquerschnitten eigenleitender Proben abschätzen kann. Der verbleibende Anteil der $K\sigma$-Zunahme scheint also eine Eigenschaft der Löcher zu sein. Eine Deutung durch zusätzliche Löcher aus thermischen Acceptoren [2] scheint uns jedoch nicht möglich, da sich diese auch in

12*

einer Abnahme des Halleffekts zeigen müßte. Andererseits ergibt das Modell der Umproportionierung in den tieferen Valenzbandzweig höherer Beweglichkeit mit den in Abschn. 4.4.2.5 angegebenen Parametern einen um etwa 50 % größeren Wert für $K\sigma$, als wenn nur langsamere Löcher vorlägen. Denn obwohl der Absorptionsquerschnitt der schnellen Löcher kleiner ist, gibt der Vergleich mit der Leitfähigkeit bei Temperaturerhöhung ein Anwachsen der $K\sigma$-Kurve, da σ durch das Anwachsen der Konzentration der schnelleren Löcher stärker zunimmt als K durch die Beweglichkeitsabnahme der langsamen Löcher bei der Temperaturerhöhung kleiner wird.

Für die Polarisation $E \parallel c$ werden die Spektren im Wellenlängenbereich bis 25 µm durch die p-Bande bestimmt (Abschn. 3.3.3). Absorptionsmessungen bei längeren Wellen liegen noch nicht vor. Bestimmt man den Leitungsabsorptionsbeitrag der Träger durch die Abtrennung der p-Bande gemäß Fig. 51, so erhält man daraus nach (133) die gleiche Konzentrationsabhängigkeit der Massen wie für die Polarisation $E \perp c$. Allerdings erhält man für die parallelen Massen gemäß $m_\perp = (1{,}9 \pm 0{,}1)\, m_\parallel$ kleinere Werte als für die senkrechten. Wir nehmen aber an, daß die parallelen Massen tatsächlich größer sind (Abschn. 4.6.3), und die kleineren Werte nur durch einen systematischen Fehler bei der Abtrennung verursacht werden. Denn eine Abtrennung einer zusätzlichen Untergrundabsorption konnte für die Polarisation $E \parallel c$ nicht durchgeführt werden, sie wäre zu willkürlich. Zu hohe Absorptionswerte täuschen aber zu kleine Massen vor!

4.6.2.2 Eigenleitungsspektren

In Fig. 94 sind die Absorptionsspektren eigenleitender Proben für verschiedene Temperaturen dargestellt. Die Absorptionszunahme beim Erwärmen wird durch die Zunahme der Konzentration und der Streuung verursacht. Da sich die Absorptionsbeiträge der Elektronen und Löcher addieren, kann man aus

$$K_i \sim \left(\frac{p_i}{m_p^2 \mu_p} + \frac{n_i}{m_n^2 \mu_n} \right) \tag{135}$$

mit der Eigenleitungskonzentration $p_i = n_i$ einen Absorptionsquerschnitt für Trägerpaare einführen gemäß

$$Q_i = Q_p + Q_n = \frac{K_i}{p_i} \sim \left(\frac{1}{m_p^2 \mu_p} + \frac{1}{m_n^2 \mu_n} \right). \tag{136}$$

Fig. 95 zeigt diese Absorptionsquerschnitte zu den Spektren der Fig. 94. p_i wurde dabei nach dem in Abschn. 4.1.3 erläuterten Verfahren bestimmt.

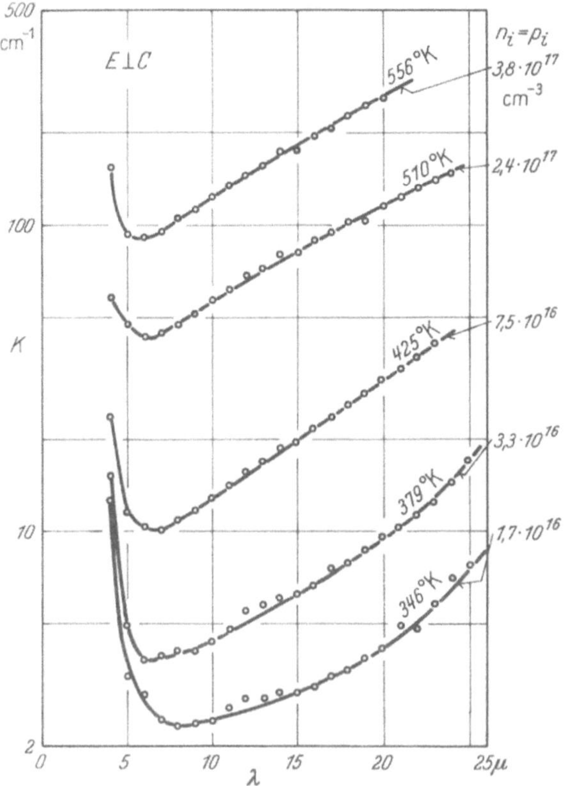

Fig. 94. Leitungsabsorption eigenleitender Proben, Isothermen (aus [37])

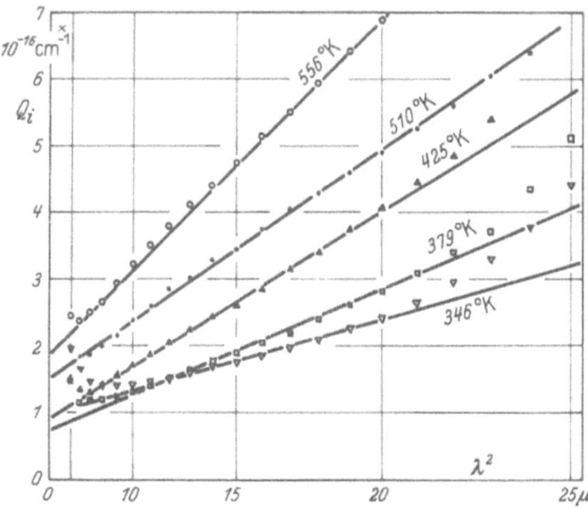

Fig. 95. Absorptionsquerschnitt für Elektron-Loch-Paare, ermittelt aus den Spektren der Fig. 94 (aus [37])

Q_i verläuft wieder etwa $\sim \lambda^2$. Die schwach absorbierenden Spektren weichen jetzt auch auf der langwelligen Seite von der λ^2-Geraden ab. Das wird durch das Einsetzen der Mehrphononen-Absorption verursacht (Fig. 21).

Die starke Zunahme der Absorptionsquerschnitte mit der Temperatur kommt durch die Zunahme der Streuung. Um die Elektronenquerschnitte Q_n von den Paarquerschnitten Q_i abzutrennen, werden diese mit den Elektronenbeweglichkeiten $\mu_n(T)$ auf die Verhältnisse bei $T_0 = 295°$ K reduziert und dann die Löcherquerschnitte abgezogen

$$Q_n(T_0) = Q_i(T) \frac{\mu_n(T)}{\mu_n(T_0)} - Q_p(T_0) . \tag{137}$$

Aus diesen Elektronenquerschnitten erhält man eine effektive Masse von $m_{n\perp} = (0{,}27 \pm 0{,}04)\, m_0$. Eine Konzentrations- oder Temperaturabhängigkeit kann natürlich nicht angegeben werden; dazu ist das Verfahren zu ungenau und auch zu willkürlich. Immerhin ist es eine der wenigen Möglichkeiten, um etwas über die Eigenschaften der Elektronen zu erfahren. Die so bestimmte Elektronenmasse von $0{,}27\, m_0$ ist fast 7 mal größer als die bei tiefsten Temperaturen magnetooptisch gewonnenen Werte. Wenn die Elektronenmassen auch bei hohen Temperaturen so klein wären, so hätte man das bei den Absorptionsmessungen auf jeden Fall merken müssen, da dann der Absorptionsquerschnitt $Q_n \sim \dfrac{1}{m_n^2}$ fast 50 mal größer sein müßte!

4.6.2.3 Leitungsabsorption bei Polaronenstreuung

Im Abschn. 4.4.2.3 war darauf hingewiesen worden, daß im Tellur mit einem beträchtlichen Beitrag der Polaronenstreuung zu rechnen ist. Der Einfluß der Polaronenstreuung auf die Leitungsabsorption wurde von *Gurevich* u. Mitarb. [165] in einer theoretischen Arbeit untersucht. Es zeigte sich, daß für Temperaturen $T > \Theta/2$ der Frequenzgang der Leitungsabsorption bei hohen Frequenzen etwa $\sim \lambda^{2{,}5}$ verlaufen sollte. Das entspricht der Drudeschen Theorie bei einer schwach mit der Frequenz zunehmenden Stoßzeit, nämlich $\tau \sim \omega^{1/2}$. Dabei hat die Stoßzeit $\tau = m\mu/e$ die gleiche Größenordnung wie aus der in Abschn. 4.4.2.3 angegebenen Gleichstrombeweglichkeit (112) bei Polaronenstreuung folgt:

$$\frac{1}{\tau} = \frac{2\beta\Omega}{3} \cdot \frac{9\sqrt{\pi}}{8} \cdot \frac{1}{f(\Theta/T)} . \tag{112a}$$

Wegen $f(\Theta/T)$ s. S. 162; für hohe Temperatur $T \gg \Theta$ gilt die Näherung

$$\frac{1}{\tau} \approx \frac{2\beta\Omega}{3} \cdot \frac{2}{(\Theta/T)^{1/2}} \tag{138}$$

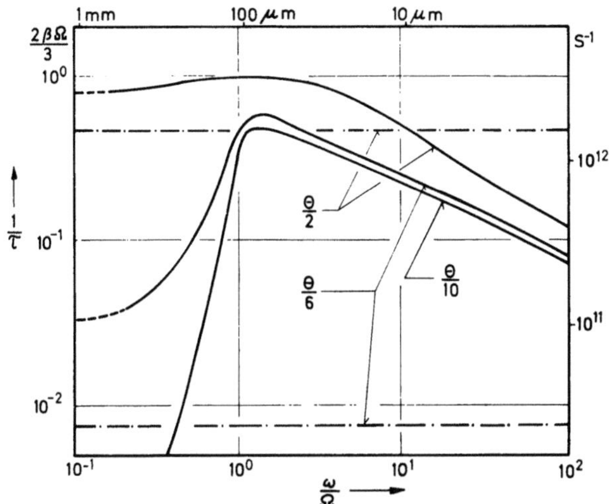

Fig. 96. Dynamische Leitfähigkeit bei Polaronenstreuung. Anpassung der Streutheorie [165] an die Drude-Theorie (Abschn. 4.6.1) durch eine frequenzabhängige Stoßzahl $1/\tau$. ——— dynamische Leitfähigkeit, · · · · · · · statische Leitfähigkeit, berechnet nach (112). Bei tiefen Temperaturen erkennt man das plötzliche Einsetzen der Polaronenstreuung bei hinreichender Phononenenergie. Ω Frequenz der optischen Phononen, Θ charakteristische Temperatur der optischen Phononen, β Polaronenkopplungskonstante (s. S. 162)

für sehr tiefe Temperaturen $T \ll \Theta$

$$\frac{1}{\tau} \approx \frac{2\beta\Omega}{3} \cdot \frac{3}{\exp \Theta/T - 1}. \tag{139}$$

Bei tiefen Temperaturen $T \ll \Theta$ nimmt nach (139) also die Polaronenstreuung bei der Gleichstromleitfähigkeit sehr schnell mit der Temperatur ab, da keine Phononen mehr angeregt sind. Entsprechend zeigt sich bei Frequenzen ω unterhalb der Frequenz Ω der longitudinalen optischen Phononen kaum Leitungsabsorption. Sobald aber die Photonenenergie vergleichbar wird mit der Phononenenergie, setzt ziemlich plötzlich starke Streuung ein (Fig. 96), da jetzt die Träger durch das elektrische Feld genügend aufgeheizt werden, um optische Phononen an das Gitter emittieren zu können.

Eine Andeutung dieser erhöhten Streuung bei Frequenzen $\omega > \Omega$ zeigen die Reflexionsmessungen an der Plasmakante, über die im nächsten Abschnitt berichtet wird.

4.6.3 Das Reflexionsvermögen im Bereich der Plasmakante

Den Abbau der Dielektrizitätskonstanten auf der kurzwelligen Seite der Plasmakante (129) kann man sehr gut aus dem Reflexionsvermögen bestimmen, wenn die Bedingung $\lambda_p < \lambda_\tau$ erfüllt ist (Fig. 89 b). Bei Tellur ist das etwa für Löcherkonzentrationen $> 10^{17}$ cm^{-3} zu erreichen. Da bei diesen Konzentrationen aber die Plasmakante gerade in den Bereich der Reststrahlenbande fällt, wird das Reflexionsvermögen vorwiegend durch den Beitrag der optischen Phononen und nicht durch den der Träger bestimmt. Es muß deshalb also noch die Bedingung $\lambda_p < \lambda_{\text{Phonon}}$ erfüllt sein, die nur von Proben mit Konzentrationen $> 10^{18}$ cm^{-3} erreicht wird.

Reflexionsspektren einer Probe mit einer Löcherkonzentration von $2{,}5 \cdot 10^{18}$ cm^{-3} sind in Fig. 97 für die beiden Polarisationsrichtungen

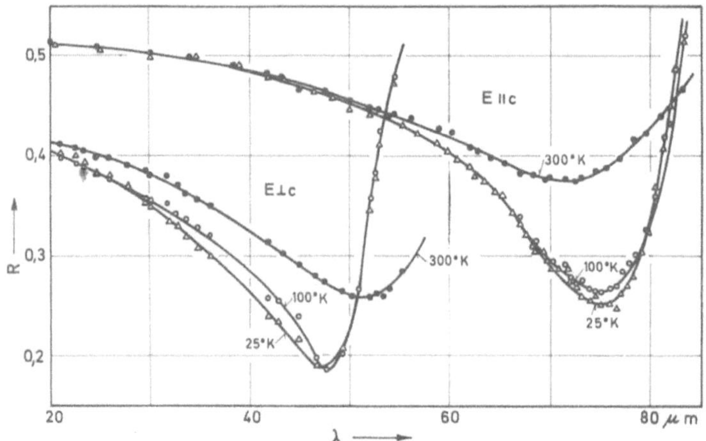

Fig. 97. Reflexionsvermögen störleitender Proben ($p = 2{,}5 \cdot 10^{18}$ cm^{-3}) im Bereich der Plasmakante (nach [166])

dargestellt [166]. Das Reflexionsminimum und die Plasmakante sind um so ausgeprägter, desto kälter die Proben sind. Das liegt daran, daß die Bedingung $\lambda_p \ll \lambda_\tau$ immer besser erfüllt wird, wenn beim Abkühlen die Streuung verringert wird.

Die Spektren für $E \perp c$ zeigen beim Abkühlen eine Verschiebung der Plasmakante zum Kurzwelligen hin. Das bedeutet eine Verkleinerung der transversalen Löchermassen [167]. Die Spektren für Polarisation $E \parallel c$ zeigen diesen Effekt nicht.

Zur Auswertung der Spektren wird meist folgender Weg beschritten: Das Reflexionsvermögen wird in einen Brechungsindex umgerechnet und als $n^2 = \varepsilon$ über λ^2 dargestellt. λ_p bestimmt man dann nach (129) durch eine lineare Extrapolation der Meßwerte auf $\varepsilon = 0$. Im Falle des Tellurs reicht diese Methode nicht aus, da wegen der Nähe der Reststrahlenbande die Gitter-Dielektrizitätskonstante schon zu langen Wellen hin deutlich abfällt und weil wegen der spektralen Nähe der Stoßwellenlänge λ_τ infolge des Trägerbeitrages zum Absorptionsindex κ, dieser nicht mehr bei der Reflexion neben n vernachlässigt werden darf. Um diese Einflüsse zu berücksichtigen, wurde einmal die Dispersion der Gitter-Dielektrizitätskonstanten in Rechnung gestellt, die aus dem Verhalten eines linearen Oscillators mit den aus den Reststrahlenmessungen bestimmten Parametern ermittelt wurde (Tab. 15).

Zum anderen wurden die Reflexionsspektren nach dem vollständigen Ausdruck (123) für die Dielektrizitätskonstante ausgewertet, indem für verschiedene Parameter λ_p, λ_τ berechnete Kurven optimal an die Meß-

Tabelle 28. *Löcherparameter, bestimmt aus dem Reflexionsvermögen im Bereich der Plasmakante*

	gemittelte Löchermassen			$E \perp c$ Löcherkonzentration $2,5 \cdot 10^{18}$ cm^{-3}						
	$\dfrac{m_\perp}{m_0}$	$\dfrac{m_\parallel}{m_0}$	$\dfrac{m_\parallel}{m_\perp}$	λ_p	λ_τ	τ	σ_{opt}			
°K	$\pm 15\%$			µm		10^{-14} s	$(\Omega\text{cm})^{-1}$	$\dfrac{\sigma_{opt\parallel}}{\sigma_{opt\perp}}$	$\dfrac{\sigma_=}{\cdot \ \sigma_{opt}}$	$\dfrac{\tau_\parallel}{\tau_\perp}$
300	0,44		1,14	62	140	7,4	157	0,80	1,01	1,1
100	0,31 } 0,50		1,61	51	210	11,2	350	0,85	1,16	1,6
25	0,27		1,85	49,5	220	12,0	388	0,89	2,5	1,7

werte angepaßt wurden. Dabei wurde vor allem die spektrale Lage und die Höhe des Reflexionsminimums vor der Plasmakante als Kriterium ausgenützt.

Durch dieses Verfahren gewinnt man aus den Messungen nun nicht nur λ_p, sondern auch λ_τ. Aus λ_p wird dann mit der aus Hallmessungen gewonnenen Konzentration die effektive Masse berechnet, und aus λ_p und λ_τ nach (124) die optische Leitfähigkeit. In die Massenbestimmung geht die Unsicherheit der Konzentrationsbestimmung mit ein. Die Bestimmung der optischen Leitfähigkeit enthält keine solche Unsicherheit. Man kann sie deshalb direkt mit der Gleichstromleitfähigkeit vergleichen. In Tab. 28 sind alle so ermittelten Parameter zusammengestellt.

Es zeigt sich wieder die Abnahme der effektiven Massen beim Abkühlen, allerdings nur für die transversalen Massen. Da diese Massen an sehr hochdotierten Proben gewonnen werden mußten, kann man sie nur mit den aus dem Shubnikov-de Haas-Messungen bestimmten Massen vergleichen (s. S. 133), die allerdings Cyclotronmassen ergeben und nicht Transportmassen, also bei nicht elliptischen Energieflächen verschiedene Mittelwerte sind. Beide Meßmethoden ergeben wieder sehr viel größere Werte für die longitudinalen Massen ($0,50\,m_0$ bzw. $0,58\,m_0$) als die magnetooptisch an reinen Proben bestimmten ($0,26\,m_0$, Tab. 24). Die transversalen Massen sind mit $0,27\,m_0$ größer als der aus dem Shubnikov-de Haas-Effekt bestimmte Wert von $0,11\,m_0$. Wenn aber, wie die neueren Messungen von *Braun* zeigten (s. S. 132), die Magnetooscillationen des Widerstandes durch zwei Cyclotronmassen entstehen, und zwar durch eine größere entsprechend einem maximalen und eine kleine entsprechend einem minimalen Querschnitt der Energiefläche (Fig. 71), so muß die optisch bestimmte Transportmasse, die ein stark gemittelter Wert ist, der größeren Cyclotronmasse ähnlicher sein, da diese bei größeren Zustandsdichten auftreten. Eine Masse von $0,11\,m_0$ hätte man übrigens deutlich bei den Reflexionsmessungen unterscheiden können, da deren Plasmakante z. B. bei ca. 34 µm anstelle von 54 µm liegen müßte!

Die starke Abnahme der optischen Leitfähigkeit gegenüber der Gleichstromleitfähigkeit läßt sich zwanglos durch die Polaronenstreuung erklären: Oberhalb der Debye-Temperatur der polaren Phononen unterscheiden sich beide nur unwesentlich. Unterhalb der Debye-Temperatur ist bei niedriger Frequenz bzw. bei Gleichfeldern die Streuung an polaren optischen Phononen sehr schwach, bei hohen Frequenzen dagegen, wenn die Photonen energiereich genug sind, um die polaren Phononen anzuregen, setzt starke Streuung ein, die optische Leitfähigkeit ist viel kleiner als die Gleichstromleitfähigkeit (Abschn. 4.6.2.3). Dies ergänzt sich auch noch mit der Anisotropie der optischen Leitfähigkeit, die mit $\mu_\parallel/\mu_\perp < 1$ Werte annimmt, wie man sie bei $m_\parallel > m_\perp$ für Polaronenstreuung erwartet (s. S. 163).

Die Messungen des Reflexionsvermögens geben also einen deutlichen Beweis für die Abnahme der transversalen Massen und bestätigen die Vorstellungen vom Beitrag der Polaronenstreuung.

4.6.4 Der Benedict-Shockley-Effekt

Die Messung der komplexen Dielektrizitätskonstanten des Tellurs bei Mikrowellenfrequenzen ist schon an reinen Proben wegen der großen Dielektrizitätskonstanten und der hohen Leitfähigkeit schwierig [47]. Um nun den Abbau der Dielektrizitätskonstanten durch zusätzliche Träger gemäß (130) in diesem Frequenzbereich trotzdem nachweisen zu können, wurde der Gitter- und der Trägerbeitrag an jeweils ein und derselben Probe gemessen [168].

Hier wurden zuerst die Eigenschaften einer reinen Probe bestimmt und dann deren Trägerkonzentration durch Eindiffundieren von Acceptoren erhöht, ohne dabei noch einmal die geometrische Gestalt der Proben ändern zu müssen. Und zwar wurden fertige für Mikrowellenmessun-

gen präparierte Proben durch Tempern in Pyrexampullen gleichzeitig
dotiert und ihre Beweglichkeiten verbessert. Vor und nach dem Tempern
wurde die komplexe Dielektrizitätskonstante nach einer Stehwellenmethode bei einer Frequenz von 9,4 GHz gemessen. Fig. 98 zeigt den
Realteil der Dielektrizitätskonstanten für die Polarisation $E \perp c$ vor und
nach dem Tempern.

Bei hohen Temperaturen wird der Abbau der Dielektrizitätskonstanten vor und nach dem Tempern durch die hohe Eigenleitungsträger-
konzentration verursacht. Bei tiefen Temperaturen zeigt sich nach dem

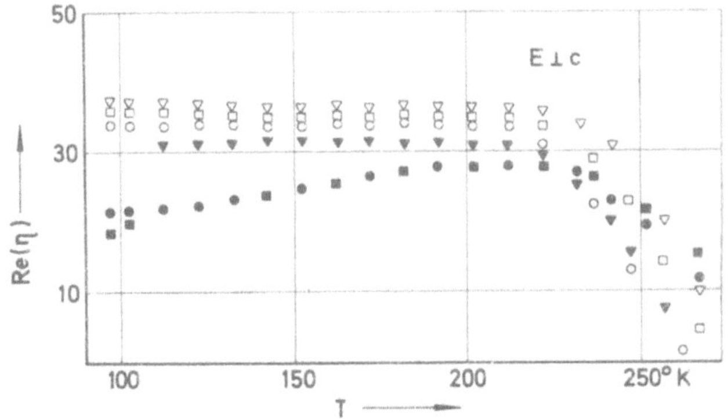

Fig. 98. Abbau der Dielektrizitätskonstanten von Tellur durch die freien Ladungsträger
bei 9,4 GHz (aus [168]). ▽, □, ○ reine Proben, ▼, ■, ● die gleichen Proben, durch Eindiffundieren von Acceptoren dotiert

Tempern der Abbau der Dielektrizitätskonstanten durch Konzentra-
tions- und Beweglichkeitserhöhung.

Da bei den Proben vor dem Tempern mit einigen 10^{14} cm^{-3} Ladungsträgern die Dielektrizitätskonstante praktisch noch den reinen Gitterwert
besitzt, gibt der Unterschied zwischen den Kurven vor und nach dem
Tempern direkt den Abbau $\Delta\varepsilon$, aus dem man nach

$$\Delta\varepsilon = \frac{\sigma_0 \tau}{\varepsilon_0} \tag{130}$$

unmittelbar die Stoßzeit τ bestimmen kann. σ_0 ergibt sich übereinstimmend aus Gleichstrom- und Mikrowellenmessungen.

Für τ erhält man so bei 130° K Werte zwischen $1-2 \cdot 10^{-12}$ sec. Diese
Werte sind mehr als eine Zehnerpotenz größer als die der Tab. 28, die an
der Plasmakante bestimmt wurden. Das hat verschiedene Gründe:
Einmal sind die Proben für die Reflexionsmessungen mit einigen

10^{18} cm^{-3}-Trägern viel stärker dotiert als die Proben für die Mikrowellenmessungen mit einigen 10^{15} cm^{-3} nach dem Tempern. Hochdotierte Proben zeigen aber stets stärkere Streuung. Außerdem gäbe eine größere effektive Masse der stark dotierten Proben eine kürzere Stoßzeit. Doch reichen beide Effekte wahrscheinlich nicht aus, um die Diskrepanz zwischen den Stoßzeiten von einigen 10^{-14} sec bis zu einigen 10^{-12} sec zu erklären.

Wir deuten diesen Unterschied wieder durch den Beitrag der Polaronenstreuung: Bei 130° K — also etwa bei der Debye-Temperatur der polaren Phononen — ist die Polaronenstreuung für niedrige Frequenzen noch immer deutlich schwächer als bei hohen Frequenzen oberhalb des Reststrahlenoscillators.

4.6.5 Der Faraday-Effekt

Faraday-Effektmessungen an Tellur liegen noch kaum vor. Im Mikrowellenbereich wurden überhaupt noch keine Messungen durchgeführt, obwohl gerade diese Informationen über die effektiven Massen bei hohen Temperaturen liefern würden. In der Umgebung von 15 μm Wellenlänge wurde der Faraday-Effekt von *Callies* u. Mitarb. [169] gemessen. An störleitenden Proben mit Löcherkonzentrationen p von einigen 10^{16} cm^{-3} ergab sich bei $\lambda = 17,3$ μm eine spezifische Drehung pro Träger von $V/p = 7,2 \cdot 10^{-22}$ m^4/Vs. Das Magnetfeld war $\boldsymbol{B} \parallel c$ orientiert. Oberhalb ca. 15 μm verläuft die Drehung etwa $\sim \lambda^2$. Deutet man diese Messungen durch ein Modell rotationselliptischer Energieflächen, so ergeben die Messungen gemäß (128) bei 77° K eine transversale Löchermasse von $m_{p\perp} = 0,15\, m_0$ *.

Bei hohen Temperaturen kehrt sich das Vorzeichen der Verdetschen Konstante um, wenn die Proben eigenleitend werden. Das bedeutet, da sich Löcher- und Elektronenbeitrag einfach addieren gemäß

$$V \sim \left(\frac{p}{m_p^2} - \frac{n}{m_n^2} \right),$$

daß die Elektronenmassen kleiner als die Löchermassen sind. Um quantitative Angaben zu machen, reichen aber die in [169] mitgeteilten Ergebnisse nicht aus. Weitere Messungen könnten hier noch viele Informationen liefern, vor allem über die Elektronen. Doch ist es nicht leicht, den gesamten magnetooptischen Tensor am anisotropen Tellur zu bestimmen. Denn man kann nicht alle Koeffizienten an einer einzigen Probe messen. Durch Messungen an Proben verschiedener Realstruktur

---

* Die Autoren selbst hatten die Messungen im Rahmen eines 12-Ellipsoidmodells gedeutet [138].

werden aber die Ergebnisse wieder unsicherer. Außerdem werden die Messungen für ein Magnetfeld $B \perp c$ sehr durch den starken Dichroismus des Tellurs erschwert.

4.7 Nichtisotherme Transportgrößen

Von den Transporteigenschaften in einem Temperaturgradienten sind die Thermokraft und die Wärmeleitung untersucht worden. Die Messungen des Nernst-Effekts [2] („Halleffekt" des Ladungsträgerstromes, der von einem Temperaturgradienten erzeugt wird) ergeben noch keine zuverlässigen Werte und sollen deshalb nicht besprochen werden.

Die Thermokraftmessungen an störleitenden Proben bei mittleren Temperaturen interessieren hier vor allem, da sie eine Abschätzung der Zustandsdichtemassen ermöglichen. Bei tiefsten Temperaturen zeigt die Thermokraft den Beitrag des Phonondrags.

4.7.1 Die Thermokraft

Thermokraftmessungen an Tellur wurden von verschiedenen Autoren ausgeführt. Sie verhalten sich ähnlich wie der Halleffekt (Fig. 99 [146]): Stark störleitende Proben haben im ganzen Temperaturbereich eine positive Thermokraft, misch- bzw. eigenleitende Proben haben bei

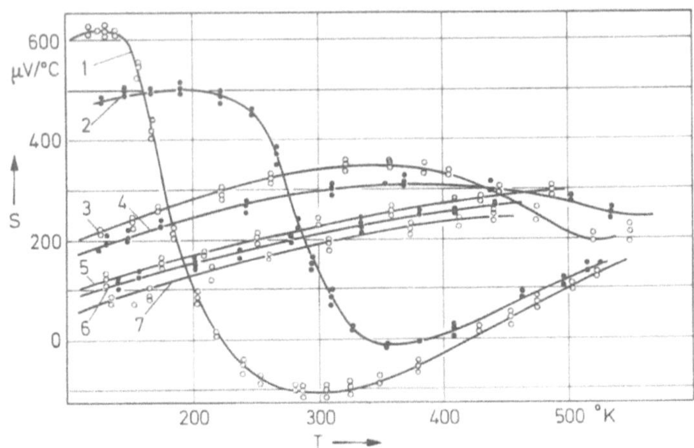

Fig. 99. Thermokraft S verschieden dotierter Tellurproben (aus [146]).

Nr. 1 $6{,}1 \cdot 10^{14}$ cm^{-3}		
Nr. 2 $4{,}0 \cdot 10^{16}$ cm^{-3}	Störleitungs-	
Nr. 3 $4{,}8 \cdot 10^{17}$ cm^{-3}	konzentration	
Nr. 4 $6{,}9 \cdot 10^{17}$ cm^{-3}		

Nr. 5 $2{,}2 \cdot 10^{18}$ cm^{-3}	
Nr. 6 $2{,}5 \cdot 10^{18}$ cm^{-3}	Störleitungs-
Nr. 7 $5{,}0 \cdot 10^{18}$ cm^{-3}.	konzentration

Temperaturen oberhalb der Störleitung zunächst eine negative Thermokraft, die bei noch höheren Temperaturen $- > 400°$ K, je nach Dotierung – wieder positiv wird. Dieser obere Umkehrpunkt muß genauso wie der des Halleffekts bei $520°$ K gedeutet werden (Abschn. 4.4.2.5).

Aus der Thermokraft der störleitenden Proben, bei denen man den Einfluß der Elektronen nicht zu berücksichtigen braucht, kann man die Zustandsdichte bestimmen, wenn man den Beitrag des Diffusionsstromes der Träger abtrennen kann vom Beitrag durch die Verschiebung der Fermikante. Denn, wenn Proben über einen weiten Temperaturbereich eine konstante Störleitungskonzentration

$$p = p_0 \exp\left(-\frac{\zeta - E_v}{kT}\right) \tag{140}$$

zeigen, so muß sich beim Erwärmen die Fermikante ζ soweit von der Valenzbandkante entfernen, daß der Exponent

$$-\frac{\zeta - E_v}{kT} = \zeta^* = \ln\frac{p}{p_0} \tag{141}$$

in (140) in erster Näherung konstant bleibt (ζ^*: reduziertes chemisches Potential). Dieses wegen des Temperaturgradienten ortsabhängige chemische Potential ζ erzeugt einen elektrischen Spannungsgradienten, der zur Thermokraft den Beitrag

$$S_\zeta = \frac{1}{e}\frac{d\zeta}{dT} = -\frac{k}{e}\zeta^* \tag{142}$$

liefert. Durch die „effektive Zustandsdichte" p_0 wird dabei wieder die Zustandsmasse m_{Dp} des Valenzbandes definiert

$$p_0 = \frac{(kT)^{3/2}}{4\pi^2}\left(\frac{2l_p^{2/3}m_{Dp}}{\hbar^2}\right)^{3/2}\frac{\sqrt{\pi}}{2} \tag{143}$$

worin wir für l_p, das Produkt aus Anzahl der Valleys und deren Besetzungsgrad, für das Valenzband wieder $l_p = 2 \cdot 1$ annehmen (s. a. S. 150).

Zu diesem Anteil des chemischen Potentials zur Thermokraft kommt aber noch der Beitrag des Diffusionsstromes, der in einem Boltzmanngas mit einer einfachen, einheitlichen freien Weglänge $+2k/e$ beträgt. Bei den Kurven der Fig. 99 muß man aber schon den Übergang in die Entartung berücksichtigen. Man erhält dann, wenn man den Stoßmechanismus durch eine freie Weglänge beschreiben kann, die nach $l \sim E^\alpha$ allein von der Energie der stoßenden Teilchen abhängt,

$$S_D = \frac{k}{e}\frac{\alpha + 2}{\alpha + 1}\frac{F_{\alpha+1}(\zeta^*)}{F_\alpha(\zeta^*)} \tag{144}$$

mit den Fermiintegralen F_v

$$F_v(\zeta^*) = \int\limits_0^\infty \frac{x^v\,dx}{1 + \exp(x - \zeta^*)}\,.$$

Wenn bei verschiedenen Temperaturen verschiedene Mechanismen zur Streuung beitragen, so wird α eine komplizierte Funktion der Temperatur.

Von *Timchenko* u. Mitarb. [170] wurde deshalb versucht, unter der einfachen Annahme einer energieunabhängigen freien Weglänge, d. h. also $\alpha = 0$, die Konzentrations- und Temperaturabhängigkeit von ζ^* zu beschreiben durch

$$S = \frac{k}{e}\left(2\,\frac{F_1(\zeta^*)}{F_0(\zeta^*)} - \zeta^*\right), \tag{145}$$

das ist die Summe der Beiträge (142) und (144). Aus ζ^* kann dann zusammen mit der aus Hallmessungen bekannten Trägerkonzentration p die effektive Zustandsdichte bzw. nach (143) die Zustandsdichtemasse bestimmt werden. Für p muß im Übergangsbereich zwischen Entartung und Nichtentartung (140) ersetzt werden durch den allgemeineren Ausdruck

$$p = p_0\,\frac{2}{\sqrt{\pi}}\,F_{1/2}(\zeta^*)\,. \tag{146}$$

In Fig. 100 und 101 sind aus den Thermokraftkurven der störleitenden Proben der Fig. 99 bestimmte reduzierte chemische Potentiale ζ^* bzw.

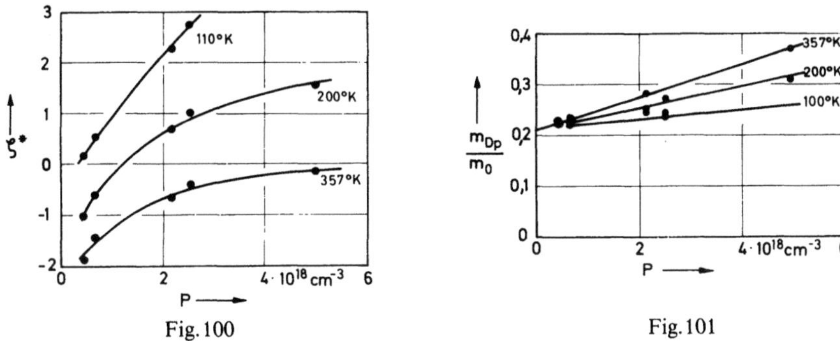

Fig. 100. Reduzierte chemische Potentiale $\zeta^* = -\dfrac{\zeta - E_v}{kT}$. Nach (145) ermittelt aus den Messungen der Fig. 99 (nach [146])

Fig. 101. Konzentrationsabhängigkeit der Zustandsdichtemassen m_{Dp} des Valenzbandes. Aus den chemischen Potentialen der Fig. 100 bestimmt nach (141, 143); (aus [134])

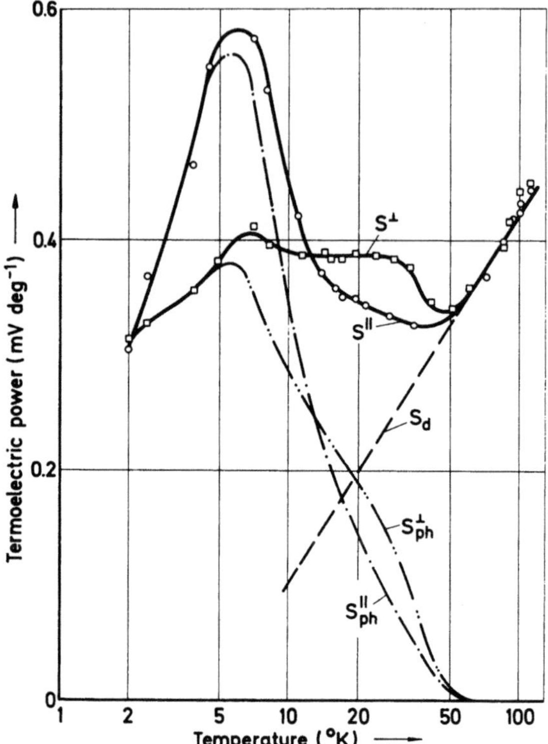

Fig. 102. Thermokraft (S) von reinem Tellur bei tiefen Temperaturen. Beitrag S_{ph} des Phonondrags abgetrennt durch Extrapolation der Kurve $S_d \sim \ln(\text{const} \cdot T^{3/2})$ (aus [171])

die Zustandsdichtemassen dargestellt [134, 146]. Auch hier zeigt sich wieder die Zunahme der Massen mit Konzentration und Temperatur. Man darf allerdings dieser Methode, die Änderung der Massen zu bestimmen, nicht zu viel Bedeutung beimessen, da die Unsicherheit über den wirksamen Streumechanismus in ihr enthalten ist, d. h. die ungenaue Kenntnis von α und seinen Änderungen.

Während bei den höheren Temperaturen oberhalb ca. 50° K die Thermokraft isotrop ist, wird sie bei tiefen Temperaturen richtungsabhängig und zeigt den Einfluß des Phonondrags (Fig. 102 [171]). Diesen Einfluß besprechen wir im Vergleich mit der Tieftemperatur-Wärmeleitung.

4.7.2 Die Wärmeleitfähigkeit

Die Wärmeleitfähigkeit von Tellur zeigt zwischen 8 und 100° K eine konstante Anisotropie von $\lambda_{||}/\lambda_\perp \approx 2$ (Fig. 103). Das bedeutet, daß die Anisotropie der Schallgeschwindigkeiten und der Phononenlebens-

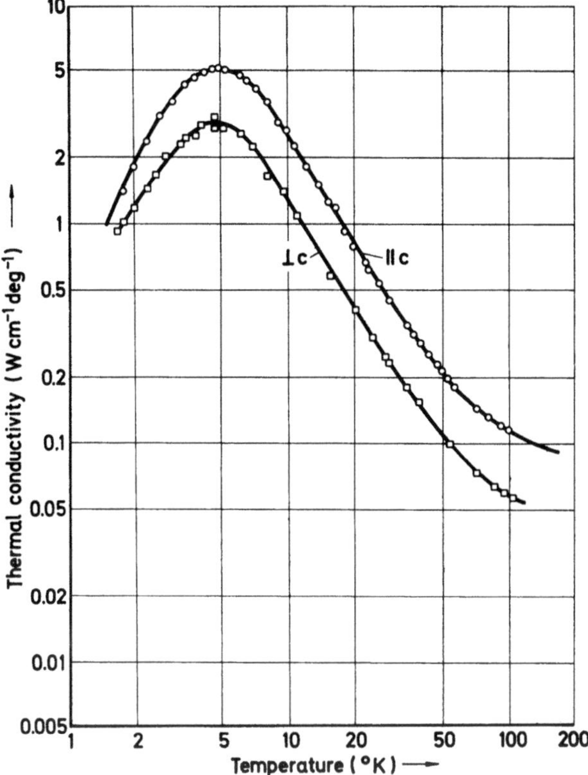

Fig. 103. Wärmeleitfähigkeit von Tellur bei tiefen Temperaturen (aus [171])

dauern temperaturunabhängig ist, da diese vorwiegend bei den tiefen Temperaturen die Wärmeleitfähigkeit bestimmen.

Trennt man aber in Fig. 102 von der Thermokraft den Beitrag des Phonondrags zur Thermokraft von dem normalen Beitrag der Träger ab [171], so zeigt dieser Beitrag des Phonondrags eine stark temperaturabhängige Anisotropie: Zwischen 3 und 14° K ist $S_\parallel > S_\perp$ und oberhalb 14° K ist $S_\parallel < S_\perp$ ($\parallel$, $\perp$ bezeichnet die Richtung des Temperaturgradienten zur c-Achse). Zur Abtrennung wurde die Thermokraft zu tiefen Temperaturen hin durch eine Gerade $S \sim \ln(\text{const } T^{3/2})$ extrapoliert; das entspricht der Temperaturabhängigkeit der effektiven Zustandsdichte nach (143).

In einem Halbleiter mit einem nichtentarteten Elektronengas kann man nun den Beitrag des Phonondrags etwa beschreiben durch [172]

$$S_{\text{Phonon}} = \frac{k}{e} \cdot \frac{(m^* v^2/2)}{(3kT/2)} \cdot \frac{\tau_{\text{Phonon}}}{\tau_{\text{Elektron}}}. \tag{147}$$

Das heißt S_{Phonon} hängt vor allem ab vom Verhältnis der kinetischen
Energie der Elektronen, wenn sie durch die Wechselwirkung mit den
Phononen deren Geschwindigkeit v annehmen, zu ihrer thermischen
Energie (v ist die Gruppengeschwindigkeit der wechselwirkenden Phononen bzw. bei Phononen niedriger Energie die Schallgeschwindigkeit),
und vom Verhältnis der Relaxationszeiten der Phononen bzw. Elektronen infolge der Stöße mit den restlichen Phononen. Wegen der tem-
peraturunabhängigen Anisotropie der Wärmeleitung müßte somit auch die
Anisotropie von v^2 und τ_{Phonon} konstant sein. Das heißt aber, die veränderliche Anisotropie des Phonondrags wird nach

$$\frac{S_{\parallel}}{S_{\perp}} = \left(\frac{\tau_{\perp}}{t_{\parallel}}\right)_p = \left(\frac{\mu_{\perp}}{\mu_{\parallel}}\right)_p$$

allein durch die veränderliche Anisotropie der Stoßzeiten bzw. Beweglichkeiten der Löcher verursacht. Eine solche Änderung der Anisotropie
kann durch die mit der Temperatur abnehmende transversale Masse
verursacht werden, wie sie an den stärker dotierten Proben beobachtet
wurde (Abschn. 4.6.2, 4.6.3), oder durch die Änderung der longitudinalen
Massen reiner Proben, wie sie durch das Verschmelzen mehrerer Valleys
zustande kommen kann (Fig. 71), und schließlich durch eine Änderung
der Streumechanismen.

Bei höheren Temperaturen wird neben der Wärmeleitung des Gitters
und der Träger noch der Beitrag durch die Strahlungsleitung merklich
[173]. Am Schmelzpunkt erreicht die Wärmeleitfähigkeit den Wert von
ca. 2,3 W/m °K. Beim Schmelzen macht sie einen Sprung auf ca. 5,5 W/m°K
[175]. Dieser Sprung wird wohl genauso wie bei der elektrischen Leitfähigkeit durch eine Erhöhung der Ladungsträgerkonzentration beim
Schmelzen verursacht.

5. Zusammenfassung der Ergebnisse

Nachdem in den Abschnitten 2 bis 4 bei der Besprechung der einzelnen experimentellen Ergebnisse z. T. recht verschiedene quantitative
Aussagen gemacht wurden, soll nun noch einmal zusammengestellt
werden, was man über die Eigenschaften des Festkörpers Tellur gegen-
wärtig aussagen kann:

Der heterodesmische Aufbau des Tellurgitters ergibt einen Festkörper
mit teilweise sehr anisotropen Eigenschaften. Bei Temperaturerniedrigung
oder unter hydrostatischem Druck zieht sich das Gitter nicht linear zusammen, sondern die Atome verrücken sich so, daß die Kopplung zwischen den Ketten auf Kosten der Kopplung innerhalb der Ketten verbessert wird.

Die verhältnismäßig weichen Gitterkräfte zwischen den Ketten und die geringe Symmetrie verursachen sehr geringe Debye-Temperaturen der akustischen Zweige zwischen 20 und 70° K. Auch die Debye-Temperaturen der beiden optischen Zweigtriplets mit ca. 120° K und ca. 200° K sind recht niedrig. Die den optischen Zweigen entsprechenden atomaren Verrückungen sind mit ungewöhnlich starken elektrischen Dipolmomenten der Basis verknüpft, die drei optische Reststrahlenbanden ergeben. Ebenso zeigt sich bei geeigneter Gitterdeformation Piezoelektrizität. Die starken Dipolmomente der optischen Gitterschwingungen geben zu den elektrischen Streuprozessen einen Beitrag durch Polaronenstreuung. Durch die ungewöhnlich hohe Dielektrizitätskonstante von $\varepsilon_\parallel = 54$ und $\varepsilon_\perp = 33$ ist die Coulomb-Wechselwirkung sehr schwach. Deshalb sind die Excitonenbindungsenergien und die Ionisierungsenergien wasserstoffähnlicher Störstellen sehr gering (< 1 meV), ebenso ist nur ein schwacher Beitrag der Coulomb-Streuung an ionisierten Störstellen zu beobachten.

Die elektronische Bandstruktur ergibt eine direkte Valenzband-Leitungsbandenergielücke in den Eckpunkten H der Brillouin-Zone. Die Extreme des Leitungsbandes und des Valenzbandes liegen im Symmetriepunkt oder in unmittelbarer Nähe. Die Energielücke ergibt für Polarisation $E \perp c$ eine erlaubte, für $E \parallel c$ eine verbotene Bandkante, beide entsprechen einer Energie $E_g = 0,334$ eV bei 10° K. Der optischen Bandkante ist eine starke Ausläuferabsorption vorgelagert, durch phononeninduzierte Übergänge und Störstellen verursacht. Das Leitungsbandminimum ist bezüglich der beiden Spineinstellungen doppelt besetzbar, das Valenzband ist in H durch Spin-Bahn-Kopplung etwa 0,1 eV aufgespalten. Das Maximum ist deshalb nur einfach besetzbar. Tellur ist demnach also ein Halbleiter mit zwei doppelt besetzbaren Leitungsbandvalleys und zwei einfach besetzbaren Valenzbandvalleys.

Die Aufspaltung des Valenzbandes ergibt eine stark dichroitische p-Bande. Weiter ist wegen der Aufspaltung für die Löcher keine Elektronenspin-Resonanzabsorption und kein Pauli-Paramagnetismus zu erwarten.

Die effektiven Massen in Tellur sind stark temperatur- und konzentrationsabhängig. Die Temperaturabhängigkeit wird zum Teil durch die nichtlineare Gitteränderung bei Temperaturänderung erklärt. Zum anderen Teil beruht sie wohl genauso wie die Konzentrationsabhängigkeit auf einem nichtparabolischen Bandverlauf und nicht elliptischen Energieflächen. Dabei scheint vor allem ein Verschmelzen zweier Valleys außerhalb des Symmetriepunktes H zu einem gemeinsamen Valley in H bei höheren Bandenergien wichtig zu sein. Eine hierbei entstehende „hantel"-förmige Energiefläche beim Übergang zwischen den beiden Valleystrukturen würde auch die Diskrepanz zwischen Cyclotron-

13*

massen und Zustandsdichte- oder Transportmassen erklären. Zur groben Orientierung können für die effektiven Massen folgende Werte angegeben werden:

Leitungsband:

	kalt	warm
$m_\perp/m_0$ =	0,04	0,3
$m_\|/m_0$ =	0,06	—

Valenzband, oberer Zweig:

	kalt		warm	
	rein	dotiert	rein	dotiert
$m_\perp/m_0$ =	0,1	0,3	0,4	0,5
$m_\|/m_0$ =	0,3	0,5	—	0,5 .

Doch muß wegen der Größe der effektiven Massen unbedingt auf die Einzelheiten im Text verwiesen werden.

Die elektronische Streuung ist im Tellur zumindest bei tiefen Temperaturen und reinen Proben anisotrop und senkrecht zu den Ketten stärker als in Richtung der Ketten ($\tau_\| \approx 3\tau_\perp$). Bei hohen Trägerkonzentrationen scheint die Streu-Anisotropie schwächer zu werden.

Zum Schluß möchte ich dem Direktor des Instituts, Herrn Professor *J. Jaumann* danken für die Großzügigkeit, mit der er stets die Untersuchungen am Tellur gefördert hat, und für sein Interesse und seine Anregungen.

Weiter danke ich allen befreundeten Kollegen, die selbst am Tellur arbeiten und ständig durch Mitteilung vorläufiger Ergebnisse und viele klärende Gespräche mitgeholfen haben, besonders Herrn Dr. *G. Arlt* (Aachen), Herrn Dr. *R. Geick* (Freiburg), Herrn Professor *G. Landwehr* (Würzburg), Herrn Professor *J. Stuke* (Marburg), Herrn Dr. *J. Treusch* (Marburg) und Herrn Professor *T. Springer* und seinen Mitarbeitern (Jülich) und schließlich allen meinen Kölner Mitarbeitern, vor allem auch den jüngeren, ohne deren Kameradschaft und deren Eifer bei den Experimenten und Gesprächen diese Arbeit nicht hätte zustandekommen können.

Verzeichnis der verwendeten Symbole

a	Gitterkonstante
A	Amplitudenstreuvermögen
b	„kubische" Gitterkonstante
b	$= \mu_n/\mu_p$ Beweglichkeitsverhältnis
$\boldsymbol{B}, B_i$	Magnetfeld (Induktion)
c	Gitterkonstante
c	Lichtgeschwindigkeit im Vakuum
c_{ij}	Elastizitätsmodul
d_i	atomare Abstände der Nachbarn i-ter Ordnung
d_{ij}	piezoelektrische Konstante (auf Stress bezogen)
D	Zustandsdichte
D	Dissoziationsenthalpie der A_2-Molekel

e	Elementarladung
e_{ij}	piezoelektrische Konstante (auf Strain bezogen)
E	Energie
E, E_i	elektrische Feldstärke
f	Besetzungswahrscheinlichkeit, Fermiverteilung
F	energieabhängige Verteilungsfunktion = Zustandsdichte · Besetzungswahrscheinlichkeit
$F_h, F(hkl)$	Intensitätsstrukturfaktor
$F_i(\zeta^*)$	Fermiintegral i-ter Ordnung
h, h_0	Anisotropiefunktion der Stoßzeit
h, k, l	Millersche Indices
$\boldsymbol{h}$	Streuvektor, reziproker Gittervektor
$\hbar$	Planckkonstante ($h/2\pi$)
H	Symmetriepunkt der Brillouin-Zone, gruppentheoretische Darstellung
H, H_i	Magnetfeld (Feldstärke)
i	$\sqrt{-1}$
j, j_i	Stromdichte
k	Boltzmann-Konstante
k	„Wellenzahl" der Elektronenwellen, „Quantenzahl" der Kristallelektronen
K	Symmetriepunkt der Brillouin-Zone, gruppentheoretische Darstellung
K	Absorptionskonstante
l	atomarer Abstand, „Länge"
l	freie Weglänge
l	Produkt aus Valleyzahl und Besetzungsgrad
l_i	anteilige Bindungsenergie eines Nachbarn i-ter Ordnung
L	Symmetriepunkt der Brillouin-Zone, gruppentheoretische Darstellung
L	Sublimationsenthalpie
m, m^*	effektive Massen
m	Spin-Quantenzahl
m_0	Masse des freien Elektrons
$m_{Te,Se}$	Masse des Te- bzw. Se-Atoms
M	Symmetriepunkt der Brillouin-Zone, gruppentheoretische Darstellung
M	Matrixelement
M_i	kritischer Punkt der kombinierten Zustandsdichte vom Typ „i"
n	Brechungsindex
n	Elektronenkonzentration
n	Landau-Niveau-Quantenzahl
N	Konzentration
p	Druck
p	Löcherkonzentration
p, p_i, P, P_i	elektrische Polarisation
P	Symmetriepunkt der Brillouin-Zone, gruppentheoretische Darstellung
q	$= c/a$ kristallographisches Achsenverhältnis
q	Ausbreitungsvektor der Gitterwellen
Q	Absorptionsquerschnitt
Q_i	Normalkoordinaten der Gitterschwingungen
r	Säulenradius
r	Ortsvektor
r_ν	Platz des ν-ten Atoms in der Elementarzelle
R	Symmetriepunkt der Brillouin-Zone, gruppentheoretische Darstellung
R	Intensitätsreflexionsvermögen
R_i	$= \varrho_{ijl}$ Hallkoeffizient

$\mathrm{Re}(z)$	Realteil von z
s	statistischer Mittelungsfaktor beim Halleffekt
s_{ij}	Elastizitätskoeffizient ("compliances")
S	Symmetriepunkt der Brillouin-Zone, gruppentheoretische Darstellung
S, S_i	differentielle Thermokraft
$\mathrm{d}S$	Flächenelement im k-Raum
T	Symmetriepunkt der Brillouin-Zone, gruppentheoretische Darstellung
T	Temperatur
u	$= r/a$ relativer Säulenradius
v	Gruppengeschwindigkeit der Gitterwellen, Schallgeschwindigkeit
V	Verdetsche Konstante
V, V_0	Atompotential
W	Polaronen-Eingrabungsenergie
x, y, z	Koordinaten im Ortsraum
Z	Symmetriepunkt der Brillouin-Zone, gruppentheoretische Darstellung
α	Anisotropiekoeffizient der Stoßzeit
α	atomare Polarisierbarkeit
α	Excitonenparameter (s. Tab. 20)
α	Exponent für die Energieabhängigkeit der freien Weglänge
$\alpha_{r,u,a}$	linearer, relativer, thermischer Ausdehnungskoeffizient
β	Anisotropiekoeffizient der Stoßzeit
β	Polaronenkopplungskonstante
γ	Dämpfungskonstante eines linearen Oscillators
Γ	Symmetriepunkt der Brillouin-Zone, gruppentheoretische Darstellung
Δ	Symmetriepunkt der Brillouin-Zone, gruppentheoretische Darstellung
ε	absolute Dielektrizitätskonstante
ε_0	$= 8{,}86 \cdot 10^{-12}\ \mathrm{As/Vm}$
ε_∞	absolute Höchstfrequenz-Dielektrizitätskonstante (hier meist im Ultraroten vor der Bandkante)
ε_s	absolute statische Dielektrizitätskonstante
ε_r	relative Dielektrizitätskonstante
ε_l	relative Dielektrizitätskonstante des Gitters ohne Träger
ε_i	Dehnung, Strain
ε_1	$= \mathrm{Re}(\eta)$
ε_2	$= \mathrm{Im}(\eta)$
ζ	Fermienergie
ζ^*	reduziertes chemisches Potential
η	relative komplexe Dielektrizitätskonstante $\eta = (n - i\kappa)^2$
ϑ	Polarwinkel
Θ	Drehwinkel der optischen Polarisationsebene
Θ	Debye-Temperatur, charakteristische Temperatur $k\Theta = \hbar\Omega$ bestimmter Phononen
κ	Absorptionsindex
κ	lineare, relative Kompressibilität
λ	Reichweite bei Coulomb-Abschirmung
λ	Wellenlänge
Λ	Symmetriepunkt der Brillouin-Zone, gruppentheoretische Darstellung
μ	Beweglichkeit
μ_B	Bohrsches Magneton
ν_i	Koordinationszahl des i-ten Nachbarn
$\tilde{\nu}$	Wellenzahl $1/\lambda$
π	Kreiszahl

π_{ijlm}	Piezowiderstandskoeffizienten
ϱ_{ijl}	$= R_i$ Hallkoeffizient
ϱ_{ijlm}	Magnetowiderstandskoeffizient
$\sigma_i = \sigma_{ii}$	elektrische Leitfähigkeit
Σ	Symmetriepunkt der Brillouin-Zone, gruppentheoretische Darstellung
τ	Lebensdauer, Stoßzeit, Relaxationszeit
τ_i	Spannung, Stress
φ	Azimutalwinkel
φ	Valenzwinkel
Φ	Coulomb-Potential
χ	magnetische Volumensuszeptibilität
ω	Kreisfrequenz, Photonenfrequenz
Ω	Phononenfrequenz (Kreisfrequenz)

Indices

A	Acceptoren-
c	Cyclotron-
D	Zustandsdichte-
ex	Excitonen-
g	Energielücke-, Gap-
i	Eigenleitungs-
L	Leitungsband-
n	Elektronen-, Leitungsband-
m	Schmelz-
p	Löcher-, Valenzband-
p	Plasma-
s	statisch
V	Valenzband-
τ	Stoß-
0	Gleich-, statisch
1, 2	unterer bzw. oberer Valenzbandzweig
1, 2, 3	bei Tensorkoeffizienten: Nummern der orthogonalen Koordinaten x_i (s. Fig. 29)
∞	Höchstfrequenz-
$\parallel$	parallel, longitudinal
$\perp$	senkrecht, transversal

Literatur *

1. *Blakemore, J. S., D. Long, K. C. Nomura*, and *A. Nussbaum*: Progress in semiconductors. Ed. by *Gibson, A. F., R. E. Burgess*, and *F. A. Kröger*, Vol. 6, p. 37. London: Heywood & Cie. 1962.
2. *Genzow, D., K. Herrmann, R. v. Kujawa, R. Link, H. Lutsch, H. Radelt* u. *L. Rothkirch*: Wiss. Z. Humboldt-Univ. Berlin, Math.-Nat. R. **16**, 737 (1967).
3. *Stuke, J.*: Proc. Symp. Physics of Selenium and Tellurium. Montreal 1967 (im Druck).
4. *Bradley, A. J.*: Phil. Mag. **48**, 477 (1924).
5. *Behrens, E.*: Z. Physik **161**, 279 (1961).

---

* Wegen der metallurgischen und physiko-chemischen Eigenschaften des Tellurs weisen wir auch auf das in russischer Sprache vorliegende Werk von *Chijikov* u. Mitarb. hin [179].

6. *Jain, A. L.:* Phys. Rev. **114**, 1518 (1959).
7. *Krebs, H.:* Grundzüge der anorganischen Kristallchemie. Stuttgart: F. Enke Verlag 1968.
8. *Richter, H.:* Fortschr. Physik **8**, 493 (1960).
9. —, u. *G. Breitling:* Z. Naturforsch. **21a**, 1710 (1966).
10. *Ehinger, H.:* Z. Krist. **115**, 235 (1961).
11. *Risi, M.,* et *S. Yuan:* Helv. Phys. Acta **33**, 1002 (1960).
12. *Busch, G.,* u. *O. Vogt:* Helv. Phys. Acta **30**, 224 (1957).
13. —, et *Y. Tièche:* Phys. Kondens. Materie **1**, 78 (1963).
14. *Dzhalilov, S. U.,* and *K. I. Rzaev:* Phys. Stat. Sol. **20**, 261 (1967).
15. *Stranski, I. N., R. Kaischew* u. *L. Krastanow:* Z. Krist. **88**, 325 (1934).
16. *Gspan, P., A. Vauda, M. Simonic* i *S. Jeric:* Elektrotehniŝki Vestnik **10—12**, 296 (1966).
17. *D'Ans-Lax,* Taschenbuch f. Chemiker und Physiker, Hrsg. v. *E. Lax* u. *C. Synowietz,* S. 99. Berlin-Heidelberg-New York: Springer 1967.
18. *Remy, H.:* Lehrbuch d. anorganischen Chemie, Bd. 1, S. 603. Leipzig: Akademische Verlagsgesellschaft 1950.
19. *Pauling, L.:* Die Natur der chemischen Bindung, p. 245. Weinheim: Verlag Chemie 1962.
20. *Grosse, P.,* u. *P. Gspan:* in Vorbereitung.
21. *Herrmann, K.:* Phys. Stat. Sol. **1**, 254 (1961).
22. *Grosse, P.,* u. *J. U. Arnold:* Verhandl. DPG. (VI) **3**, 45 (1968).
23. *Arnold, J. U.,* u. *P. Grosse:* Phys. Stat. Sol. **28**, K 93 (1968).
24. *Grether, W.:* Ann. Physik **26**, 1 (1936).
25. *Bridgeman, P. W.:* Proc. Am. Acad. Arts Sci. **60**, 303 (1925).
26. *Deshpande, V. T.,* and *R. Pawar:* Physica **31**, 671 (1965).
27. *Bhagavantam, S.:* Crystal symmetry and physical properties. London-New York: Academic Press 1966.
28. *Geist, D.,* u. *P. Grosse:* Z. Angew. Phys. **14**, 105 (1962).
29. *Kujawa, R. v.:* Z. Physik. Chem. (Leipzig) **230**, 138 (1965).
30. — Phys. Stat. Sol. **12**, 169 (1965).
31. *Drope, R.:* Diplomarbeit, Universität Köln (1968).
32. *Kleint, C.,* u. *R. Fischer:* Z. Naturforsch. A **14**, 753 (1959).
33. *Klein, P.,* u. *K. Kleinhenz:* Z. Naturforsch. **23a**, 530 (1968).
34. *Blakemore, J. S., J. W. Schultz,* and *K. C. Nomura:* J. Appl. Phys. **31**, 2226 (1960).
35. *Grosse, P.,* u. *K. Winzer:* Phys. Stat. Sol. **26**, 139 (1968).
36. *Winzer, K.:* Dissertation, Universität Köln (1968).
37. *Grosse, P.:* Z. Physik **193**, 318 (1966).
38. *Parfenev, R. V., I. I. Farbshtein,* and *S. S. Shalyt:* Soviet Phys.-Solid State **2**, 2599 (1961); — Fiz. tverd. Tela **2**, 2923 (1960).
39. *Desorbo, W.:* J. Chem. Phys. **21**, 764 (1953).
40. *Kothari, L. S.,* and *V. K. Tewary:* J. Chem. Phys. **38**, 417 (1963).
41. *Malgrange, J. L., G. Quentin* et *J. M. Thuillier:* Phys. Stat. Sol. **4**, 139 (1964).
42. *Arlt, G.:* Persönliche Mitteilung.
43. *Hulin, M.:* Ann. Phys. (Paris) **8**, 647 (1963).
44. *Hulin, M.:* Lattice dynamics. Ed. by *R. F. Wallis,* p. 135. Oxford-London-Edinburgh-New York-Paris-Frankfurt: Pergamon Press 1964.
45. *Herzfeld, K. F.:* Phys. Rev. **29**, 701 (1927).
46. Physikalisch-Chemisches Taschenbuch. Hrsg. v. *H. Staude,* Bd. 2, p. 1750. Leipzig: Akademische Verlagsgesellschaft 1949.
47. *Wagner, H.:* Z. Physik **193**, 218 (1966).
48. *Geick, R., M. Schröder,* and *J. Stuke:* Phys. Stat. Sol. **24**, 99 (1967).
49. *D'Ans-Lax:* Taschenbuch f. Chemiker und Physiker. Hrsg. v. *E. Lax* u. *C. Synowietz,* S. 153. Berlin-Heidelberg-New York: Springer-Verlag 1967.

50. *Caldwell, R. S.*, and *H. Y. Fan:* Phys. Rev. **114**, 664 (1959).
51. *Selders, M.:* Diplomarbeit, Universität Köln (1966).
52. *Nomura, K. C.:* Phys. Rev. Letters **5**, 500 (1960).
53. *Vyšin, V.:* Proc. Phys. Soc. (London) **87**, 55 (1966).
54. *Heine, V.:* Group theory in quantum mechanics, p. 229. Oxford-London-New York-Paris: Pergamon Press 1964.
55. *Grosse, P., M. Lutz* u. *W. Richter:* Solid State Commun. **5**, 99 (1967).
56. *Geick, R., P. Grosse* and *W. Richter:* Proc. Symp. Physics of Selenium and Tellurium, Montreal 1967 (im Druck).
57. *Geick, R.:* Fachbericht, Physikertagung der DPG, München 1966.
58. *Lucovsky, G., R. C. Keezer*, and *E. Burstein:* Solid State Commun. **5**, 439 (1967).
59. —, *A. Mooradian, W. Taylor, G. B. Wright*, and *R. C. Keezer:* Solid State Commun. **5**, 113 (1967).
60. *Johnson, F. A.:* Semiconductors, Proc. o. the international School of Physics "Enrico Fermi", e. b. *R. A. Smith*, course 22, p. 504. New York-London: Academic Press 1963.
61. *Bassani, G. F.:* The optical Properties of Solids, Proc. o. the international School "Enrico Fermi", e. b. *J. Tauc*, course 34, p. 33. New York-London: Academic Press 1966.
62. *Geick, R.*, and *U. Schröder:* Proc. Symp. Physics of Selenium and Tellurium, Montreal 1967 (im Druck).
63. *Axmann, A.*, u. *W. Gissler:* Phys. Stat. Sol. **19**, 721 (1967).
64. —, *W. Gissler*, and *T. Springer:* Proc. Symp. Physics of Selenium and Tellurium, Montreal 1967 (im Druck).
65. *Gissler, W., A. Axmann*, and *T. Springer:* Inelastic scattering of neutrons in solids and liquids. Ed. by IAEA, Vienna 1968 (im Druck).
66. *Boitsov, V. G.:* Soviet Phys.-Solid State **5**, 1328 (1964); — Fiz. Tverd. Tela **5**, 1822 (1963).
67. *Ishiguro, T.*, and *T. Tanaka:* Japan J. Appl. Phys. **6**, 864 (1967).
68. *Quentin, G.*, and *J. M. Thuillier:* Solid State Commun. **2**, 115 (1964).
69. *Arlt, G.:* Verhandl. DGP (VI) **2**, 31 (1967); — Proc. Sendai Symposium Acoustoelectronics, p. 93. Sendai 1968 (im Druck).
70. *Asendorf, R. H.:* J. Chem. Phys. **27**, 11 (1957).
71. *Sandrock, R.:* Dissertation, Philipps-Universität Marburg 1965.
72. *Behrens, E.:* Z. Physik **163**, 140 (1961).
73. *Reitz, J. R.:* Phys. Rev. **105**, 1233 (1957).
74. *Treusch, J.:* Festkörperprobleme. Hrsg. v. *O. Madelung*, Bd. VII, S. 18. Braunschweig: F. Vieweg 1967.
75. *Hulin, M.:* J. Phys. Chem. Solids **27**, 441 (1966).
76. *Sandrock, R.*, and *J. Treusch:* Solid State Commun. **3**, 361 (1965).
77. *Treusch, J.*, and *R. Sandrock:* Phys. Stat. Sol. **16**, 487 (1966).
78. *Herman, F.*, and *S. Skillman:* Atomic structure calculations. Englewood Cliffs (N.J.): Prentice Hall 1963.
79. *Treusch, J.:* Phys. Stat. Sol. **19**, 603 (1967).
80. *Kramer, B.*, and *P. Thomas:* Phys. Stat. Sol. **26**, 151 (1968).
81. *Sandrock, R.:* Phys. Rev. (im Druck).
82. *Beissner, R. E.:* Phys. Rev. **145**, 479 (1966).
83. *Picard, M.*, and *M. Hulin:* Phys. Stat. Sol. **23**, 563 (1967).
84. *Pikus, G. E.:* Soviet Phys.-Solid State **3**, 2050 (1962); — Fiz. Tverd. Tela **3**, 2809 (1961).
85. *Junginger, H. G.:* Solid State Commun. **5**, 509 (1967).
86. *Stuke, J.*, u. *H. Keller:* Phys. Stat. Sol. **7**, 189 (1964).
87. *Sobolev, V. V.:* Soviet Phys.-Doklady **8**, 815 (1964); — Doklady Akademii Nauk SSSR **151**, 1308 (1963).

88. *Merdy, H.:* Ann. Phys. (Paris) 14ᵉ Sér. **1**, 289 (1966).
89. *Mohler, E., J. Stuke,* and *G. Zimmerer:* Phys. Stat. Sol. **22**, K 49 (1967).
90. *Givens, M. P., Ch. J. Koester,* and *W. L. Goffe:* Phys. Rev. **100**, 1112 (1955).
91. *Blakemore, J. S.,* and *K. C. Nomura:* Phys. Rev. **127**, 1024 (1962).
92. *McLean, T. P.:* Progress in semiconductors. Ed. by *Gibson, A. F., R. E. Burgess,* and *F. A. Kröger,* Vol. 5, p. 53. London: Heywood & Cie 1960.
93. *Rigaux, C.,* and *G. Drilhon:* J. Phys. Soc. Japan **21** (suppl.) 193 (1966).
94. *Alpert, Y.,* and *C. Rigaux:* Solid State Commun. **5**, 391 (1967).
95. *Hopfield, J. J.,* and *D. G. Thomas:* Phys. Rev. **122**, 35 (1961).
96. *Asnin, V. M.,* and *A. A. Rogachev:* Phys. Stat. Sol. **20**, 755 (1967).
97. *Bühren, H. W.,* u. *P. Grosse:* Verhandl. DPG (VI) **3**, 46 (1968).
98. *Nikitine, S.:* Progress in semiconductors. Ed by *Gibson, A. F., R. E. Burgess,* and *F. A. Kröger,* Vol. 6, p. 233. London: Heywood & Cie. 1962.
99. *Bühren, H. W.:* Diplomarbeit, Universität zu Köln (1968).
100. *Benoit à la C. Guillaume* et *J. M. Debever:* Solid State Commun. **3**, 19 (1965).
101. — —, and *J. M. Debever:* Physics of quantum electronics, p. 397. New York-San Francisco-Toronto-London-Sydney: McGraw-Hill Publ. Comp. 1966.
102. *Fan, H. Y.:* Phys. Rev. **82**, 900 (1951).
103. *Neuringer, L. J.:* Phys. Rev. **113**, 1495 (1959).
104. *Weiser, G.,* and *J. Stuke:* IX International Conference on the Physics of Semiconductors, Moscow 1968.
105. *Herrmann, K. H.,* u. *G. Oelgart:* Phys. Stat. Sol. **24**, 289 (1967).
106. *Arlt, G.,* u. *W. Hermann:* Verhandl. DPG (VI) **3**, 48 (1968).
107. *Grosse, P.,* u. *K. Winzer:* Phys. Stat. Sol. **13**, 269 (1966).
108. —, u. *M. Selders:* Phys. Kondens. Materie **6**, 126 (1967).
109. —, and *M. Selders:* Phys. Stat. Sol. **24**, K 33 (1967).
110. *Korovin, L. I.,* and *I. A. Firsov:* Soviet Phys.-Technical Physics **3**, 2219 (1958); — Zhur. Tekh. Fiz. **28**, 2417 (1958).
111. *Herrmann, K. H.:* Z. Physik. Chem. (Leipzig) **230**, 123 (1965).
112. *Hardy, D.,* et *C. Rigaux:* Solid State Commun. **5**, 889 (1967).
113. *Kessler, F. R.,* and *E. Sutter:* Phys. Stat. Sol. **23**, K 25 (1967).
114. *Mendum, J. H.,* and *R. N. Dexter:* Bull. Am. Phys. Soc. **9**, 632 (1964).
115. *Picard, J. C.,* and *D. L. Carter:* J. Phys. Soc. Japan **21** (Suppl.), 202 (1966).
116. *Herrmann, R.,* u. *K. Herrmann:* Phys. Stat. Sol. **25**, 655 (1968).
117. *Datars, W. R., G. Fischer,* and *P. C. Eastman:* Can. J. Phys. **41**, 178 (1963).
118. *Elliot, R. J.,* and *R. Loudon:* J. Phys. Chem. Solids **15**, 196 (1960).
119. *Rigaux, C.,* et *M. Serrero:* Solid State Commun. **3**, 21 (1965).
120. *Korovin, L. J.,* and *T. Y. Bulashevich:* Soviet Phys.-Solid State **2**, 2489 (1960); — Fiz. Tverd. Tela **2**, 2785 (1960).
121. *Adams, E. N.,* and *T. D. Holstein:* J. Phys. Chem. Solids **10**, 254 (1959).
122. *Braun, E.:* Dissertation, T. H. Carolo-Wilhelmina z. Braunschweig (1967).
123. —, u. *G. Landwehr:* Z. Naturforschg. **21a**, 495 (1966).
124. — — J. Phys. Soc. Japan **21** (Suppl.), 380 (1966).
125. —, u. *L. J. Neuringer:* Private Mitteilung.
126. *Guthmann, C.,* et *J. M. Thullier:* Compt. Rend. **263**, 303 (1966).
127. *Ullrich, H.:* Wiss. Z. Univ. Halle — Math. Nat. **10**, 881 (1961).
128. *Radelt, H.:* Naturwissenschaften **50**, 14 (1963).
129. *Fischer, G.,* and *F. T. Hedgcock:* J. Phys. Chem. Solids **17**, 246 (1961).
130. *Schlabitz, W.:* Dissertation, Universität Köln (1968).
131. *Krumhansl, J. A.,* and *H. Brooks:* Bull. Am. Phys. Soc. II 1/3 F 5 (1956).

132. *Tromnau, R.:* Diplomarbeit, Universität Köln (1969).
133. *Unkelbach, K. H.,* u. *P. Grosse:* Verhandl. DPG (VI) 3, 46 (1968).
134. *Baumgart, H. D., P. Grosse* u. *M. Selders:* Verhandl. DPG (VI) 2, 194 (1966).
135. *Beer, A. C.:* Galvanomagnetic effects in semiconductors. (Supplement 4 to Solid State Phys.) New York-London: Academic Press 1963.
136. *Rothkirch, L.:* Phys. Stat. Sol. 26, 709 (1968).
137. *Nussbaum, A.,* and *R. J. Hager:* Phys. Rev. 123, 1958 (1961).
138. *Rigaux, C.:* J. Phys. Chem. Solids 23, 805 (1962).
139. *Parfenev, R. V., A. M. Pogarskii,* and *I. I. Farbshtein:* Soviet Phys.-Solid State 4, 2630 (1963); — Fiz. Tverd Tela 4, 3596 (1962).
140. *Langbein, D.:* Z. Physik 172, 358 (1963).
141. *Zimmermann, W.,* u. *F. Stöckmann:* Phys. Stat. Sol. 28, K 101 (1968).
142. *Planker, K. J.,* u. *E. Kauer:* Z. Angew. Physik 12, 425 (1960).
143. *Farbshtein, I. I., A. M. Pogarskii,* and *S. S. Shalyt:* Soviet Phys.-Solid State 7, 1925 (1966); — Fiz. Tverd. Tela 7, 2383 (1965).
144. *Dubinskaya, L. S.,* and *I. I. Farbshtein:* JETP Letters 2, 195 (1965).
145. *Eggert, H.:* Festkörperprobleme. Hrsg. v. *F. Sauter,* Bd. 1, S. 274. Braunschweig: F. Vieweg 1962.
146. *Baumgart, H. D.:* Diplomarbeit, Universität Köln (1966).
147. *Shalyt, S. S.:* Proc. Symp. Physics of Selenium and Tellurium, Montreal 1967 (im Druck).
148. *Appel, J.:* Polarons. In: Solid State Phys., Ed. by *Seitz, F., D. Turnbull,* and *H. Ehrenreich,* Vol. 21, p. 193. New York-London: Academic Press 1968.
149. *Petritz, R. L.,* and *W. W. Scanlon:* Phys. Rev. 97, 1620 (1955).
150. *Mashovets, D. V.,* and *S. S. Shalyt:* JETP Letters 4, 244 (1966).
151. *Nimtz, G.,* and *K. H. Seeger:* Appl. Phys. Letters (in press).
152. *Zook, J. D.:* Phys. Rev. 136, A 869 (1964).
153. *Herrmann, K. H., R. Link* u. *W. D. Rentsch:* Phys. Stat. Sol. 8, 719 (1965).
154. *Hörstel, W.,* u. *G. Kretschmar:* Phys. Stat. Sol. 23, 639 (1967).
155. *Link, R.,* and *H. Lutsch:* Phys. Stat. Sol. 26, K 159 (1968).
156. *Miura, N.,* and *S. Tanaka:* Appl. Phys. Letters 12, 374 (1968).
157. *Stuke, J.:* Private Mitteilung.
158. *Bardeen, J.:* Phys. Rev. 75, 1777 (1949).
159. *Blum, F. A.,* and *B. C. Deaton:* Phys. Rev. 137a, 1410 (1965).
160. *Matthias, B. T.,* and *J. L. Olsen:* Phys. Rev. Letters 13, 202 (1964).
161. *Spitzer, W. G.,* and *H. Y. Fan:* Phys. Rev. 106, 882 (1957).
162. *Benedict, T. S.,* and *W. Shockley:* Phys. Rev. 89, 1152 (1953).
163. *Riccius, H. D.:* Dissertation, Universität Köln (1961).
164. *Schmidt, H.:* Z. Physik 139, 433 (1954).
165. *Gurevich, V. L., I. G. Lang,* and *Y. A. Firsov:* Soviet Phys.-Solid State 4, 918 (1962); — Fiz. Tverd. Tela 4, 1252 (1962).
166. *Lutz, M.:* Diplomarbeit, Universität Köln (1967).
167. *Grosse, P.,* u. *M. Lutz:* Verhandl. DPG (VI) 2, 30 (1967).
168. —, and *B. Krahl-Urban:* Phys. Stat. Sol. 27, K 149 (1968).
169. *Callies, J. L.,* and *C. Rigaux:* J. Phys. Chem. Solids 25, 1363 (1964).
170. *Timchenko, I. N.,* and *S. S. Shalyt:* Soviet Phys.-Solid State 4, 2642 (1963); — Fiz. Tverd. Tela 4, 3612 (1962).
171. *Adams, A. R., F. Baumann,* and *J. Stuke:* Phys. Stat. Sol. 23, K 99 (1967).
172. *Herring, C.:* Phys. Rev. 96, 1163 (1954).
173. *Smirnov, I. A.,* and *E. V. Shadrichev:* Soviet Phys.-Solid State 4, 1435 (1963); — Fiz. Tverd. Tela 4, 1960 (1962).

174. *Benguigui, L.:* Phys. Kondens. Materie **5**, 171 (1966).
175. *Tutihasi, S., G. G. Roberts, R. C. Keezer,* and *R. E. Drews:* (in press).
176. *Button, K. J.,* u. *G. Landwehr:* Persönliche Mitteilung.
177. *Dubinskaya, P. S., V. A. Noskin, I. G. Tagiev, I. I. Farbshtein,* and *S. S. Shalyt:* JETP Letters **8**, 47 (1968).
178. *Braun, E., G. Landwehr,* and *L. J. Neuringer:* Physics Letters (im Druck).
179. *Chijikov, D. M.,* i *V. P. Schostlivyi:* Tellur i Telluridy, Nauka, Moskva 1966.

Stichwortverzeichnis

Die halbfett gesetzten Zahlen bezeichnen die Nummern der betreffenden Tabellen

Abschirmung, elektrische 85, 156
Absorptionsquerschnitt der p-Bande 105
— der Elektronen bei Leitungsabsorption 182
— der Löcher bei Leitungsabsorption 176
Absorptionsspektren der Bandkante 81
— der Gitterschwingungen 52
Acceptoren 33, 101, 165
—, Ionisierungsenergie der 165
—, thermische 165
Achse, polare 7, 19, 65
Ätzfiguren 20, 22
Ätzpolieren 35
Ätzrezept 35
Aktivität, optische 30, 43
Amorphes Tellur 10
Anisotropie der Beweglichkeiten 116
— der effektiven Massen 151
— der Energieflächen 151
— der Gitterfrequenzaufspaltung 60, **16**
— der Kompressibilität 39
— der Stoßzeiten 115, 151, 158, 194
— der Transportgrößen 150, 158, 170
—, geometrische 26
APW-Methode 77
Atom-Koordinaten 14, 23, **1**
Atom-Potentiale 70
Ausdehnungskoeffizient, thermischer 22, 30, **1**
Ausläuferabsorption der Bandkante 96
Auswahlregeln, optische, für Elektronenübergänge 67, **14**
—, —, für Phononenprozesse 43, 46, **14**

Band-Band-Übergänge, elektronische 42, 74, 77
Bandkante, elektronische 70, 74, 81, **20**
—, —, in hochdotierten Proben 98
Bandstruktur, elektronische 66
Benedict-Shockley-Effekt 175, 186, **27**
Beweglichkeit 155
Beweglichkeitsanisotropie 116
Beweglichkeitsverhältnis 145, 164
Bindung, Elektronenpaar- 9
—, Restvalenz- 8
—, sp^2-Hybrid- 25
Bindungsenergie 14, **2**
Brechungsindex 41

Brillouin-Zone 66, **19**
Burstein-Shift 100

Charaktertafel 31, 67, **8**
Chemisches Potential 190, 191
Cis-Stellung 8, 9
Clausius-Mossoti-Gleichung 40
Coulombwechselwirkung bei Gitterschwingungen 64
Cyklotron-Massen 131, 133, 139
Cyklotron-Resonanz 112, 114

Dämpfung, elektro-akustische 95
Debye-Temperatur 61, 195, **9**, **15**
Debye-Waller-Faktor 23, 61
Deformationspotential 91, 93, **21**
Diamagnetismus, Landau- 136
Dichroismus der Bandkante 70, 81, 89
— der p-Bande 70, 103
Dielektrizitätskonstante 30, 36, 40, 44, 49, 195, **11**, **15**
Differenzprozesse der Phononen 54
Dipol-Auswahlregeln, elektrische, für Elektronen 67
—, —, für Phononen 43, 46
Dispersionsoszillator 42
Donatoren 33
Dotieren 33
Drudesche Absorption 174
— Theorie 171

Eigenfehlordnung 165
Eigenfrequenzen des Gitters 50
Eigenleitung 149
Eigenleitungsbeweglichkeit 148
Eigenleitungskonzentration 149
Eingrabungsenergie 162
Einkristallzüchtung 31
Elastische Konstanten 30, 36, 62, **10**
— — und Schraubensinn 60
Elektroakustische Dämpfung 95
Elektron-Loch-Wechselwirkung 84
Elektronenspinresonanz 112, 116
Ellipsoide der Energieflächen 77
Emissionsmessungen an der Bandkante 89
Enantiomorphie 7, 19, 22
Energielücke 74, 150, 195, **24**
—, Druckabhängigkeit der 90, **21**

Energielücke, Spannungskoeffizient der
    96, **21**
—, Temperaturgang der   86, 90, **21**
Entmischung   33
ESR   112, 116
Excitonen   83
Excitonen-Bindungsenergie   84
Excitonen-Masse   84
Excitonen-Radius   84

Faraday-Effekt   174, 175, 188, **27**
Fermifläche   130
Franz-Keldysh-Effekt, innerer   96, 100

g-Faktor   112, 121, **24**
Gap s. Energielücke
Gitter-Dynamik   36
Gitter-Konstanten   12, 22, **1**
Gitter-Parameter   12, 22, **1**
Gitter, reziprokes   66
—, Verwandtschaft zu anderen   26
Gleichgewichtsflächen   14
Gleitung   34
Grundabsorption, elektronische   75, 77, 81
Gruppen-Charaktere   67, **8**
Gruppen, Doppel-   71

Habitus   17
Halleffekt, Anisotropie des   30, 143, 152,
    25, 26
—, planarer   143
— der Schmelze   12
—, Umkehrpunkt des   144, 154, 166
—, —in starken Magnetfeldern   154
Heiße Elektronen   164, 168
Heterodesmischer Aufbau   9, 34
Hybridisation, sp^2-   25

Intrabandübergänge   103
Inversionszentrum   7
Ionisierungsenergie der Störstellen   100

Kalottenmodell   17
Ketten   8
Kleinwinkelkorngrenzen   32
Kompressibilität   25, 30, 38, 62, 63, **10**
Kontaktierung, elektrische   34
Koordinationszahl   14, **2**
Kopplungskostante, elektro-mechanische
    65
Korringa-Kohn-Rostoker-Methode   69
Kristallstruktur   6

Kristallsystem   7
Kritischer Punkt der kombinierten Zu-
    standsdichte elektronischer Übergänge
    107
— — — Zustandsdichte der Phononen-
    übergänge   54
Kubisch primitives Gitter, Verwandtschaft
    mit dem   26, 59, **5**

Ladungsträger, freie   141
Landau-Aufspaltung   114, 135
Landau-Niveaus   112
Landè-Faktor   112, 121, **24**
LCAO-Methode   69
Lebensdauer, Rekombinations-   97
Leitfähigkeit   30, 141
—, dynamische   141, 170, **27**
— der Schmelze   12
Leitungsabsorption   174, 176, **27**
Lumineszens-Strahlung   89

Magnetische Suszeptibilität   11, 135
Magnetoabsorption an der Bandkante   114,
    117, **23**
— an der *p*-Bande   126
Magnetooptische Effekte   111, **22**
Magnetooszillationen der Leitfähigkeit
    129, 164
Magnetophononresonanz   164
Massen, effektive   196, **24**
—, —, der Elektronen   125, 182, **24**
—, —, der Löcher   109, 115, 131, 133, 139,
    180, 185, **24, 28**
—, —, Temperaturabhängigkeit der   186,
    28
Mehrphononenprozesse   42, 47, 52, 64, **17**
Mischleitung   144
"Muffin-tin"-Potential   70

Nernst-Effekt   189
Neutronenstreuexperimente   56, 64, **15**
Normalkoordinaten   45, **12**
Normalschwingungen   43, 49, **12, 13**

Oberflächenenergie   16, **3**
Oberflächenzustände   34
Oktaederanordnung   26
Oszillatorstärke   49, **15**

Packungsdichte   9, 15, 17, **5**
Paramagnetismus   136
Pauli-Aufspaltung   114, 135
— des Valenzbandes   121

Pauli-Paramagnetismus 136
p-Bande 72, 102
—, Druckabhängigkeit 109
—, Magnetoabsorption an der 126
—, Temperaturabhängigkeit 109
Phononendispersionskurven 58
Phononendrag 193
Photoleitung an der Bandkante 97
— an der *p*-Bande 111, 169
Piezoelektrische Streuung 164
Piezoelektrizität 29, 64
Piezowiderstand 169
Plasmafrequenz 171
Plasmakante 173, 183, **27, 28**
Plasmawellenlänge 171
Plastizität 34
Polarisationsenergie 161
Polarisierbarkeit, atomare 40, **11**
—, elektrische 40
— der Valenzaelektronenhülle 41
Polaronenkopplungskonstante 94, 161
Polaronenmasse 162
Polaronenstreuung 160, 182
Polieren 35
Präparationstechnik 31
Pseudopotential-Methode 75
Punktdefekte 36
Punktgruppe 7, 28, 31, **6, 8**
Pyroelektrizität 29

Raman-Aktivität 47, 49
Raman-Mode 51
Raumgruppe 7, 67
Reflexionsmessungen im Bereich der elektronischen Grundabsorption 77
— an der Plasmakante 183
Rekombinationsdämpfung 95
Rekombinationslebensdauern 97
Rekombinationsstrahlung 89
Reststrahlenbande 49, **15**
Restvalenz 8
Ringe 8, 9
Röntgenstrahlenabsorption 36, 80
Rotationsdispersion 43

Säulenradius 12
Schallgeschwindigkeit 37, 62, **18**
Schmelze 10
Schraubensinn 6, 21, 22, 32, 43, 60, 65, 143
Shubnikov-de-Haas-Effekt 129
Spin-Aufspaltung 73, 125
— — des Valenzbandes 121

Spin-Bahn-Kopplung 72, 75
Spin-Effekte 70, 71
Störband 96
Störleitung 148, 150
Stoßfrequenz 172
Stoßwellenlänge 172
Stoßzeit 132, 152, 170, **28**
Stoßzeitanisotropie 115, 152, 157, 194, **26**
Stoßzeitbedingung, magnetische 113
Stoßzeitverbreiterung der Bandkante 96
Strain 30, 38
Stress 30, 38
Streumechanismus 155
Streuung, Conwell-Weisskopf- 155
—, Deformationspotential- 156, 160
— an Gitterdefekten 155
— an ionisierten Störstellen 155, 156
— an Phononen 156, 161
—, Piezoelektrische 156, 164
— an polaren optischen Phononen 161, 182
—, Polaronen- 156, 160, 182
Struktur-Faktor 20, **4**
—, Kristall- 6
—, Schrauben- 6, 21, 32
Sublimentationsenthalpie 15
Summenprozesse der Phononen 53
Supraleitung 170
Suszeptibilität, elektrische 40
—, magnetische 11, 135
—, —, der freien Träger 139
—, —, des Gitters 137
—, —, der Störstellen 140
Symmetrieelemente 28, **6**
Symmetriepunkte der Brillouin-Zone 67, **19**

Tailing der Bandkante 96
Tempern 36, 143
Tensorstruktur der physikalischen Eigenschaften 30, **7**
— der Transportgrößen 141, 152, **25**
Thermokraft 189
Torsionsmode 49
Transportgrößen 141
—, Druckabhängigkeit der 169
—, Konzentrationsabhängigkeit der 158
Trans-Stellung 8, 9
Trennen von Kristallen 35

Übergänge, elektronische 70, 81
—, —, erlaubte 82, **20**

Übergänge, elektronische, indirekte 96
—, —, verbotene 83, 88, **20**

Valenzbandaufspaltung 72, 102, 166, 180
Valenzelektronenhülle, Verformung der 64
Valenzwinkel 12, 25, **1**
Van-der-Waals-Bindung 17
Verdetsche Konstante 174
Verglasungsverhalten 12, 102
Verrückungskoordinaten 61
Verschiebungspolarisation 40
Versetzungen 34

Wachstumsrichtung, Kristall- 10
Wachstumsgeschwindigkeit, Kristall- 19

Wärme, spezifische 36
Wärmeleitfähigkeit 189, 192
Widerstand, elektrischer 141
Widerstandsänderung, magnetische 31,
   141, 143, 164, **25**, **26**
Widerstandstensor 141, 152, **25**

Zeeman-Effekt 118
Zeitumkehrentartung 72
Zustandsdichte, effektive 190
—, kombinierte elektronische 82
—, — — im Magnetfeld 118
—, — — der p-Bande 106
Zustandsdichte-Massen 133, 150, 192
Zweiträgermodell 144

Dr. *Peter Grosse*
II. Physikalisches Institut
der Universität zu Köln
5000 Köln-Sülz 1, Universitätsstr. 14